教育部高等学校电子信息类专业教学指导委员会规划教材

高等学校电子信息类专业系列教材·新形态教材

U0183422

光纤通信
原理与应用

微课视频版

胡昌奎　刘冬生　易迎彦　吴薇　编著

清华大学出版社

北京

内容简介

本书以"光器件—光端机/光模块—光纤系统—光网络"为主线,系统介绍了光纤通信的基础理论和新技术,主要内容包括光纤的导光原理及传输特性、光纤通信无源器件、光纤通信有源器件、光端机与光模块、模拟及数字光纤通信系统、波分复用光纤传输系统、相干光通信技术、光传送网技术和光接入网技术。

本书既可作为高等院校光电信息科学与工程、电子信息科学与技术、通信工程、信息工程、电子科学与技术等专业本科生及研究生的教材,也可供其他专业师生和工程技术人员参考。

图书在版编目(CIP)数据

光纤通信原理与应用:微课视频版/胡昌奎等编著.—北京:清华大学出版社,2023.9(2024.12重印)

高等学校电子信息类专业系列教材　新形态教材

ISBN 978-7-302-64579-5

Ⅰ.①光…　Ⅱ.①胡…　Ⅲ.①光纤通信－高等学校－教材　Ⅳ.①TN929.11

中国国家版本馆 CIP 数据核字(2023)第 176065 号

责任编辑:曾　珊　李　晔
封面设计:李召霞
责任校对:李建庄
责任印制:刘海龙

出版发行:清华大学出版社
　　　　网　　　址:https://www.tup.com.cn,https://www.wqxuetang.com
　　　　地　　　址:北京清华大学学研大厦 A 座　　　邮　　编:100084
　　　　社 总 机:010-83470000　　　邮　　购:010-62786544
　　　　投稿与读者服务:010-62776969,c-service@tup.tsinghua.edu.cn
　　　　质量反馈:010-62772015,zhiliang@tup.tsinghua.edu.cn
　　　　课件下载:https://www.tup.com.cn,010-83470236
印 装 者:三河市人民印务有限公司
经　　销:全国新华书店
开　　本:185mm×260mm　　　印　　张:15.5　　　字　　数:379 千字
版　　次:2023 年 9 月第 1 版　　　印　　次:2024 年 12 月第 2 次印刷
印　　数:1501~2300
定　　价:66.00 元

产品编号:095944-01

高等学校电子信息类专业系列教材

序
FOREWORD

我国电子信息产业占工业总体比重已经超过 10%。电子信息产业在工业经济中的支撑作用凸显,更加促进了信息化和工业化的高层次深度融合。随着移动互联网、云计算、物联网、大数据和石墨烯等新兴产业的爆发式增长,电子信息产业的发展呈现了新的特点,电子信息产业的人才培养面临着新的挑战。

(1)随着控制、通信、人机交互和网络互联等新兴电子信息技术的不断发展,传统工业设备融合了大量最新的电子信息技术,它们一起构成了庞大而复杂的系统,派生出大量新兴的电子信息技术应用需求。这些"系统级"的应用需求,迫切要求具有系统级设计能力的电子信息技术人才。

(2)电子信息系统设备的功能越来越复杂,系统的集成度越来越高。因此,要求未来的设计者应该具备更扎实的理论基础知识和更宽广的专业视野。未来电子信息系统的设计越来越要求软件和硬件的协同规划、协同设计和协同调试。

(3)新兴电子信息技术的发展依赖于半导体产业的不断推动,半导体厂商为设计者提供了越来越丰富的生态资源,系统集成厂商的全方位配合又加速了这种生态资源的进一步完善。半导体厂商和系统集成厂商所建立的这种生态系统,为未来的设计者提供了更加便捷却又必须依赖的设计资源。

教育部 2020 年颁布了新版《高等学校本科专业目录》,将电子信息类专业进行了整合,为各高校建立系统化的人才培养体系,培养具有扎实理论基础和宽广专业技能的、兼顾"基础"和"系统"的高层次电子信息人才给出了指引。

传统的电子信息学科专业课程体系呈现"自底向上"的特点,这种课程体系偏重对底层元器件的分析与设计,较少涉及系统级的集成与设计。近年来,国内很多高校对电子信息类专业课程体系进行了大力度的改革,这些改革顺应时代潮流,从系统集成的角度,更加科学合理地构建了课程体系。

为了进一步提高普通高校电子信息类专业教育与教学质量,推动教育与教学高质量发展,教育部高等学校电子信息类专业教学指导委员会开展了"高等学校电子信息类专业课程体系"的立项研究工作,并启动了"高等学校电子信息类专业系列教材"(教育部高等学校电子信息类专业教学指导委员会规划教材)的建设工作。其目的是推进高等教育内涵式发展,提高教学水平,满足高等学校对电子信息类专业人才培养、教学改革与课程改革的需要。

本系列教材定位于高等学校电子信息类专业的专业课程,适用于电子信息类的电子信息工程、电子科学与技术、通信工程、微电子科学与工程、光电信息科学与工程、信息工程及其相近专业。经过编审委员会与众多高校多次沟通,初步拟定分批次建设约 100 门核心课程教材。本系列教材将力求在保证基础的前提下,突出技术的先进性和科学的前沿性,体现创新教学和工程实践教学；将重视系统集成思想在教学中的体现,鼓励推陈出新,采用"自顶向下"的方法编写教材；将注重反映优秀的教学改革成果,推广优秀的教学经验与理念。

为了保证本系列教材的科学性、系统性及编写质量,本系列教材设立顾问委员会及编审委员会。顾问委员会由教指委高级顾问、特约高级顾问和国家级教学名师担任,编审委员会由教育部高等学校电子信息类专业教学指导委员会委员和一线教学名师组成。同时,清华大学出版社为本系列教材配置优秀的编辑团队,力求高水准出版。本系列教材的建设,不仅有众多高校教师参与,也有大量知名的电子信息类企业支持。在此,谨向参与本系列教材策划、组织、编写与出版的广大教师、企业代表及出版人员致以诚挚的感谢,并殷切希望本系列教材在我国高等学校电子信息类专业人才培养与课程体系建设中发挥切实的作用。

吕志伟 教授

前言
PREFACE

早在 1966 年，英国标准电信研究所的英籍华人高锟博士发表了关于通信传输新介质的论文，指出利用玻璃纤维进行信息传输的可能性和技术途径，预言只要在光纤制造过程中消除金属离子杂质，制造出 20dB/km 衰减的光纤，就可以将之用于通信中，从而为光纤通信奠定了基础。1970 年，美国康宁玻璃公司(Corning Glass Co.)用化学气相沉积法制造出了第一根低损耗石英光纤。这一成就立即得到了世界各国的重视，掀起了光纤通信研究的热潮。自 1976 年美国西屋电气公司在亚特兰大成功地进行了世界上第一个 44.736Mb/s 传输 110km 的光纤通信系统的现场试验以来，光纤通信技术从实验室走向产业界，并迅速壮大，进而发展成为信息时代的支柱产业之一。

目前，无论是电信骨干网还是用户接入网，无论是陆地通信网还是海底通信网，光纤传输无处不在，无时不用。特别是随着云计算、数据中心的蓬勃发展和 5G 移动网络的部署及应用，光纤通信系统在面临挑战的同时也蕴藏着巨大的发展机会，光纤通信技术将更为有效地为未来互联网、数据中心互联、物联网、5G 移动网络及智慧家居和智慧城市提供强有力的技术支撑。如何借助理论教学和实验手段，使相关专业的学生系统掌握光纤通信的基本概念、基本原理、基本分析方法和光纤通信新技术，并且能够切实地在今后的通信领域担当己任，这就是编写本书的目的所在。本书以光纤传输理论为基础，以"光器件—光端机/光模块—光纤系统—光网络"为主线，全面、系统地介绍光纤通信的基础理论和新技术。本书既重视基本概念的阐述，又重视必要的理论分析，密切联系实际，既可作光电信息类专业本科生"光纤通信"课程的教材，也可供从事光通信工作的科技人员学习参考。

本书共 10 章。第 1 章为绪论，简要介绍光纤通信系统组成及特点、光纤通信技术的发展以及光纤通信中的一些基本概念；第 2 章为光纤和光缆，主要讲述光纤的导光原理、光纤的传输特性、常用通信光纤、光纤光缆的设计与制造；第 3 章为光纤通信无源器件，主要介绍光纤通信中常用无源光器件的构成、原理、特性及其应用，包括光纤连接器、光耦合器、可调谐光滤波器、波分复用/解复用器、光调制器、光隔离器与光环形器和光开关等；第 4 章为光纤通信有源器件，主要介绍发光二极管、半导体激光器、光电探测器、光放大器以及光波长转换器的结构、原理、特性及应用；第 5 章为光端机与光模块，主要介绍光发射机和光接收机的构成及特性，光模块的构成、封装、设计及发展；第 6 章为模拟/数字光纤通信系统，主要介绍模拟光纤传输系统、数字光纤传输系统以及系统设计；第 7 章为波分复用光纤传输系统，主要介绍波分复用技术，波分复用的系统构成、系统设备和密集波分复用的系统技术规范；第 8 章为相干光通信技术，在阐述相干检测和相干光调制技术的基础上，系统介绍了数字相干光纤通信系统；第 9 章为光传送网技术，主要讲述光传送网技术、光传送网层次结构与接口信息结构、光传送网复用与映射结构、光传送网节点技术以及光传送网的技术演进；第10章为光接入网技术，在介绍宽带接入方式的基础上，主要介绍无源光网络的基本概念、基于 TDM 的无源光网络和基于 WDM 的无源光网络。

本书第6章由易迎彦执笔，其余章节由胡昌奎执笔，吴薇和华中科技大学的刘冬生参与了部分章节的审定和修改工作，全书由胡昌奎统稿。另外，本书经过武汉理工大学光电信息科学与工程专业师生的试用和修改，这里对相关老师和同学的帮助表示感谢。感谢"武汉理工大学本科教材建设专项基金项目"的资助。

在编写过程中，本书参考了大量的国内外优秀教材、科技文献和网络文档，根据本书体系的需要选编了其中的一些典型内容，在此特对这些文献的作者表示感谢。由于编者水平有限，书中难免存在一些疏漏，希望广大读者批评指正。

编　者

2022 年 7 月

学习建议

本书所涉及的内容构成一个完整的理论教学体系,旨在通过本课程的学习,使学生掌握光纤传输基础理论和光纤通信新技术,了解光纤通信的前沿技术及其发展趋势,能进行系统分析和设计,并为后续专业知识的学习奠定理论和实验基础。

本书分为5部分。第1章和第2章介绍了光纤通信系统的基本知识和光纤传输的基础理论,第3~4章为光纤通信无源和有源器件,第5章为光端机与光模块,第6章和第7章为模拟/数字光纤通信系统及波分复用光纤通信系统,第8~10章为光纤传输技术,包括相干光通信技术、光传送网技术和光接入网技术。各章需要掌握的内容、重点、难点和教学学时建议如下。

教学内容	教学要求	学时
第1章 绪论	了解光纤通信的优点及系统构成,熟悉光纤通信基础知识及相关概念	2
第2章 光纤和光缆	掌握内容:光纤的导光原理及传输特性;常用单模和多模光纤的特性及应用 重点:光纤的导光原理;光纤色散及非线性效应;常用光纤的特性及应用 难点:光纤的导光原理;光纤的非线性效应	6
第3章 光纤通信无源器件	掌握内容:光纤连接器、耦合器、滤波器、波分复用/解复用器、调制器、光开关、光隔离器和环形器等无源器件的结构、工作原理、特性及应用 重点:各种无源器件的结构、工作原理及其特性 难点:器件的工作原理	12
第4章 光纤通信有源器件	掌握内容:发光二极管、半导体激光器、光电二极管(PIN管和APD管)、光放大器和光波长转换器等有源器件的构成、工作原理、特性及应用 重点:半导体激光器芯片结构及工作原理;光放大器的工作机理及特性 难点:波长可调谐激光器的工作机理;半导体激光器的调制特性;光放大器的特性分析	12
第5章 光端机与光模块	掌握内容:光发射机的构成及驱动电路;数字光接收机的构成及特性(信噪比、误传输速率和灵敏度);光模块的基本构成、封装及设计 重点:光发射机及数字光接收机的构成;光接收机的信噪比和灵敏度;光模块的基本构成和封装 难点:光接收机的信噪比及灵敏度;光模块设计	8
第6章 模拟/数字光纤通信系统	掌握内容:模拟光纤通信系统的构成及性能指标;数字光纤通信系统的构成及传输体制;光纤通信系统设计的一般原则 重点:模拟基带信号直接调制光纤通信系统的性能指标;副载波复用强度调制光纤通信系统的构成及性能指标;数字光纤通信系统的基本构成及性能指标;时分复用原理;SDH;功率预算法和带宽设计 难点:时分复用;SDH的复用结构和原理	4

续表

教学内容	教 学 要 求	学时
第7章 波分复用光纤 传输系统	掌握内容：光波分复用技术；WDM 系统构成；WDM 系统设备；DWDM 系统技术规范 重点：开放式和集成式波分复用系统构成；波分复用终端机、光线路放大设备和光分插复用设备；DWDM 系统技术规范 难点：光分插复用技术	4
第8章 相 干 光 通 信 技术	掌握内容：相干检测原理；相干光通信的光调制技术；数字相干光通信系统 重点：双臂相干检测(平衡光检测)结构及原理；零差检测与外差检测；IQ 光调制器；正交相移键控(QPSK)光发射机；高阶 QAM 信号生成方案；100Gb/s 数字相干光通信系统的调制技术、相干光接收及 DSP 技术 难点：相干检测原理；IQ 光调制器的先进调制格式的实现；相干光接收	6
第9章 光传送网技术	掌握内容：传输网及技术演进；OTN 及技术特点；OTN 的层次结构与接口信息结构；OTN 的复用与映射结构；OTN 的节点技术；OTN 的技术演进 重点：OTN 及技术特点；OTN 的层次结构；ROADM 及 OXC；100Gb/s OTN 技术；下一代光传送网技术演进 难点：OTN 的接口信息结构；OTN 的复用与映射结构	5
第10章 光接入网技术	掌握内容：宽带接入方式；无源光网络；基于 TDM 的无源光网络；基于 WDM 的无源光网络；基于 TWDM 的无源光网络 重点：光接入网；PON 的构成及技术演进；EPON 和 GPON 技术；WDM-PON 的原理及关键技术；TWDM-PON 的原理 难点：ONU"无色化"技术	5
总学时		64

本书既适用于多学时(64 学时)教学,也适用于少学时(40 学时)教学,根据不同学校的学时数安排、先修课情况、专业办学特色,有些教学内容可以适当调整。

建议先修大学物理、物理光学、光电子技术等课程。

建议讲授第 3～7 章中的教学内容时,开设对应的实验教学内容。

建议针对光纤通信和先修课程开设光纤通信技术综合课程设计内容。

微课视频清单

视 频 名 称	时长/min	位　　置
视频 1　光纤通信的系统组成及优点	15	1.1 节节首
视频 2　光纤通信的发展历程	17	1.3 节节首
视频 3　光纤通信的基础知识和概念	10	1.4 节节首
视频 4　均匀折射率光纤的光线理论	9	2.1.1 节节首
视频 5　光纤导光原理的波动理论：波动方程	5	2.1.2 节节首
视频 6　光纤导光原理的波动理论：模式	5	2.1.2 节
视频 7　光纤的传输特性：损耗、色散和非线性	21	2.2 节节首
视频 8　常用光纤介绍	15	2.3 节节首
视频 9　F-P 光滤波器和 M-Z 光滤波器	16	3.3.1 节节首
视频 10　阵列波导光栅滤波器	13	3.3.4 节节首
视频 11　波分复用/解复用器	16	3.4 节节首
视频 12　光调制器	19	3.5 节节首
视频 13　光隔离器	14	3.6.1 节节首
视频 14　光环形器	15	3.6.2 节节首
视频 15　光开关	22	3.7 节节首
视频 16　F-P 半导体激光器、量子阱半导体激光器	14	4.3.1 节节首
视频 17　DFB 半导体激光器	9	4.3.1 节第 3 部分
视频 18　波长可调谐半导体激光器	14	4.3.1 节第 4 部分
视频 19　垂直腔表面发射半导体激光器	9	4.3.1 节第 6 部分
视频 20　半导体激光器的基本特性	17	4.3.2 节节首
视频 21　半导体激光器的调制特性	15	4.3.2 节第 4 部分
视频 22　光放大器概述	16	4.5 节节首
视频 23　半导体光放大器	26	4.5.1 节节首
视频 24　掺铒光纤放大器	19	4.5.2 节节首
视频 25　光纤拉曼放大器	23	4.5.3 节节首
视频 26　光波长转换器	13	4.6 节节首
视频 27　数字光接收机的构成	13	5.2.1 节节首
视频 28　光接收机的信噪比	12	5.2.2 节节首
视频 29　光接收机的灵敏度	10	5.2.3 节节首
视频 30　模拟光纤通信系统	14	6.1 节节首
视频 31　时分复用	13	6.2.2 节节首
视频 32　系统设计	13	6.3 节节首
视频 33　光分插复用器	13	7.3.3 节节首
视频 34　相干检测原理	15	8.1 节节首
视频 35　光纤接入网	14	10.1.5 节节首
视频 36　PON 接入系统	23	10.3.2 节节首

阅读材料清单

目 录
CONTENTS

绪　　论

自 20 世纪 70 年代初问世以来,光纤通信技术获得突飞猛进的发展。光纤通信以其独特的优越性,已经成为现代通信发展的主流方向,是当今信息社会的基石。为了使读者在深入学习之前对光纤通信有一个基本的了解,本章将对光纤通信的基本概念和光纤通信技术的发展进行概括性介绍。

1.1　光纤通信的系统组成

通信系统一般由发送、传输和接收 3 部分组成,它可以将信息从一个地方传送到另一个地方,其传送距离可能是几米,也可能是几万千米。要传送的信息通常由电磁波携带,其频率从几兆赫兹(MHz)到几百太赫兹(THz)。光通信系统采用电磁波谱中的可见光或近红外区域的高频电磁波(约 100THz)作为载波,有时也称为光波通信系统,以区别于载波频率在 1GHz 量级的微波通信系统。

现代光通信系统可分为激光无线通信系统和光纤通信系统两大类。激光无线通信是指以激光作为载波,光信号在大气、海水或太空中进行传输的通信方式,如自由空间光通信、星际激光通信和水下(对潜)激光通信等;光纤通信则是利用激光作为信息的载波信号,并通过光纤来传送信息的通信方式。光纤通信自 20 世纪 80 年代以来已在全球得到广泛应用,并使电信技术发生了根本性变革,现今的光纤通信已成为信息社会的神经系统。

根据不同的用户要求、不同的业务种类以及不同阶段的技术水平,光纤通信系统的形式也是多种多样的。图 1-1 表示了单向传输光纤通信系统的基本组成,它包括光发射机、光纤、光接收机以及长途干线上必须设置的中继器。

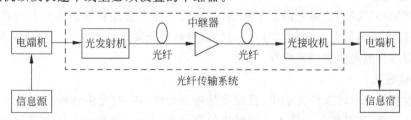

图 1-1　光纤通信系统的基本组成(单向传输)

1. 光发射机

光发射机是电光转换的光端机,其功能是将电端机送来的电信号转化为光信号,并通过耦合器将光信号注入作为通信信道的光纤。光发射机的核心部件是半导体光源,即半导体激光器(LD)或发光二极管(LED)。

光发射机将电信号转换为光信号的过程是通过承载信息的电信号对光源进行调制而实现的。调制分为直接调制和间接调制(外调制)两种,如图1-2所示。

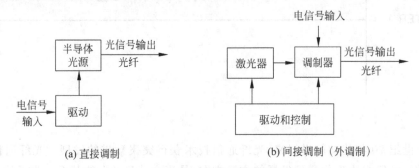

(a) 直接调制   (b) 间接调制(外调制)

图 1-2 直接调制和间接调制原理

1) 直接调制

直接调制是将要传送的信息转变为电流信号通过驱动电路注入半导体光源,获得相应的光信号输出,输出光功率与调制信号成比例,是一种光强度调制。直接调制方案技术简单,成本较低,容易实现,但调制速率受半导体光源的调制特性限制。对于直接调制,信号电流叠加在半导体光源的直流偏置电流上,由于光源的输出功率基本上与注入电流成正比,所以调制电流变化转换为光强调制是一种线性调制。调制信号可以是模拟信号也可以是数字信号,其调制原理如图1-3所示。

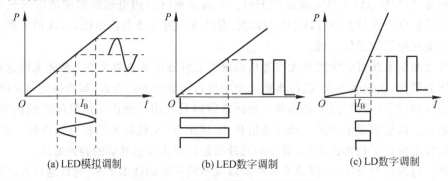

(a) LED模拟调制   (b) LED数字调制   (c) LD数字调制

图 1-3 半导体光源的直接调制原理

2) 间接调制

间接调制(外调制)是将光的产生和调制分开,具体方法是在光源输出端外的光路上放置光调制器,在调制器上加调制信号,使通过调制器的光波得到调制。间接调制常采用电致吸收光调制器和电光调制器来实现。

2. 光接收机

光接收机是光电转换的光端机,其功能是将经光纤传输的光信号转换为电信号,然后对电信号进行处理,使其恢复为进入光发射机的原始电信号。光接收机的核心器件是光电探测器,目前主要采用 PIN 光电二极管和雪崩光电二极管(APD)。光接收机将光信号转换为电信号的过程是通过光电探测器的检测实现的,检测方式有直接检测和相干检测两种。

1）直接检测

直接检测是用光电探测器直接将光信号转换为电信号,这种检测方式设备简单,经济实用,早期的光纤通信系统均采用直接检测的接收方式。光电探测器是一种平方律的检波器,采用直接检测只有光信号的强度可以被探测到。换言之,这种通信方式只可以在光强度上加载信息来进行传输。此方式的接收灵敏度取决于数据传输速率,而传输距离是由数据传输速率与接收机跨导放大器(TIA)的热噪声共同决定的。

2）相干检测

20 世纪 90 年代以来,骨干线通信技术中的相干检测技术逐渐成为研究热点。采用相干检测时要设置一个本地振荡器和一个光混频器,使本地振荡光和光纤输出的信号光在混频器中产生差拍而输出中频光信号,再由光电探测器把中频光信号转换为电信号。相干检测方式的优点是接收灵敏度高,其难点是需要频率非常稳定、相位和偏振方向可控制、谱线宽度很窄的单模激光器。

3. 中继器

在长途传输系统中,为保证通信质量,在光发射机与光接收机之间每隔一定距离必须设有中继器,以补偿光缆线路光信号的损耗和消除信号畸变及噪声的影响。相邻两个中继器之间的距离称为光纤通信系统的中继距离。

1.2 光纤通信的优点

在光纤通信系统中,作为载波的光波频率比电波频率高得多,而作为传输介质的光纤又比同轴电缆或波导管的损耗低得多,因此相对于电缆通信或微波通信,光纤通信具有许多独特的优点。

1. 容许频带很宽,传输容量大

光纤通信系统的容许频带(带宽)取决于光源的调制特性、调制方式和光纤的色散特性。石英单模光纤在 $1.31\mu m$ 波长具有零色散特性,通过光纤的设计,还可以把零色散波长改为 $1.55\mu m$。在零色散波长窗口,单模光纤具有几十 GHz·km 的带宽。另外,采用多路传输技术可以充分利用光纤带宽,即可以采用多种复用技术来增加光纤通信系统的传输容量。

2. 传输损耗小,中继距离长

电缆每千米的传输损耗通常为几分贝到十几分贝,而石英光纤在 $1.31\mu m$ 和 $1.55\mu m$ 波长的传输损耗分别为 0.50dB/km 和 0.20dB/km,甚至更低。因此,用光纤替代同轴电缆或波导管来传输信号时其中继距离长得多。

3. 重量轻、体积小

光纤重量轻,直径很小,即使做成光缆,在芯数相同的条件下,其重量和体积还是比电缆小得多。

通信设备的重量和体积对许多领域特别是军事、航空和宇宙飞船等方面的应用,具有重要的意义。如在飞机上用光纤代替电缆,不仅可以降低通信设备的成本,而且可以减轻飞机重量,从而降低飞机的制造成本。

4. 抗电磁干扰性好

光纤由电绝缘的石英材料制成,光纤通信线路不受各种电磁场的干扰和闪电雷击的损坏。无金属光缆非常适合在存在强电磁场干扰的高压电力线路周围和油田、煤矿等易燃易爆环境中使用。

5. 泄漏小,保密性好

在光纤中传输的光泄漏非常微弱,即使在弯曲地段也无法窃听。没有专用的特殊工具,光纤不能分接,因此信息在光纤中传输非常安全。保密性好这一特点,对军事、政治和经济具有重要的意义。

6. 节约金属材料,有利于资源合理利用

制造同轴电缆和波导管的金属材料在地球上的储量是有限的,而制造光纤的石英(SiO_2)在地球上的储量是巨大的。所以,推广光纤通信有利于地球资源的合理利用。

总之,光纤通信不仅在技术上具有很大的优越性,而且在经济上具有巨大的竞争能力,因此,其在信息社会中将发挥越来越重要的作用。

1.3 光纤通信技术的发展

视频

材料

材料

在低损耗石英光纤出现之前,光通信技术的研究一直处于探索阶段。直到 1966 年,华裔科学家高锟提出可通过降低光纤中杂质浓度的方法将光纤损耗从 1000dB/km 降低到 20dB/km,并指出利用光导纤维进行信息传输的可能性和技术途径,从而奠定了光纤通信的基础。1970 年,低损耗光纤和连续振荡半导体激光器的研制成功,促使光纤通信技术从实验室研究步入实用化工程应用,标志着人类通信史开启新篇章。

自 1976 年美国西屋电气公司在亚特兰大成功进行了世界上第一个光纤通信系统的现场实用化试验以来,光纤通信系统的发展可大致分为逐段光电再生系统(1977—1995 年)、放大的色散管理系统(1995—2008 年)、放大的数字相干系统(2008 年至今)和空分复用系统(202x 年至未来)4 个主要时代。

光纤通信的研究领域涉及光纤光缆、光电器件和光网络系统 3 个层面,其发展状况可以从超高速率(Ultra-high speed)、超大容量(Ultra-large capacity)、超长距离(Ultra-long distance)、超宽灵活(Ultra-wideband flexibility)和超强智能(Ultra-powerful intelligence)5 个维度进行解析,如图 1-4 所示。

光纤通信网络带宽需求的"恒不足",使得超高速率、超大容量、超长距离传输成为光纤通信一贯的追求;多业务分组化综合承载对光网络

图 1-4 光纤通信在 5 个维度的发展方向

的光层加电层弹性灵活组网提出迫切要求,软件定义网络(Software Defined Network,SDN)及人工智能(Artificial Intelligence,AI)技术的引入使得构建超强智能的光网络成为可能。

1. 超高速率、超大容量、超长距离传输

可以预见,未来全球网络流量还将持续以 45% 左右的年增长率增长,而接口速率和光纤容量仅以每年约 20% 的速度递增,两者之间显示出日益严重的差距,"容量危机"愈演愈

烈。这种增长率的差异从根本上源于遵循摩尔定律的数字集成电路技术(推动用于生成、处理和存储信息的设备发展)和模拟高速光电技术(推动用于传输信息的设备发展)之间的固有尺度差异。

由于光的幅度、时间/频率、正交相位和偏振 4 个物理维度都已得到了充分利用,且单纤容量正在迅速逼近其基本的香农极限,因此唯有通过进一步扩展更宽的频带和更多的空间并行度才能大幅提升光纤通信的系统容量。未来,超高速率、超大容量和超长距离光传输技术主要围绕这两个可伸缩性选项开展研究。

扩展频带的超宽带系统包括两方面——跨宽带窗口的低损耗光纤,以及能够覆盖整个系统带宽无缝运行的光学子系统(如光放大器、激光器和滤波器)。这两方面对于利用已有光纤线路(骨干网和城域传输网络)和新建部署光纤线路(海底光缆和数据中心互联场景)有着不同的影响。对于现有的绝大多数商用光纤而言,将仅使用的 C 波段(1530～1565nm)扩展到 O+L 全波段(1260～1625nm),理论上可获得约 12 倍的带宽增益,但由于水峰等物理限制,实际仅能获得约 5 倍的容量系数。对于多种更宽频带、更低损耗的新型光纤,例如光子晶体空心光纤和嵌套抗共振无节点空心光纤,虽然理论上获得了较为乐观的预测,但在实践中难以实现。并且在大多数工程领域,包括微波和光学领域,组件和子系统的复杂度随着其相对带宽的增加而提升,单位比特成本增长迅速。因此,相对于未来网络带宽成百上千倍的增长需求而言,在频率域中进行扩展无法有效低成本地解决长期容量瓶颈问题,但仍是扩展光纤通信容量的一个选项。

从长远来看,空间并行性是未来显著扩展系统容量唯一切实可行的选择。空分复用(Space Division Multiplexing,SDM)使用多个并行的空间路径倍增单通道的波长容量。在 WDM×SDM 系统中,一个逻辑通道可以由同一空间路径下的不同波长构成(频谱超级信道),也可以由同一波长跨越多条并行路径构成(空间超级信道),还可以是两者的组合(混合超级信道)。目前 SDM 的研究主要集中在多芯和少模两类新型光纤上,未来无论哪种空分复用技术或者超级信道结构被最终商业化,光学元件的规模集成都将是必不可少的,它可以有效地降低单位比特的成本及能耗。

2. 超宽灵活超强智能组网

除了上面讨论的空分复用及光电集成技术外,频谱选择与空间超级信道的交换对于未来光网络组网而言也有着重要影响。将已有的适用于 WDM 网络的可重构分叉复用(ROADM)架构扩展到 WDM×SDM,研究具有低阻塞率的 WDM×SDM 网络交换架构不仅意味着更大的系统容量,而且能简化超级信道的分配算法。未来可能的适用于 WDM×SDM 网络的空间交换节点架构,其完全基于光子交叉连接(Photonic Cross Connect,PXC)技术。输入和输出的每个空间链路都需要经过光放大和动态增益均衡(Dynamic Gain Equalizer,DGE),而中间巨大的空间交换架构采用严格的三级无阻塞 Clos 网络,其中第 1级和第 3 级与节点维度相关,中心级提供各维度的并行交叉连接。信号上/下功能使用额外的空间维度,并且可以保留波长交换以提供灵活的子载波复用功能。

另一方面,人们还希望提升光网络组网的自动化及智能化水平,最终实现网络"即插即用"功能,而无须任何人工干预和规划,最大限度地降低网络运营成本。在物理层,这将导致人类"零接触"网络,并通过人工智能和机器学习实现"零思考"的网络部署,即网络的各种组件将由机器人根据需要自动添加/删除,并为任何服务自动提供所需的带宽连接及管理。为了实现完全"零接触"网络自动化,该自治网络需要包含 3 个基本功能要素:传感器、执行器和控制器,三者必须共同作用,才能实现所需的网络智能。在数字相干系统中,传感器既可以作为相干光收发器的嵌入功能,通过其自适应算法自动获取网络运行的物理参数,也可以采用独立部署的传感器件实现。从光物理层的角度来看,执行器是灵活的线路卡以及动态的光交换,动态调整链路速率和信道分配以适应不同的传输需求。最后,为了建立"网络大脑",需要具有开放接口,以允许 SDN 将跨网络堆栈和跨各种功能的网络元素整合在一起。

　　未来 20 年,网络通信的人工智能化将集云网、感知、大数据和算法于一体,自感知、自适应、自学习、自执行、自演进、以网络为基础的群智应用(网络＋AI)将成为重要趋势。对于光网络而言,在通往"零接触"和"零思考"网络的道路上,以整体和跨层的思维方式解决网络灵活性和自治性方面的问题,将是未来的研究方向。

视频

1.4　光纤通信的基础知识和概念

本节将介绍所有通信系统共有的一些基本概念,以此作为讨论光纤通信的预备知识。

材料

1. 模拟信号与数字信号

在任何通信系统中,信息都可用模拟或数字形式的电信号进行传送。模拟信号随时间连续变化,如我们所熟知的麦克风或摄像机等就是将声音或图像转换为连续变化的模拟电信号。相对而言,数字信号仅取一些离散值,对二进制只可能取 0 与 1 两个值。二进制数字信号的最简单例子就是电流或光的通与断,这两种可能性分别称为比特 1 和比特 0。每个比特持续一定时间 T_B,称为比特周期或比特时隙。传输速率 B 定义为每秒传输的比特数目,因而 $B=1/T_B$。模拟信号和数字信号都用带宽表示它们的特性。带宽是信号频谱含量的一个量度,信号带宽代表信号傅里叶变换中所含的频率范围。

通过取样、量化和编码,可将模拟信号变换成数字信号,其原理如图 1-5 所示。

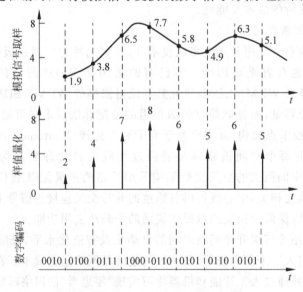

图 1-5　模拟信号的取样、量化及编码

模拟信号变换为数字信号的第一步是以适当的频率对模拟信号进行取样。根据抽样定理,对于一个带宽(Δf)有限的模拟信号,只要抽样频率f_s满足奈奎斯特准则($f_s \geqslant 2\Delta f$),则其可用离散样本无任何失真地表示。可见,抽样频率取决于模拟信号的带宽Δf。

第二步是将模拟信号的最大振幅分为M个离散间隔(可以是不等间隔),将每个样值量化为这些离散值中的一个值。

第三步是对量化后的样值进行数字编码,通常是采用脉冲编码调制(PCM)的方法将量化值变成0和1组合的二进制码。

将模拟信号转换为数字信号传输,对信道带宽的要求将增加许多倍,但基于光纤的巨大带宽资源和数字光纤通信系统优越的性能,这种带宽的增加是值得的。

2. 调制格式

设计光纤通信系统的第一步是决定如何将电信号转换成光信号(模拟光信号或光比特流)。通常,对于半导体激光器,可以采用电信号直接注入光源或外调制器上进行调制。调制输出的光比特流有两种可能的格式,如图1-6所示,即归零码(RZ)或非归零码(NRZ)。归零码格式中,代表1的光脉冲宽度小于比特时隙,在比特周期结束前其幅度会降到零。在非归零码中,光脉冲在整个比特时隙内保持不变,其振幅

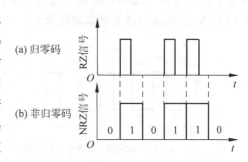

图1-6 数据比特流 010110 表示格式

在两个连续的比特1间不会降到零。这样,在非归零码中脉冲宽度会随信号格式而变,而在归零码中脉冲则保持不变。非归零码的一个优点是其比特流带宽要比归零码低一半,因为归零码中有更多的通断过渡。非归零码的应用中应严格控制脉冲宽度,以避免码型效应。在实际系统中,非归零码因占用带宽窄而使用得较多。而在光孤子通信系统中,要求使用归零码。

接下来的一个重要问题是选择什么变量把信息加载在光波上。一般信号都具有较低的频谱分量,不宜在信道中直接传输。实际系统中通常采用频谱搬移技术,利用基带信号来控制载波的几个特征参数中的一个,使这个参数按基带信号的规律变化。设在不考虑空间偏振特性时,调制前的光载波可表示为

$$E(t) = A\cos(\omega_0 t + \phi) \tag{1-1}$$

式中,E为电场;A为振幅;ω_0为频率;φ为相位。根据信号与载波形式及调制器的特性的不同,可以构成不同的调制方式。例如,可以选择调制振幅A、频率ω_0或相位φ中的任一个物理量。

对于模拟调制,这3种调制分别称为调幅(AM)、调频(FM)和调相(PM)。对于数字调制,可根据光载波的振幅、频率或相位是否在一个二进制信号的两种状态间变化,分别称为幅移键控(ASK)、频移键控(FSK)和相移键控(PSK)。ASK调制时,最简单的情况是使信号强度的两个变化状态中,一个状态为零,这种幅度键控通常称为通断键控(OOK),以反映所得光信号的通断特性。大多数数字光波通信系统使用OOK-PCM格式,而相干光波通信系统则使用ASK、FSK或PSK-PCM格式,具体采用哪一种应根据系统设计要求确定。

3. 数字信号的复用

光纤通信具有很宽的频带资源,可高速传送大容量信息,但传送一路数字音频信号仅需

64kb/s 的速率,显然很不经济。为了充分利用光纤带宽,就需要对数字信号进行复用。通常可用两种复用方法来提高通信容量,即时分复用(TDM)和频分复用(FDM)。对于 TDM,是将不同信道的信号交替排列组合成复合比特流。例如,对于 64kb/s 的单音频信道,比特间隔约为 $15\mu s$,若将相继的单音频信道的比特流分别延迟 $3\mu s$ 插入,就可插入 5 个这样的信道,复用成 320kb/s 的比特流,如图 1-7(a)所示。对于 FDM,是将信道在频域内相互分开,每个信号由频率不同的载波携带,载波频率的间隔超过信号带宽,以防止信号频谱重叠引起串话,如图 1-7(b)所示。FDM 对模拟和数字信号都适用,并可用于多路无线电和广播电视传送。通过复用后的多路信号可直接加到半导体激光器或外调制器上产生多路复用后的光信号。值得注意的是,TDM 和 FDM 都可以在电域和光域内实现,光频分复用通常是指波分复用(WDM),这在后面会详细讨论,光的时分复用(OTDM)近年来也成为了一个研究热点,但目前还未达到实用水平。

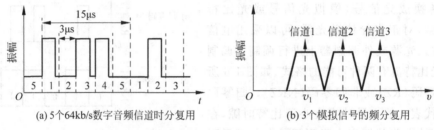

(a) 5个64kb/s数字音频信道时分复用　　　(b) 3个模拟信号的频分复用

图 1-7　数字信道的时分复用和模拟信道的频分复用示意图

对于数字信号,实现 TDM 很方便,且已在电信网中广泛使用,如将多路话音信道复用形成不同的群路等级。语音信号的频带为 $300\sim3400\,Hz$,取上限频率 $4000\,Hz$,根据取样定理,取样频率 $f_s=8\,kHz$,取样时间间隔 $T=1/f_s=1/8000s=125\mu s$,即在 $125\mu s$ 内要传输 8 个二进制代码,则每个代码所占用的时间为 $T_b=125/8\mu s$,所以每路数字电话的传输速率为 $B=1/T_b=64\,kb/s$(或者 8 比特/每次取样 $\times$ 8000 次/每秒取样)。在北美和日本,用 24 路音频信道复用为一个基群,其传输速率为 $1.544\,Mb/s$,这就是 T1 的速率。在中国与欧洲,是用 30 路音频信道复用为一个基群,复合传输速率为 $2.048\,Mb/s$,这是 E1 的速率。需要说明的是,为了便于在接收端将复用信号分开,在复合比特流中加入了额外的控制位,因此复合传输速率略大于 64kb/s 与信道数的积。基于 TDM,4 个基群复用成二次群,继续执行这个步骤可获得更高的群路等级。表 1-1 即为按此复用方法合成的群路等级体系中 5 个不同群路的传输速率。

表 1-1　数字通信系统群路等级及其标准传输速率

群路级别	标准化路数			传输速率/(Mb/s)		
	北美	欧洲	日本	北美	欧洲	日本
基群	24	30	24	1.544	2.048	1.544
二次群	96	120	96	6.312	8.448	6.312
三次群	672	480	480	44.736	34.368	32.604
四次群	1334	1920	1440	90	139.246	97.728
五次群	4032	7680	5760	274.176	565	396.200

本章小结

光纤通信是利用激光作为信息的载波信号并通过光纤来传送信息的通信方式,它具有传输容量大、中继距离长、保密性好、抗电磁干扰能力强等优点。光纤通信系统由光发射机、光纤线路(包括光纤和中继器)和光接收机 3 个基本单元组成。

光纤通信涵盖非常广阔的研究领域,光纤光缆、光电器件和光网络系统 3 个层面相辅相成,合力推动光纤通信不断向超高速率、超大容量、超长距离、超宽灵活、超强智能 5 个维度升级演进。

思考题与习题

1.1　简述光纤通信的系统构成及其优点。

1.2　对光纤通信系统的发展历程进行梳理,简要说明各个发展阶段的主要特点与区别。

1.3　查阅文献,谈谈光纤通信技术发展现状及未来趋势。

1.4　试说明如何将模拟语音信号转换为数字形式,以达到 64kb/s 的传输速率。

1.5　如果对一个信噪比为 60dB、带宽为 6.5MHz 的模拟视频信号进行数字化,则传输速率至少应该达到多少?

第 2 章

光纤和光缆

尽管在 20 世纪 20 年代就已经制作出了玻璃纤维,但它真正得到应用还是在 20 世纪 50 年代发现利用包层可以改善导光特性之后。1951 年,光物理学家 Brian O'Brian 提出了包层的概念,密歇根大学在 1956 年制作出第一个玻璃包层光纤。然而在 1970 年以前,光纤损耗为 1000dB/km,用光纤来进行长距离光通信是不现实的,它主要应用在医用内窥镜中。但当康宁公司在 1970 年研制出损耗为 20dB/km 光纤之后,情况发生了显著变化。低损耗光纤的问世导致了光波技术领域的革命,开创了光纤通信的时代。

2.1 光纤的导光原理

光纤通常由纤芯(Core)、包层(Cladding)和涂覆层 3 部分构成,如图 2-1 所示。石英光纤纤芯材料主要成分为 SiO_2,纯度达 99.999%,其余成分为极少量的掺杂剂,如 GeO_2 等,以提高纤芯的折射率。包层材料一般也为 SiO_2,其作用是把光波限制在纤芯中传输。光纤的导光原理是由纤芯的高折射率和包层低折射率所构成的光波波导结构所决定的。为了增

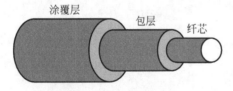

图 2-1　光纤的基本结构

强光纤的柔韧性、机械强度和耐老化特性,在包层外增加一层涂覆层,其主要成分是环氧树脂和硅橡胶等高分子材料。

根据光纤横截面上折射率的径向分布情况,光纤可以粗略地分为阶跃型和渐变型两种。阶跃折射率光纤(Step Index Optical Fiber,SIOF)的特点是纤芯和包层的折射率分别为常数,折射率在纤芯和包层界面突变;渐变折射率光纤(Graded Index Optical Fiber,GIOF)的特点是在纤芯中心折射率最高,沿径向向外呈连续的非线性递减分布。不同纤芯折射率分布的光纤,传输特性完全不同。

图 2-2 为阶跃折射率光纤和渐变折射率光纤的横截面及折射率分布。典型的单模光纤纤芯直径 $2a = 4 \sim 10\mu m$,包层直径 $2b = 125\mu m$;多模光纤纤芯直径 $2a = 62.5\mu m$ 或 $2a = 50\mu m$,包层直径 $2b = 125\mu m$。

光纤的导光原理与结构特性可用光线理论和导波理论两种方法进行分析。基于几何光学的光线理论方法可以很好地理解多模光纤的导光原理和特性,虽然是近似方法,但当纤芯直径远大于光波波长时是完全可行的。而当光纤的几何尺寸可以与光波波长相比拟时,就需要采用导波光学理论来进行分析。

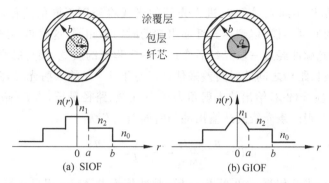

图 2-2　光纤的横截面和折射率径向分布

视频

2.1.1　光纤导光原理的几何光学描述

按几何光学射线理论,光纤中的光射线有子午射线和斜射线两种。过纤芯轴线的平面称为子午平面,子午平面上的光射线即为子午射线,而斜射线是不经过光纤轴线的射线。为简单起见,下面只对阶跃光纤和渐变光纤的子午射线进分析。

1. 阶跃光纤

如图 2-3 所示,一束光线以与光纤轴线成 θ_i 的角度入射到芯区中心,在光纤与空气的界面发生折射,并偏向界面的法线方向,其折射角 θ_r 由斯涅耳定理决定,即

$$n_0 \sin\theta_i = n_1 \sin\theta_r \tag{2-1}$$

式中,n_0 和 n_1 分别为空气和光纤纤芯的折射率。折射光到达纤芯与包层界面时,若入射角 φ 大于全反射临界角 φ_c,则光线在纤芯与包层界面将发生全反射,其中 φ_c 定义为

$$\sin\varphi_c = n_2 / n_1 \tag{2-2}$$

式中,n_2 为光纤包层折射率。这种全反射发生在整条光纤上,所有满足条件 $\varphi > \varphi_c$ 的光线都将被限制在纤芯中,这就是光纤约束和导引光传输的基本机制。

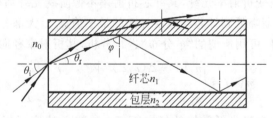

图 2-3　光在阶跃光纤中的传输路径

根据式(2-1)和式(2-2),可得到光纤的收光角,即将入射光限制在纤芯中所要求的入射光与光纤轴线间的最大角度。由于 $\theta_r = \pi/2 - \varphi_c$,因而可得到

$$n_0 \sin\theta_i = n_1 \cos\varphi_c = (n_1^2 - n_2^2)^{1/2} \tag{2-3}$$

与光学透镜类似,$n_0 \sin\theta_i$ 称为光纤的**数值孔径**(Numerical Aperture,NA),它代表光纤收集光线的能力。对于 $n_1 \approx n_2$ 的弱导光纤,数值孔径可近似为

$$\mathrm{NA} = n_1 (2\Delta)^{1/2} \tag{2-4}$$

式中,Δ 为纤芯与包层的相对折射率差,$\Delta = (n_1 - n_2)/n_1$。显然,Δ 越大,就可以尽可能地将光线收集或耦合进光纤中。但实际上过大的 Δ 会引起多路径色散,即模式理论中的模间色散。

由图 2-3 可见,以不同入射角 θ_i 进入光纤的光线将经历不同的路径,虽然在输入端同时入射并以相同的速度传播,但到达光纤输出端的时间不相同,这就是多路径色散。在色散的影响下,输入的光脉冲经过一段光纤后会产生一定程度的展宽,展宽的程度可通过计算光经过最短距离和最长距离之间的时间差来估计。对于 $\theta_i = 0$ 的入射光线,路径最短,正好等于光纤长度 L;对应式(2-3)给出的入射角为 θ_i 的光线,路径最长,为 $L/\sin\varphi_c$。纤芯中光的传播速度 $v = c/n_1$,则两条光线到达输出端的时间差 ΔT 为

$$\Delta T = \frac{n_1}{c}\left(\frac{L}{\sin\varphi_c} - L\right) = \frac{L}{c}\frac{n_1^2}{n_2^2}\Delta \tag{2-5}$$

因此,光脉冲在光纤传播一段距离 L 后,脉冲将展宽 ΔT。假设光脉冲的传输速率为 B,为了使这种展宽不至于引起码间干扰,ΔT 应小于比特间隔 $T_B(T_B = 1/B)$,因而由式(2-5)可以估计出光纤的传输容量为

$$BL < \frac{c}{\Delta} \cdot \frac{n_2^2}{n_1^2} \tag{2-6}$$

根据式(2-6)可以对阶跃光纤的传输容量进行粗略的估计。如对于 $n_1 = 1.5$ 和 $n_2 = 1.0$ 的无包层光纤而言,其 BL 值很小,约为 0.4(Mb/s)·km。如果减小光纤纤芯与包层的折射率差(即减小 Δ),则 BL 的受限值能提高很多。通信应用中的光纤,其 Δ 值一般小于 0.01,当 $\Delta = 0.002$ 时,$BL < 100$(Mb/s)·km,也就是说,这种光纤能以 10Mb/s 的传输速率将光信号传输 10km。

需要指出,式(2-6)只是在一些特殊情况下得出的结论,它只适用于每次内反射后都经过光纤轴线的子午射线,对于偏斜于光纤轴线的斜入射光束,同样可以在光纤中传输,但不能用该式进行估计。另外,以不同角度入射的光线所受到的散射作用是不相同的,式(2-6)中忽略了这种差异。

2. 渐变光纤

渐变光纤也称为渐变折射率光纤,其纤芯折射率不像阶跃光纤那样是一个常数,它从芯区中心的最大值 n_1 逐渐降低到纤芯与包层界面的最小值 n_2。大部分渐变光纤的纤芯折射率按近似平方规律下降,可用所谓的"g 分布"进行分析,其折射率径向分布可表示为

$$n(r) = \begin{cases} n_1[1 - \Delta(r/a)^g]^{1/2}, & r < a \\ n_2, & r \geqslant a \end{cases} \tag{2-7}$$

式中,a 为纤芯半径;r 为离光纤轴线的径向距离;参数 g 决定了折射率分布。当 $g \to \infty$ 时,对应于阶跃光纤;当 $g = 2$ 时为平方律折射率分布或抛物线折射率分布光纤;当 $g = 1$ 时为三角折射率分布光纤。

由经典光学理论可知,在傍轴近似条件下,渐变折射率分布光纤中光线轨迹可由下面的微分方程来描述

$$\frac{\mathrm{d}^2 r}{\mathrm{d}z^2} = \frac{1}{n}\frac{\mathrm{d}z}{\mathrm{d}n} \tag{2-8}$$

式中,z 为光纤的轴线方向。对于折射率以抛物线分布的渐变型光纤,$g = 2$。根据式(2-7),式(2-8)可以简化为一个简谐振荡方程,其通解为

$$r = r_0\cos(pz) + (r_0'/p)\sin(pz) \tag{2-9}$$

式中，$p=(2n_1\Delta/a^2)^{1/2}$；r_2 和 r_0' 分别为入射光线的位置和方向。

式(2-9)表明，所有不同角度入射的光线在距离 $z=2m\pi/p$ 处恢复它们的初始位置和方向，其中 m 为整数，如图2-4所示。因此，抛物线折射率分布光纤又称为"自聚焦光纤"，在这种光纤中不存在多路径色散（模间色散）。值得注意的是，这个结论是在几何光学和傍轴近似的条件下得到的，对于实际光纤，这些条件并不严格成立。

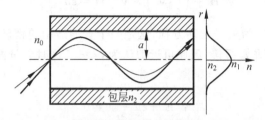

图2-4　光在渐变光纤中的光线轨迹

通过进一步分析可知，光线在长为 L 的渐变折射率分布光纤中传播时，$\Delta T/L$ 的值会随 g 发生变化。当 $g=2(1-\Delta)$ 时，时间差 ΔT（模间色散）最小，它与 Δ 的关系为

$$\Delta T/L = n_1\Delta^2/8c \tag{2-10}$$

利用准则 $B\Delta T<1$，可得传输速率与传输距离的乘积 BL 的极限为

$$BL < 8c/n_1\Delta^2 \tag{2-11}$$

对于 $n_1=1.5$ 和 $\Delta=0.01$ 的渐变折射率分布光纤，最优的 g 设计能使光信号以100Mb/s的传输速率在光纤中传输100km，即 BL 积达10(Gb/s)·km，比阶跃折射率分布光纤提高了3个数量级。第一代光纤通信系统就是使用的渐变光纤。

单模光纤能进一步提高 BL 的受限值，但几何光学不能用于研究单模光纤的相关问题，必须采用波动理论来讨论单模光纤中的模式。

2.1.2　光纤导光原理的波动理论

视频

运用波动光学的方法分析光纤的导光原理，则必须从电磁场的基本方程式出发。

1. 电磁波在光纤中传播的基本方程式

光纤是一种介质光波导，其中无传导电流，不存在自由电荷且线性各向同性，因而在光纤中传播的电磁波遵从下列麦克斯韦方程组

$$\begin{cases} \nabla\times\boldsymbol{E}=-\dfrac{\partial\boldsymbol{B}}{\partial t} \\[2mm] \nabla\times\boldsymbol{H}=\dfrac{\partial\boldsymbol{D}}{\partial t} \\[2mm] \nabla\cdot\boldsymbol{D}=0 \\[2mm] \nabla\cdot\boldsymbol{B}=0 \end{cases} \tag{2-12}$$

式中，$\boldsymbol{E}$ 是电场强度矢量；$\boldsymbol{H}$ 是磁场强度矢量；$\boldsymbol{D}$ 是电位移矢量；$\boldsymbol{B}$ 是磁感应矢量。

电位移矢量 $\boldsymbol{D}$ 与电场强度 $\boldsymbol{E}$ 以及磁场强度 $\boldsymbol{H}$ 与磁感应矢量 $\boldsymbol{B}$ 之间的关系为

$$\boldsymbol{D}=\varepsilon\boldsymbol{E} \tag{2-13}$$

$$\boldsymbol{B}=\mu\boldsymbol{H} \tag{2-14}$$

式中，ε 为介质的介电常数，$\varepsilon=\varepsilon_0 n^2$，其中，$\varepsilon_0$ 是真空介电常数，n 是材料折射率；μ 为介质

的磁导率,真空磁导率为 μ_0,对于非磁性材料一般有 $\mu = \mu_0$。

对式(2-12)进行运算,将电矢量和磁矢量分离可以得到

$$\nabla^2 \boldsymbol{E} + \nabla\left(\frac{1}{\varepsilon}\boldsymbol{E} \cdot \nabla\varepsilon\right) = \varepsilon\mu \frac{\partial^2 \boldsymbol{E}}{\partial t^2} \tag{2-15}$$

$$\nabla^2 \boldsymbol{H} + \left(\frac{1}{\varepsilon}\nabla\varepsilon\right) \times \nabla \times H = \varepsilon\mu \frac{\partial^2 \boldsymbol{H}}{\partial t^2} \tag{2-16}$$

式(2-15)与式(2-16)为矢量波动方程,这是一个普遍适用的精确方程式。在光纤中,折射率(或介电常数)变化非常缓慢,因此可近似认为 $\nabla\varepsilon \approx 0$,这时矢量波动方程可化简为标量波动方程,即

$$\nabla^2 \boldsymbol{E} - \varepsilon\mu \frac{\partial^2 \boldsymbol{E}}{\partial t^2} = 0 \tag{2-17}$$

$$\nabla^2 \boldsymbol{H} - \varepsilon\mu \frac{\partial^2 \boldsymbol{H}}{\partial t^2} = 0 \tag{2-18}$$

对于光纤中的一般问题,均可用标量波动方程解决,只是在进行更精密的分析时才使用矢量波动方程。

视频

2. 阶跃光纤中光场分布

光纤中模式是指满足相应边界条件的波动方程特定解,并具有其空间分布不会随传播而改变的特性。光纤模式有传导模、泄漏模和辐射模 3 种形式,但只有传导模才能用来传递信息。下面主要讨论阶跃光纤中的传导模。

光纤是圆柱形结构,通常用 z 轴与光纤轴线一致的柱面坐标系 $(r、\varphi、z)$ 来描述,在柱面坐标系中,对于场矢量的轴向分量 E_z 和 H_z,式(2-17)和式(2-18)可以变成

$$\frac{\partial^2 E_z}{\partial r^2} + \frac{1}{r}\frac{\partial E_z}{\partial r} + \frac{1}{r^2}\frac{\partial^2 E_z}{\partial \varphi^2} + \frac{\partial^2 E_z}{\partial z^2} + n^2 k_0^2 E_z = 0 \tag{2-19}$$

$$\frac{\partial^2 H_z}{\partial r^2} + \frac{1}{r}\frac{\partial H_z}{\partial r} + \frac{1}{r^2}\frac{\partial^2 H_z}{\partial \varphi^2} + \frac{\partial^2 H_z}{\partial z^2} + n^2 k_0^2 H_z = 0 \tag{2-20}$$

式中,当 $r < a$ 时折射率 n 为纤芯折射率 n_1;当 $r > a$ 时折射率 n 为包层折射率 n_2。对于场矢量的其他几个分量 E_r、E_φ、H_r 和 H_φ 可以分别由 E_z 和 H_z 算出。式(2-19)和式(2-20)可通过分离变量法求解,E_z 可以写成

$$E_z(r,\varphi,z) = F(r)\Phi(\varphi)Z(z) \tag{2-21}$$

将式(2-21)代入式(2-19),可以得到 3 个普通的微分方程

$$\frac{\mathrm{d}^2 Z}{\mathrm{d}z^2} + \beta^2 Z = 0 \tag{2-22}$$

$$\frac{\mathrm{d}\Phi^2}{\mathrm{d}z^2} + m^2 \Phi = 0 \tag{2-23}$$

$$\frac{\mathrm{d}^2 F}{\mathrm{d}r^2} + \frac{1}{r}\frac{\mathrm{d}F}{\mathrm{d}r} + \left(n^2 k_0^2 - \beta^2 - \frac{m^2}{r^2}\right)F = 0 \tag{2-24}$$

方程(2-22)的解为 $Z = \exp(\mathrm{j}\beta z)$,$\beta$ 具有传播常数的含义。类似地,方程(2-23)的解为 $\Phi = \exp(\mathrm{j}m\varphi)$,但因为场圆周以 2π 为周期变化,常数 m 仅限于整数值。

方程(2-24)是著名的贝塞尔函数的微分方程,在纤芯和包层的一般解分别为

$$F(r) = \begin{cases} AJ_m(\kappa r) + A'Y_m(\kappa r), & r < a \\ CK_m(\gamma r) + C'I_m(\gamma r), & r > a \end{cases} \quad (2\text{-}25)$$

式中,A、A'、C 和 C' 是常数;J_m、Y_m、K_m 和 I_m 是不同类型的贝塞尔函数;参数 κ 和 γ 分别定义为

$$\kappa^2 = n_1 k_0^2 - \beta_2 \quad (2\text{-}26)$$

$$\gamma^2 = \beta^2 - n_2 k_0^2 \quad (2\text{-}27)$$

由于光纤中的传导模在 $r=0$ 处是有限的,而在 $r=\infty$ 处应衰减为 0,因而有 $A'=C'=0$,则方程(2-19)的一般解可以表示为

$$E_z = \begin{cases} AJ_m(\kappa r)\exp(jm\varphi)\exp(j\beta z), & r \leqslant a \\ CK_m(\gamma r)\exp(jm\varphi)\exp(j\beta z), & r > a \end{cases} \quad (2\text{-}28)$$

类似地,可以得到磁场矢量的横向分布,H_z 表示为

$$H_z = \begin{cases} BJ_m(\kappa r)\exp(jm\varphi)\exp(j\beta z), & r \leqslant a \\ DK_m(\gamma r)\exp(jm\varphi)\exp(j\beta z), & r > a \end{cases} \quad (2\text{-}29)$$

式中,B 和 D 是待定常数。

利用麦克斯韦方程组,由 E_z 和 H_z 可以分别得出 E_r、E_φ、H_r 和 H_φ 的表达式。在光纤的芯区,可以得到

$$E_r = \frac{j}{\kappa^2}\left(\beta \frac{\partial E_z}{\partial r} + \mu_0 \frac{\omega}{\rho}\frac{\partial H_z}{\partial \varphi}\right) \quad (2\text{-}30)$$

$$E_\varphi = \frac{j}{\kappa^2}\left(\frac{\beta}{r}\frac{\partial E_z}{\partial r} - \mu_0 \omega \frac{\partial H_z}{\partial r}\right) \quad (2\text{-}31)$$

$$H_r = \frac{j}{\kappa^2}\left(\beta \frac{\partial H_z}{\partial r} - \varepsilon_0 n^2 \frac{\omega}{r}\frac{\partial E_z}{\partial \varphi}\right) \quad (2\text{-}32)$$

$$H_\varphi = \frac{j}{\kappa^2}\left(\beta \frac{\partial H_z}{\partial r} + \varepsilon_0 n^2 \omega \frac{\partial E_z}{\partial r}\right) \quad (2\text{-}33)$$

在包层中的解与上述 4 个解类似,用 $-\gamma^2$ 代替 κ^2 即可。

式(2-30)~式(2-33)描述了阶跃光纤中纤芯和包层的电磁场分布。待定常数 A、B、C 和 D 可通过应用 E 和 H 的切向分量在纤芯和包层的界面处是连续的这一边界条件来决定。利用在 $r=a$ 处的 E_z、H_z、E_φ 和 H_φ 的连续边界条件可以得到关于 A、B、C 和 D 的 4 个齐次方程组成的方程组。只有当线性方程组的系数矩阵的行列式值为零时,方程组才有非奇异解。根据这个条件,可得确定传播常数 β 的本征方程,其形式为

$$\left[\frac{J'_m(\kappa a)}{\kappa J_m(\kappa a)} + \frac{K'_m(\gamma a)}{\gamma K_m(\gamma a)}\right]\left[\frac{J'_m(\kappa a)}{\kappa J_m(\kappa a)} + \frac{n_2^2}{n_1^2}\frac{K'_m(\gamma a)}{\gamma K_m(\gamma a)}\right] = \left[\frac{2m\beta(n_1 - n_2)}{a\kappa^2\lambda^2}\right]^2 \quad (2\text{-}34)$$

式中,J'_m 和 K'_m 分别为 J_m 和 K_m 的一阶微分。

本征方程是一个复杂的超越方程,需要用数值方法求解。当给定 a、k_0、n_1 和 n_2 后,即可求得介于 k_1 和 k_2 之间的某些离散的 β 值。通常,对每个整数 m 都存在多个解,一般以从大到小的数字顺序排列这些解,对于给定的 m 都有 n 个解,$n=1,2,\cdots$,分别记为 β_{mn}。

每一个 β_{mn} 值都对应一个能在光纤中传播的光场,其空间分布是由式(2-28)～式(2-33)确定的。这种空间分布在传播过程中只有相位的变化,没有形状的变化,且始终满足边界条件,因而它可以称为光纤中的模式。一般来说,光纤中 E_z 和 H_z 都不为零(除 $m=0$ 外),而在平面波导中,至少有一个为零。因而光纤的模式称为混合模,根据是磁场的贡献为主还是电场的贡献为主,可以标记为 HE_{mn} 或 EH_{mn}。对于 $m=0$ 的特殊情况,HE_{0n} 和 EH_{0n} 可分别标记为 TE_{0n} 和 TM_{0n},因为它们对应于横电模($E_z=0$)或横磁模($H_z=0$)的传播模式。

一个模式由它的传播常数 β 唯一确定。引入模式折射率或有效折射率的概念,即 $\bar{n}=\beta/k_0$,它表明每个模式是以位于 n_1 和 n_2 之间的有效折射率 $\bar{n}$ 在光纤中传播的。由 $K_m(\omega r)=(\pi/2\gamma r)^{1/2}\exp(-\lambda r)$ 可知,导模在包层中是以指数的形式衰减的,因此当 $\bar{n}\leqslant n_2$ 时,$\gamma^2\leqslant 0$,这种指数形式衰减不会发生,即对应于 $\bar{n}<n_2$ 的模式就不能在光纤中传播。其中,$\bar{n}=n_2$ 时,$\gamma=0$,即对应为导模的截止条件。为更方便地决定截止条件,可引入一个 V 参数,即归一化频率,它表示为

$$V=k_0 a(n_1^2-n_2^2)^{1/2}\approx (2\pi/\lambda)an_1\sqrt{2\Delta} \tag{2-35}$$

相应地,再引入归一化传播常数 b,它定义为

$$b=\frac{\beta/k_0-n_2}{n_1-n_2}=\frac{\bar{n}-n_2}{n_1-n_2} \tag{2-36}$$

当给定参数 a、k_0、n_1 和 n_2 后,由式(2-34)～式(2-36)可求出导模的传播常数 β 与 V 参数的对应关系,两者之间的关系曲线称为色散曲线,因此本征值方程又叫色散方程。图 2-5 给出了几组低阶模的色散曲线。图 2-5 中横坐标为 V,纵坐标为有效折射率,其中每一条曲线都相对应于一个导模。对于给定的 V 值的光纤,过该值点做平行于纵轴的竖线,它与色散曲线的交点数就是该光纤中允许存在的导模数。

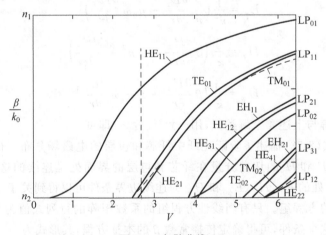

图 2-5 色散曲线

可见,V 值越大,可传播的模式越多。光纤中可传播的模式数 M 可近似表示为

$$M=\frac{1}{2}V^2 \tag{2-37}$$

例如,一个 $a=25\mu m$,$\Delta=5\times10^{-3}$ 的典型多模光纤,在 $\lambda=1310nm$ 通信窗口,$V=18$,$M=162$,即可传播 162 个模式。当 V 值减小,光纤中可传播的模式数急剧减少。从图 2-5

可以看出,当 $V=5$ 时,模式数只有 7 个。当 V 低于某一数值时,除了 HE_{11} 模以外,其他模式均被截止,只传播单个模式,这种光纤称为单模光纤。

由模式截止条件以及色散曲线可知,$HE_{l+1,m}$ 模与 $EH_{l-1,m}$ 模具有相近的色散曲线,在截止时则完全重合,因此两者是近乎简并的。因此可将这两类模式线性叠加而使场的某一横向分量归于抵消,以使场的表述大为简化,构成一种新的模式,即线偏振模——LP_{lm} 模(Linearly Polarized Mode),其场分量只有 4 个,场分量表达式以及相应的本征值方程都远没有精确模那么复杂。线偏振模用于表示弱导光纤中的传播模式,其 E_z 和 H_z 都近似为零。LP_{lm} 模存在的条件是光纤的纤芯折射率 n_1 与包层折射率 n_2 相差甚小,这样的光纤对电磁波的约束和导引作用大为减弱,因而被称为"弱导光纤"。

3. 单模光纤

单模光纤中只能传输 HE_{11} 模,它被称为光纤的基模。单模光纤应设计在使工作波长处所有高阶模式均被截止。如图 2-5 所示,归一化频率 V 决定了光纤传输的模式数,各模式的截止条件也取决于 V。基模不会被截止,能在所有光纤中传输。

1) 阶跃折射率分布光纤的单模条件

单模条件由 TE_{01} 和 TM_{01} 模达到截止时的归一化频率 V 决定。对应 $m=0$,由本征值方程(2-34)可得

$$\kappa J_0(\kappa a)K_0'(\gamma a) + \gamma J_0'(\kappa a)K_0(\gamma a) = 0 \tag{2-38}$$

$$\kappa n_2^2 J_0(\kappa a)K_0'(\gamma a) + \gamma n_1^2 J_0'(\kappa a)K_0(\gamma a) = 0 \tag{2-39}$$

当 $\gamma=0$ 时,模式截止,又有 $\kappa a=V$,因而两个模式截止条件为

$$J_0(V) = 0 \tag{2-40}$$

$J_0(V)=0$ 对应的最小 V 值 $V_c=2.405$。若光纤设计满足 $V<2.405$,则只能传输基模,这就是单模条件。

利用式(2-35)可以估计满足单模传输条件的光纤芯径大小。对于 $1.3\sim1.6\mu m$ 的工作波长范围,光纤应在 $\lambda>1.2\mu m$ 的范围内满足单模条件。取 $\lambda=1.2\mu m$、$n_1=1.45$ 和 $\Delta=5\times10^{-3}$,要满足 $V<2.405$,a 应小于 $3.2\mu m$。若 Δ 降至 3×10^{-3},则纤芯半径可增至 $4\mu m$。实际上大多数单模光纤设计在 $a\approx4\mu m$。

2) 模式折射率

根据式(2-36),可得到工作波长处的模式折射率 $\bar{n}$ 为

$$\bar{n} = n_2 + b(n_1 - n_2) \approx n_2(1 + b\Delta) \tag{2-41}$$

利用图 2-5 中给出的 HE_{11} 模的 $b\text{-}V$ 曲线可得到归一化传播常数 b 的大小。b 的一个近似解析式为

$$b(V) \approx (1.1428 - 0.9960/V)^2 \tag{2-42}$$

当 V 为 $1.5\sim2.5$ 时,式(2-42)表达的 b 值精度在 0.2% 以内。

3) 模场分布

由式(2-28)~式(2-33)可以得到基模的场分布。当 $\Delta\ll1$ 时,光场的轴向分量 E_z 和 H_z 非常小,因而弱导光纤中的基模 HE_{11} 近似为线偏振模,并标记为 LP_{01}。LP 模的一个横向分量可取为零,如令 $E_y=0$,则 HE_{11} 模电场的 E_x 分量可表示为

$$E_z = \begin{cases} E_0 J_0(\kappa r)/J_0(\kappa a)\exp(j\beta z), & r \leqslant a \\ E_0 K_0(\gamma r)/K_0(\gamma a)\exp(j\beta z), & r > a \end{cases} \tag{2-43}$$

式中,E_0 是与模式携带功率相关的一个常数,这种模式沿 x 轴线性偏振。同样,光纤中也存在另一个沿 y 轴线偏振的模式。因此,单模光纤实际上承载着两个正交偏振模,它们具有相同的模折射率。

4) 单模光纤的双折射特性

正交偏振模的简并特性只在具有均匀直径的理想圆柱形纤芯的光纤中才能保持。实际光纤的纤芯形状难免会沿光纤长度发生变化,光纤在受到外界非均匀应力时可能会使圆柱对称性受到破坏。这些因素使得光纤的正交偏振特性遭到破坏,使光纤呈现双折射现象。描述双折射现象的双折射系数 B 定义为

$$B = |\bar{n}_x - \bar{n}_y| \tag{2-44}$$

式中,$\bar{n}_x$ 和 $\bar{n}_y$ 分别为正交偏振的两个模式的模折射率。双折射将导致两个偏振分量间功率的周期交换,该周期称为拍长,可表示为

$$L_B = \lambda / B \tag{2-45}$$

从物理角度讲,线偏振光只有当它沿一个主轴偏振时才能保持线偏振,否则其偏振态将沿光纤长度方向周期性地从线偏振到椭圆偏振,再回到线偏振这样变化,一个变化周期的长度即为拍长 L_B,偏振态周期性变化如图 2-6 所示,图中快轴代表模折射率小的轴,慢轴则代表模折射率大的轴。对于典型的石英光纤,$B \approx 10^{-7}$,则当 $\lambda \approx 1\mu m$ 时,$L_B \approx 10m$。

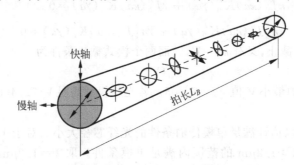

快轴

慢轴

拍长L_B

图 2-6　线偏振光在双折射光纤中的演变

在常规单模光纤中,由于纤芯形状的波动和不均匀的应力作用,B 沿光纤长度方向上并不是常量,而是随机变化的。这会使注入光纤的线偏振光很快成为任意偏振光。偏振的不确定性对采用直接检测技术的光波系统影响不大,但对相干通信系统将产生影响,因而在相干光通信系统中需使用对偏振不灵敏的相干光接收机。另外,为降低纤芯形状和尺寸的随机起伏对偏振态的影响,可设计本身具有高双折射系数的光纤,这种光纤称为偏振保持光纤,其双折射系数 B 的典型值为 10^{-4},比常规光纤要高 3 个数量级。

5) 模场直径

纤芯直径 $2a$ 和数值孔径 NA 是描述多模光纤几何光学性能的重要参数。但对于单模光纤而言,纤芯直径与光波长处于同一数量级,场分布不局限在纤芯内,有相当一部分处于包层中。因此,单模光纤纤芯直径只是结构设计上的一个参数,而在实际应用中通常是用模场直径(Mode Field Diameter,MFD)的概念。MFD 代表基模场强在空间分布集中程度的一种度量,它通过远场强度分布来定义,但这一定义是建立在远场扫描法的基础上的,使用起来比较麻烦。一般将光场作为高斯分布来近似计算模场半径,即

$$E_x = A \exp(-r^2/W^2) \exp(j\beta z) \tag{2-46}$$

式中，W 为光纤的模场半径；A 是纤芯中心 $r=0$ 处的场量值。图 2-7 显示了归一化模场半径 W/a 与 V 参数的依存关系。当 $1.2<V<2.4$ 时，归一化模场半径可以用近似公式计算，即

$$W/a \approx 0.65 + 1.619V^{-3/2} + 2.879V^{-6} \tag{2-47}$$

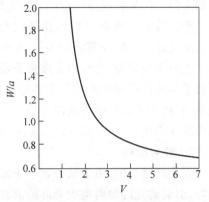

图 2-7 归一化模场半径随 V 参数的变化

单模光纤通常用限制因子 Γ 来表示光纤纤芯区所占功率比，它定义为纤芯中传输的光功率 P_{core} 与纤芯和包层中所传输的总光功率 P_{total} 之比，即

$$\Gamma = \frac{P_{core}}{P_{total}} = \frac{\int_0^a |E_x|^2 r\,dr}{\int_0^\infty |E_x|^2 r\,dr}$$

$$= 1 - \exp\left(-\frac{2a^2}{W^2}\right) \tag{2-48}$$

利用式(2-47)和式(2-48)可以得出特定 V 参数下光纤纤芯区所占的功率比。在 $V=2$ 时，芯区功率大约占 75%，而当 $V=1$ 时，芯区功率却只占 20%。因而通信系统中单模光纤的 V 参数通常为 2～2.4，以保证大部分功率在光纤中传输。

2.2 光纤的传输特性

视频

损耗(衰减)与色散是光纤的两个重要传输特性，而当传输光功率密度较高时，还需要考虑光纤的非线性效应。

2.2.1 光纤的损耗

光纤的损耗是指光波在光纤内传输时由于受到衰减而光功率逐渐降低的现象。光纤的损耗是限制光纤通信系统传输距离的一个重要因素。由于光接收机能够接收的最小光功率是一定的，所以在发射功率一定的条件下，光信号所能传输的最大距离就要受到光纤损耗的限制。

光纤的损耗通常用损耗系数 α 来表示，它定义为每单位长度光纤光功率衰减分贝数，即

$$\alpha = -\frac{10\lg(P_{out}/P_{in})}{L}(\text{dB/km}) \tag{2-49}$$

式中，P_{in} 和 P_{out} 分别是注入光纤的有效功率和从光纤输出的光功率；L 是光纤的长度。

引起光纤损耗的原因很多，一般可归纳为三大类：材料吸收损耗、散射损耗和弯曲损耗。

1. 材料吸收损耗

光纤的材料吸收损耗主要包括基质材料的本征吸收损耗和杂质吸收损耗两种。

本征吸收是纤芯材料的固有吸收，其损耗机理可分为紫外本征吸收与红外本征吸收。在紫外波段，构成光纤的基质材料会产生紫外电子跃迁吸收带。这种紫外吸收带很强，其尾端可延伸到光纤通信波段(0.7～1.6μm)，在 1.3～1.55μm 将引起 0.05dB/km 的损耗，达到单模光纤总损耗的 1/3。在红外波段光纤基质材料将产生振动或多声子吸收带，这种吸

收带损耗在 $9.1\mu m$、$12.5\mu m$ 及 $21\mu m$ 处峰值可达 $10^{10}\,dB/km$,因此构成了石英光纤工作波长的上限。红外吸收带的带尾也向光纤通信波段延伸,但影响小于紫外吸收带。

杂质吸收是指由于制作光纤材料不纯净及工艺不完善而引入的过渡金属离子(Fe、Mn、Ni、Cu、Co 及 Cr 等)和 OH^- 离子等产生的光吸收。目前,由于原材料的改进及光纤制备工艺的不断完善,光纤中金属离子吸收引起的损耗已基本消除,但 OH^- 离子的吸收损耗则成了目前降低光纤损耗的主要障碍。在低损耗光纤中,一切吸收均可解释为 OH^- 离子吸收,它构成了光纤通信波段内的 3 个吸收峰,即 $1.39\mu m$、$1.24\mu m$ 和 $0.95\mu m$,而光纤通信波段的 3 个窗口,即 $0.85\mu m$、$1.3\mu m$ 和 $1.55\mu m$ 则是 OH^- 离子吸收谱的谷区。

2. 散射损耗

在光纤材料中,由于某种远小于波长的不均匀性(如折射率不均匀或掺杂粒子浓度不均匀等)引起的光的散射构成光纤的散射损耗。散射损耗也是光纤固有的本征损耗,并且是降低光纤损耗的最终限制因素。

瑞利散射是一种最基本的散射形式,因为它是一切媒质材料散射损耗的下限。当散射体的尺寸小于入射光波长时,就会产生瑞利散射,可用散射截面来描述,它与波长的四次方成反比。石英光纤在波长 λ 处,瑞利散射引起的本征损耗可表示为

$$\alpha_R = C/\lambda^4 \tag{2-50}$$

式中,常数 C 为 $0.7\sim0.9\,(dB/km)\cdot\mu m^4$,具体取值决定于光纤的结构。在 $\lambda=1.55\mu m$ 时,$\alpha_R=0.12\sim0.16\,dB/km$,表明在该波长处,光纤的损耗主要由瑞利散射损耗引起。

对石英光纤的吸收和散射损耗进行分析,其损耗谱如图 2-8 所示。由于 OH^- 离子吸收的存在,在石英光纤的低损耗区就形成了光纤通信的 3 个传输窗口,即 850nm、1300nm 和 1550nm,而 1550nm 处的损耗最低,达到了由瑞利散射决定的损耗极限值。

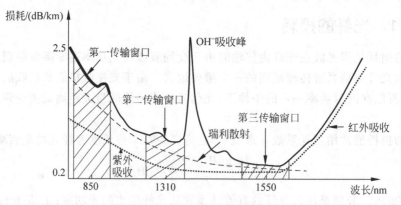

图 2-8 石英光纤的损耗谱线

3. 弯曲损耗

光纤在实际应用中不可避免地要发生弯曲,这就伴随着产生光纤的弯曲辐射损耗。这种损耗的原因是当光纤弯曲时,原来在纤芯中以导模形式传播的功率将部分地转化为辐射模功率并逸出纤芯形成损耗。

光纤的弯曲损耗包括宏弯损耗、过渡弯曲损耗和微弯损耗 3 种。宏弯损耗是由光纤实际应用中必需的盘绕、曲折等引起的宏观弯曲导致的损耗;过渡弯曲损耗是光纤由直到弯曲的突变中产生的损耗;微弯损耗则是光纤制备过程中或在应用过程中由于应变等原因引

起的光纤形变。

2.2.2 光纤的色散

在物理光学中,色散是表示由于某种物理原因使具有不同波长的光在介质中产生分散。在光纤光学中,色散主要是指集中的光能扩散,例如,光脉冲经过光纤传输后在输出端发生能量分散,导致传输信号畸变。在数字光纤通信系统中,由于信号的各频率成分或各模式成分的传输速率不同,所以在光纤中传输一段距离后将相互散开,从而产生光脉冲展宽现象。严重时,脉冲展宽会使相邻信号脉冲发生重叠,形成码间干扰,增加误码率。因此,光纤的色散会影响光纤的带宽和通信距离,限制了光纤的传输容量。

2.1 节中讨论了多模光纤中存在的模间色散,在几何光学描述中,这种模间色散可看成不同角度的入射光线将经历不同的传播路径而导致的,而在模式理论分析中,它是由于不同的模式具有不同的折射率而导致的。单模光纤只传输一个模式,具有较大的带宽,这使其成为光纤通信中首选传输介质。

单模光纤的色散主要是指群速度色散(Group Velocity Dispersion,GVD),它是由于光源发射进入光纤的光脉冲能量包含许多不同的频率分量,而不同的频率分量以不同的群速度传输,因而在传输过程中必将出现脉冲展宽,这种色散也称为色度色散或波长色散。此外,在传输速率大于 10Gb/s 的光纤通信系统中,还要考虑光纤的偏振模色散(Polarization-Mode Dispersion,PMD)。

1. 群速度色散

角频率为 ω(波长为 λ)的特定频谱分量在单模光纤传输距离为 L 时,所用时间 $\tau = L/v_g$,这里 v_g 为群速度,定义为

$$v_g = (\mathrm{d}\beta/\mathrm{d}\omega)^{-1} \tag{2-51}$$

式中,β 为传播常数,$\beta = \bar{n}k_0 = \bar{n}\omega/c$,其中 $\bar{n}$ 为模式折射率。与相速度 $v_p = c/n$ 相类比,也可将群速度定义为 $v_g = c/n_g$,其中,n_g 为介质的群折射率,表示为

$$n_g = \bar{n} + \omega\frac{\mathrm{d}\bar{n}}{\mathrm{d}\omega} \tag{2-52}$$

由于光脉冲包含许多频率分量,不同频率分量的群速度不同,这样在传输过程中光脉冲的不同频率分量发生时间弥散,导致光脉冲的展宽。如果光脉冲谱宽为 $\Delta\omega$,则脉冲展宽为

$$\Delta\tau = \frac{\mathrm{d}\tau}{\mathrm{d}\omega}\Delta\omega = \frac{\mathrm{d}}{\mathrm{d}\omega}\left(\frac{L}{v_g}\right)\Delta\omega = L\frac{\mathrm{d}^2\beta}{\mathrm{d}\omega^2}\Delta\omega = L\beta_2\Delta\omega \tag{2-53}$$

式中,$\beta_2 = \mathrm{d}^2\beta/\mathrm{d}\omega^2$ 称为群速度色散系数,它决定了光脉冲在光纤中传输时展宽的程度。

在光纤通信系统中,频谱宽度 $\Delta\omega$ 一般由光源的谱宽 $\Delta\lambda$ 决定,因而常用 $\Delta\lambda$ 代替 $\Delta\omega$。利用关系式 $\omega = 2\pi c/\lambda$ 以及此式导出的 $\Delta\omega = (-2\pi c/\lambda^2)\Delta\lambda$,式(2-53)可写为

$$\Delta\tau = \frac{\mathrm{d}}{\mathrm{d}\lambda}\left(\frac{L}{v_g}\right)\Delta\lambda = DL\Delta\lambda \tag{2-54}$$

式中,D 为色散参数,表示为

$$D = \frac{\mathrm{d}}{\mathrm{d}\lambda}(1/v_g) = -(2\pi c/\lambda^2)\beta_2 \tag{2-55}$$

色散参数 D 的单位为 ps/(km·nm),它代表谱宽为 1nm 的光波在光纤中传输 1km 后

不同频谱分量到达时间的延迟差。

光纤色散对传输的最大传输速率 B 的影响可利用相邻脉冲不产生重叠的原则来确定，即 $\Delta\tau < 1/B$，利用式(2-54)可得

$$BL < \frac{1}{|D|\,\Delta\lambda} \tag{2-56}$$

利用式(2-56)可以大致估算出单模光纤 BL 积的受限值。对于标准的石英光纤，在 $1.31\mu m$ 附近的色散参数 D 值大约为 $1ps/(km \cdot nm)$，对于工作在多纵模状态的半导体激光器，光谱宽度 $\Delta\lambda$ 为 $2\sim4nm$，此时光纤通信系统的 BL 积可以超过 $100(Gb/s) \cdot km$。对于 $1.31\mu m$ 的系统，光信号速率为 $2Gb/s$ 时，无中继距离可达 $40\sim50km$。当激光器的光谱宽度降到 $1nm$ 以下时，单模光纤通信系统的 BL 积可高达 $1(Tb/s) \cdot km$。

色散参数 D 的波长相关性由模式折射率 $\bar{n}$ 的频率相关性决定。由式(2-52)和式(2-55)可将色散参数表示为

$$D = -\frac{2\pi c}{\lambda^2}\frac{d}{d\omega}\left(\frac{1}{v_g}\right) = -\frac{2\pi}{\lambda^2}\frac{dn_g}{d\omega} = -\frac{2\pi}{\lambda^2}\left(2\frac{d\bar{n}}{d\omega} + \omega\frac{d^2\bar{n}}{d\omega^2}\right) \tag{2-57}$$

将式(2-41)代入式(2-57)并利用式(2-35)可将色散参数 D 写成两项之和，即

$$D = D_M + D_W \tag{2-58}$$

式中，D_M 为材料色散；D_W 为波导色散，分别表示为

$$D_M = -\frac{2\pi}{\lambda^2}\frac{dn_{2g}}{d\omega} = \frac{1}{c}\frac{dn_{2g}}{d\lambda} \tag{2-59}$$

$$D_W = -\frac{2\pi\Delta}{\lambda^2}\left[\frac{n_{2g}^2}{n_2\omega}\frac{V d^2(Vb)}{dV^2} + \frac{dn_{2g}}{d\omega}\frac{d(Vb)}{dV}\right] \tag{2-60}$$

式中，n_{2g} 为包层的群折射率，$n_{2g} = n_2 + \omega(dn_2/d\omega)$；参数 V 和 b 分别由式(2-35)和式(2-41)给出。需要指出的是，在上述的推导过程中，忽略了相对折射率差 Δ 的频率相关性。

1) 材料色散

材料色散的产生是由于光纤材料(石英)的折射率随光波频率 ω 的变化而改变。从物理机制来分析，材料色散的起因是与该材料吸收电磁辐射的特征谐振频率相关。在远离材料谐振频率处，折射率 $n(\omega)$ 可用 Sellmeier 方程近似为

$$n^2(\omega) = 1 + \sum_{j=1}^{M}\frac{B_j\omega_j^2}{\omega_j^2 - \omega^2} \tag{2-61}$$

式中，ω_j 为石英材料的谐振频率，B_j 为谐振子强度。式(2-61)中求和包含了所讨论的频率范围内的所有谐振频率。对于光纤，参数 B_j 和 ω_j 的值可通过将实验所测得的曲线拟合成式(2-61)得到($M = 3$)。对于纯石英光纤，可得 $B_1 = 0.6961663$，$B_2 = 0.4079426$，$B_3 = 0.8974794$，$\lambda_1 = 0.068409\mu m$，$\lambda_2 = 0.1162414\mu m$，$\lambda_3 = 9.896161\mu m$。利用这些参数，可进一步求出群折射率的值。在 $0.5\sim1.6\mu m$ 的波长范围内，熔融石英的 n 和 n_g 随波长的变化曲线如图 2-9 所示。

式(2-59)表明材料色散参数 D_M 与群折射率的斜率相关。对于纯石英光纤，在 $\lambda = 1.276\mu m$ 处有 $dn_g/d\lambda = 0$，因而有 $D_M = 0$，此波长称为零色散波长 λ_{ZD}。在小于 λ_{ZD} 的波长区域，材料色散参数 D_M 为负值，称为正常色散区；在大于 λ_{ZD} 的波长区域，D_M 为正值，称为反常色散区。在 $1.25\sim1.66\mu m$ 的波长范围内，D_M 可用如下的经验公式来估算

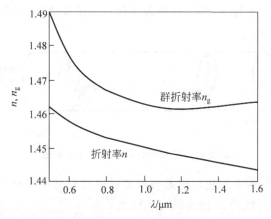

图 2-9 熔融石英光纤的折射率和群折射率随波长的变化

$$D_M \approx 122(1 - \lambda_{ZD}/\lambda) \tag{2-62}$$

需要指出的是，$\lambda_{ZD} = 1.276 \mu m$ 仅是对纯石英光纤而言，当对纤芯和包层掺杂以改变折射率时，λ_{ZD} 可以在 $1.28 \sim 1.31 \mu m$ 范围变化。

2）波导色散

波导色散 D_W 对总色散参数 D 的贡献由式(2-60)给出，它取决于光纤的归一化频率参数 V。图 2-10 所示为 b、$d(Vb)/dV$、$Vd^2(Vb)/dV^2$ 随 V 参数的变化规律，可见，式(2-60)中所有的求导都为正值，因而波导色散参数 D_W 在 $0 \sim 1.6 \mu m$ 的波长范围内都为负值。

图 2-11 给出了典型普通石英单模光纤中的 D_M、D_W 和 $D = D_M + D_W$ 三个色散参数随光波长变化的情况。可见，波导色散使零色散波长向右移动了 $30 \sim 40 nm$，单模光纤的零色散波长在 $1.31 \mu m$ 附近。在整个光纤通信涉及的 $1.3 \sim 1.6 \mu m$ 的波长范围内，波导色散使总色散相对于材料色散都有所减小。在 $1.55 \mu m$ 的通信窗口，色散参数 D 为 $18 \sim 20 ps/(nm \cdot km)$。由于单模光纤在 $1.55 \mu m$ 处具有最低的损耗值，如果能进一步减小色散参数 D 的值，则能进一步改善光纤通信系统的性能，提高传输容量。

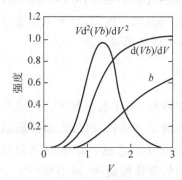

图 2-10 单模光纤中 b、$d(Vb)/dV$ 和 $Vd^2(Vb)/dV^2$ 与 V 参数的关系

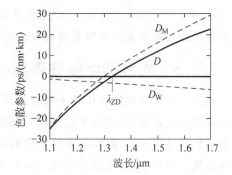

图 2-11 单模石英光纤的 D_M、D_W 和 D 随光波长的变化

2. 偏振模色散

光脉冲展宽的另一个潜在因素是光纤的双折射。由前面的讨论可知，当光纤的正交偏振特性受到破坏时就会呈现出双折射现象，如单模光纤在制造或应用过程中产生的光纤结构形变就会导致光纤双折射。如果输入光脉冲激励了两个正交偏振分量，并以不同的群速

度沿光纤传输,也将导致光脉冲展宽,这种现象称为偏振模色散(PMD),如图 2-12 所示。

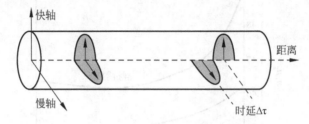

图 2-12　偏振模色散形成原理示意图

与群速度色散一样,偏振模色散引起的展宽可通过光脉冲的两个偏振分量之间的时间延时 $\Delta\tau$ 来估计。对于长度为 L 的光纤,$\Delta\tau$ 可表示为

$$\Delta\tau = \left| \frac{L}{v_{gx}} - \frac{L}{v_{gy}} \right| = L \mid \beta_{1x} - \beta_{1y} \mid = L\Delta\beta_1 \tag{2-63}$$

式中,下标 x 和 y 是为了区分两个正交的偏振模式;$\Delta\beta_1$ 与沿两个主偏振态的群速度差有关。但在实际的光纤通信系统中,由于两个偏振模式之间的随机耦合,式(2-63)并不能直接用来估计偏振模色散的大小。这种随机耦合使得两个偏振分量的传播时间趋于一致。实际上,PMD 可用 $\Delta\tau$ 的均方根值来评估,并可表示为

$$\sigma_\tau^2 = <(\Delta\tau)^2> = 2(\Delta\beta_1)^2 h^2 \left[\frac{L}{h} - 1 + \exp\left(-\frac{L}{h}\right) \right] \tag{2-64}$$

式中,h 是相关长度,定义为两个偏振分量能保持相关的长度,其典型值约为 10m。对于偏振保持光纤,相关长度是无限大,偏振模色散将沿光纤长度线性增加。相对应地,当 $h \ll L$ 时有

$$\sigma_\tau \approx (\Delta\beta_1)\sqrt{2hL} = D_p \sqrt{L} \tag{2-65}$$

式中,D_p 是偏振模色散参数,一般在 $0.01 \sim 10 ps/km^{1/2}$ 的范围。由于 σ_τ 与 $L^{1/2}$ 相关,偏振模色散导致的脉冲展宽与群速度色散相比较小,在低速率(小于 2.5Gb/s)、短距离(小于100km)系统中,除零色散点外,偏振模色散的影响一般都可忽略。然而,对于工作在零色散波长附近的长距离光纤通信系统,PMD 将成为一个主要的限制因素。

2.2.3　光纤的非线性效应

任何介质在强电磁场作用下都会呈现出非线性光学特性,光纤也不例外。虽然石英材料的非线性系数不高,但由于在现代光纤通信系统中,传输距离很长,而且光场被限制在一个很小的区域内传输,因而非线性效应对通信质量的影响仍不可忽视。另外,为了提高光纤通信系统的通信容量,可以采取提高发射光功率、提高单信道传输速率、减小参与波分复用的波长间隔以及开辟新的通信窗口等不同技术方案。随着这些新技术的应用,非线性效应对通信容量的影响越来越显著。

光纤的非线性效应可分为两类:受激散射效应和折射率调制效应。受激散射效应有受激布里渊散射(Stimulated Raman Scattering,SRS)和受激拉曼散射(Stimulated Brillouin Scattering,SBS)两种形式,折射率调制是光纤的折射率随光强而变化的非线性现象,它可直接引起自相位调制、交叉相位调制和四波混频 3 种非线性效应。

1. 受激散射

前面分析光纤损耗时讨论的瑞利散射是一种弹性散射,散射光的频率(或光子能量)不会发生改变。但在非弹性散射中,散射导致新的频率分量产生,受激拉曼散射和受激布里渊散射就是两种非弹性散射。这两种散射都可以理解为一个入射光子的湮灭,产生一个频率下移量为斯托克斯频差的光子,而能量差以声子(Phonon)的形式出现。两者的主要区别是SRS中参与的是频率较高的光学声子,而SBS中参与的是频率较低的声学声子。当然,如果介质能吸收一个具有适当能量和动量的声子,受激散射也能产生一个频率上移量为斯托克斯频差的光子,即产生反斯托克斯频移。尽管SRS和SBS的起因非常相似,但由于声学声子与光学声子不同的色散关系,导致两者之间的一些本质差别。它们之间的一个基本差别是单模光纤中SBS只发生在向后方向,而SRS主要发生在向前方向。

SRS和SBS都会使入射光能量降低,在光纤中形成一种损耗机制。在入射光功率较低的情况下,散射的横截面很小,它们导致的损耗通常可以忽略。在高输入光功率状态下,一旦入射光功率超过阈值,散射光强度将以指数规律增长,SRS和SBS将会导致相当大的光损耗。根据散射光强,可以粗略估算SRS和SBS的阈值功率。对于SRS,阈值功率P_{th}定义为在长度为L的光纤输出端SRS导致了50%的功率损耗所对应的输入光功率,P_{th}可由下式来计算

$$P_{th}g_R L_{eff}/A_{eff} \approx 16 \qquad (2\text{-}66)$$

式中,g_R为受激拉曼增益系数;A_{eff}为有效模横截面积,定义为$A_{eff}=\pi W^2$,W为模场半径;L_{eff}为有效相互作用长度(光纤的有效长度),定义为

$$L_{eff}=[1-\exp(\alpha L)]/\alpha \qquad (2\text{-}67)$$

式中,α是光纤衰减系数。由于在光纤通信系统中光纤长度L足够大,L_{eff}可简化为$1/\alpha$,则式(2-66)可变为

$$P_{th} \approx 16\alpha(\pi W^2)/g_R \qquad (2\text{-}68)$$

对于石英光纤,在1.55μm附近,拉曼增益系数$g_R \approx 1\times10^{-13}$ m/W,若取$\pi W^2=50\mu m^2$,$\alpha=0.2$dB/km,则P_{th}约为570mW。由于在光通信系统中信道光功率一般小于10mW,因此SRS对单信道光波系统而言不是一个限制因素,但它显著影响WDM系统的性能。

同样,用类似的方法可以估计SBS的阈值功率,其估算公式为

$$P_{th}g_B L_{eff}/A_{eff} \approx 21 \qquad (2\text{-}69)$$

式中,g_B为布里渊增益系数。和上面一样,用$1/\alpha$代替L_{eff},用πW^2代替A_{eff},得到

$$P_{th} \approx 21\alpha(\pi W^2)/g_B \qquad (2\text{-}70)$$

在1.55μm附近,石英光纤的$g_B \approx 5\times10^{-11}$m/W,比$g_R$大两个数量级,结果SBS的$P_{th}$可低至1mW。由于布里渊增益谱相当窄,典型谱宽小于100MHz,通过相位调制的方法可以将增益谱宽至200~400MHz,SBS的阈值功率可增至10mW或更高。在大多数光纤通信系统中,SBS限制入射光功率在100mW以下。

尽管SRS和SBS会导致入射光频率上的能量损失,但由于它们可以将泵浦光上的能量转移到特定波长上,因而可以利用它们来实现光放大。石英光纤中,SRS由于具有极宽的增益带宽,达10THz,因而受到更多的关注。随着S和L波段通信窗口的开拓,光纤拉曼放

大器又成为当今国际上研究的热点,有关内容将在 4.5 节中详细介绍。

2. 非线性折射率调制效应

前面在用波动理论讨论光纤模式时,假设石英光纤的折射率与光功率无关。实际上,在高光强情况下,材料将呈现出非线性行为,它们的折射率随光强的增加而增大。在入纤光功率 P 较高时,石英光纤纤芯和包层的折射率改写为

$$n'_j = n_j + \bar{n}_2 \left(\frac{P}{A_{\text{eff}}} \right), \quad j = 1, 2 \tag{2-71}$$

式中,下标 $j=1$、2 分别对应光纤的纤芯和包层; $\bar{n}_2$ 是非线性折射率系数,对于石英光纤, $\bar{n}_2$ 的数值约为 $2.6 \times 10^{-20} \text{m}^2/\text{W}$,而且这个数值会随纤芯中所用的掺杂剂而发生微小变化。可见,由于非线性折射率系数比较小,非线性折射率变化也非常小(在 1mW 的功率电平下小于 10^{-12})。尽管如此,由于光纤通信系统中光纤长度非常长,非线性折射率变化会引发自相位调制和交叉相位调制现象,从而对光纤通信系统性能产生影响。

1) 自相位调制(SPM)

与式(2-71)相对应,非线性状态下的传播常数也可表示为

$$\beta' = \beta + k_0 \bar{n}_2 P / A_{\text{eff}} = \beta + \gamma P \tag{2-72}$$

式中, $\gamma = k_0 \bar{n}_2 / A_{\text{eff}}$,其值可在 $1 \sim 5 \text{W}^{-1}/\text{km}$ 范围内变化。注意到光纤模式的相位随着距离 z 而线性增加,由于非线性折射率效应, γ 项产生的非线性相移为

$$\Phi_{\text{NL}} = \int_0^L (\beta' - \beta) \mathrm{d}z = \int_0^L \gamma P(z) \mathrm{d}z = \gamma P_{\text{in}} L_{\text{eff}} \tag{2-73}$$

式中, $P(z) = P_{\text{in}} \exp(-\alpha z)$。在推导式(2-73)时,假设 P_{in} 是一个常数。实际上, P_{in} 随时间变化会使相移 Φ_{NL} 也随时间变化,由于这种非线性相移调制是由光场自身引起的,所以这种非线性现象称为自相位调制(Self-Phase Modulation,SPM)。

可见,SPM 会引起光脉冲的频率啁啾,频率啁啾与导数 $\mathrm{d}P_{\text{in}}/\mathrm{d}t$ 成正比且与脉冲形状有关。由 SPM 引起的频率啁啾通过群速度色散来影响脉冲形状并常常导致附加脉冲展宽。非线性效应产生的自相位调制一般不大,对于强度调制-直接检测系统无关紧要。但对于级联光放大系统而言,非线性相移在多个光放大器上会产生积累,因而 SPM 的影响不容忽视。为了减小光波系统中自相位调制的影响,必须满足 $\Phi_{\text{NL}} \ll 1$。如果用 $\Phi_{\text{NL}} = 0.1$ 作为最大容许值,并用 $1/\alpha$ 代替 L_{eff}(对于很长的光纤而言),则要求

$$P_{\text{in}} < 0.1\alpha / (\gamma N_A) \tag{2-74}$$

式中, N_A 为光放大器的个数。例如,若 $\gamma = 2\text{W}^{-1}/\text{km}$, $N_A = 10$ 和 $\alpha = 0.2\text{dB/km}$,则输入峰值功率限制在 2.2mW 以下。可见,SPM 是长途光纤通信系统的一个主要限制因素。

2) 交叉相位调制(XPM)

当采用 WDM 技术将两个或两个以上的光信道复用到光纤中传输时,折射率的光强相关性将会导致另一种非线性效应,称为交叉相位调制(Cross-Phase Modulation,XPM)。在这种光波系统中,某个特定信道的非线性相移不仅取决于本信道的功率,而且还与其他信道的光功率有关。在同时考虑 SPM 和 XPM 时,第 j 个信道的非线性相移 Φ_j^{NL} 可以写成

$$\Phi_j^{\text{NL}} = \gamma L_{\text{eff}} \left(P_j + 2 \sum_{m \neq j}^M P_m \right) \tag{2-75}$$

式中, M 是信道总数; P_j 是第 j 个信道的光功率($j=1,2,\cdots,M$);因子 2 表明在同样功率

下,XPM 产生的非线性相移是 SPM 的 2 倍。在数字光纤通信系统中,某一信道的非线性相移不仅与所有信道的功率有关,而且因邻近信道的比特模式(码型)的不同而变化。在各信道功率 P 相等且所有信道都是 1 码的最坏情况下,非线性相移为

$$\varPhi_j^{\mathrm{NL}} = (\gamma/\alpha)(2M-1)P_j \tag{2-76}$$

为满足 $\varPhi_{\mathrm{NL}} \ll 1$,将 γ 和 α 的典型值代入式(2-76),可得在 $M=10$ 的情况下,每个信道的功率限制在 1mW 以下。可见,XPM 是多信道光纤通信系统的主要功率限制因素。

3) 四波混频(FWM)

前面讨论的折射率的功率相关性起源于三阶非线性极化率 $\chi^{(3)}$,由于石英光纤的 $\chi^{(3)}$ 不为零,可以引起另一种叫作四波混频(Four Wave Mixing,FWM)的非线性现象。如果频率分别为 ω_1、ω_2 和 ω_3 的 3 个光场同时在光纤中传播,那么在三阶非线性极化率 $\chi^{(3)}$ 的作用下会产生第 4 个光场,其频率 ω_4 与其他 3 个频率的关系为 $\omega_4 = \omega_1 \pm \omega_2 \pm \omega_3$。原则上不同加减符号的组合可以得到不同的新频率,但由于任何四波混频过程都要求满足相位匹配条件,大部分频率组合是不会建立起来的。在多信道光纤通信系统中,$\omega_4 = \omega_1 + \omega_2 - \omega_3$ 的频率组合是最有可能产生的,因为当信道波长接近光纤零色散波长时,这种频率组合是近似相位匹配的。实际上,$\omega_1 = \omega_2$ 的简并四波混频过程通常占主导地位,并对系统性能的影响最大。

在单信道光纤通信系统中无须考虑四波混频的影响,但在多信道光纤通信系统,如密集波分复用系统中,四波混频会是一个主要的限制因素。新频率的产生不仅导致原信道的光能损耗,信噪比下降,还会产生信道干扰,这些都会影响系统的通信质量。

在多信道光纤通信系统中,假设所有信道具有相同的输入功率 P 和相等的信道间隔 $\Delta\lambda$,将新频率分量光功率与原有信道输出光功率的比值定义为四波混频效率 η,则其可表示为

$$\eta \propto \left[\frac{\bar{n}_2 P}{A_{\mathrm{eff}} D (\Delta\lambda)^2}\right]^2 \tag{2-77}$$

式中,D 为光纤的色散参数。可见,η 与信道间隔 $\Delta\lambda$ 的四次方成反比,信道间隔越小,FWM 效率越高;η 与光纤的有效面积 A_{eff} 和光纤色散参数 D 的平方成反比,可以通过增大光纤 A_{eff} 或 D 的方法来有效减小 FWM 效率。此外,在光纤的近端(光远端)四波混频影响最大,而在远端,由于光纤的衰减和色散对不同波长光的传输延迟不同,四波混频的影响减小。

2.3 常用光纤介绍

2.3.1 单模光纤

视频

目前,光纤通信中的长途干线光网络、城域光网络和接入光网络的光信号传输主要采用单模光纤。国际上单模光纤的标准主要是 ITU-T 的系列,主要有 G.650"单模光纤相关参数的定义和试验方法"、G.652"单模光纤和光缆特性"、G.653"色散位移单模光纤和光缆特性"、G.654"截止波长位移型单模光纤和光缆特性"、G.655"非零色散位移单模光纤和光缆特性"、G.656"用于宽带传输的非零色散位移光纤和光缆特性"、G.657 接入网用弯曲衰减不敏感单模光纤光缆特性。

1. G.652 光纤

G.652 光纤是普通规格的单模光纤,在 $1.3\mu m$ 波长附近色散为零,但损耗较大,为 $0.3\sim0.4dB/km$;在 $1.55\mu m$ 波长处损耗较小,为 $0.2\sim0.25dB/km$,但色散较大,为 $18\sim20ps/(nm\cdot km)$,ITU-T 将这种光纤命名为 G.652 光纤,它可以工作在 $1.31\mu m$ 窗口,也可工作在 $1.55\mu m$ 窗口。G.652 光纤可用于 $1.55\mu m$ 波段的 2.5Gb/s 干线系统,但由于色散较大,若传输 10Gb/s 的信号,则传输距离超过 50km 时,就要求使用价格昂贵的色散补偿模块。ITU-T 将 G.652 光纤细分为 G.652A、G.652B、G.652C 和 G.652D 四个子类,主要区别是在宏弯损耗、衰减系数和 PMD 系数等参数上有所差异。

G.652A 和 G.652B 光纤又称为标准单模光纤(Standard Single Mode Fiber,SSMF)或常规单模光纤,由于其价格便宜,已经被大量铺设,是当前使用最为广泛的光纤之一。G.652A 支持 10Gb/s 系统传输距离可达 400km,10Gb/s 以太网的传输达 40km,支持 40Gb/s 系统的距离为 2km。G.652B 支持 10Gb/s 系统传输距离可达 3000km 以上,支持 40Gb/s 系统的传输距离为 80km。

G.652C 和 G.652D 光纤是为了实现城域网需要光纤以更宽的工作波段来承载多种业务而研制出的低水峰光纤(或无水峰光纤),即利用新工艺技术将 OH^- 浓度降低到 10^{-8} 以下,消除 1385nm 附近的吸收峰,使 $1360\sim1460nm$ 波段的损耗也降到 $0.3dB/km$ 左右,从而使 G.652 光纤的标准工作波长由原来的 $1530\sim1565nm$ 扩展到 $1260\sim1675nm$,形成 6 个传输波段,如图 2-13 所示,因而这种波长扩展单模光纤也被称为全波光纤。表 2-1 为光纤带宽的划分及应用。

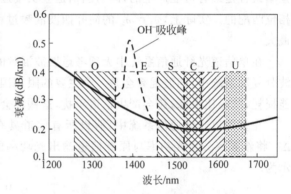

图 2-13 全波光纤的损耗谱及工作窗口

表 2-1 光纤带宽的划分及其应用

带 宽	波长范围/nm	应 用 场 景
O-band(原始波段/Original band)	1260~1360	GPON 上行,数据中心
E-band(扩展波段/Extended-wavelength band)	1360~1460	水峰,作为 O-band 的扩展
S-band(短波长波段/Short-wavelength band)	1460~1530	GPON 下行
C-band(常规波段/Conventional band)	1530~1565	DWDM,EDFA,CATV,NG-PON2 上行
L-band(长波长波段/Long-wavelength band)	1565~1625	DWDM 的扩展波长,NG-PON2 下行
U-band(超长波长波段/Ultra-long-wavelength band)	1625~1675	网络监控

除了衰减特性外,G.652C 和 G.652D 的基本属性分别与 G.652A 和 G.652B 相同,G.652D 是所有 G.652 类别中指标最严格并且完全向下兼容的,结构上与普通的 G.652 光纤没有区别,是目前最先进的城域网用非色散位移光纤。

2. G.653 光纤

G.652 光纤在 $1.55\mu m$ 处具有最低的损耗值,但其色散较大,色散参数为 $18\sim20ps/(nm\cdot km)$,这使其工程应用受到一定的限制。如果能进一步减小光纤放入色散参数值,则可以进一步改善光纤通信系统的性能,提高传输容量。实际上,G.652 光纤的色散参数 D

之所以在 $1.31\mu m$ 附近出现零值,是由于波导色散与材料色散相互抵消的结果。因此,可以通过对光纤结构进行设计,控制折射率分布,在 $1.3\sim 1.7\mu m$ 范围任何波长处总可以获得零色散(或最低色散),这就是零色散波长位移原理。在 20 世纪 80 年代中期,成功开发了一种把零色散波长从 $1.3\mu m$ 移到 $1.55\mu m$ 的色散位移光纤(Dispersion Shifted Fiber,DSF),ITU-T 把这种光纤命名为 G.653 光纤,其色散特性如图 2-14 所示。

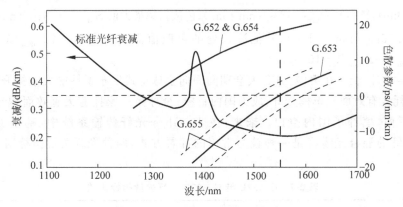

图 2-14　几种单模光纤的色散特性

G.653 光纤也分 A 和 B 两类,A 是常规的色散位移光纤,B 类与 A 类相似,只是 PMD 的要求减小为 $0.2ps/(nm \cdot km)$。然而,G.653 光纤在 $1.55\mu m$ 波长处色散为零,四波混频的干扰十分严重,不利于多信道的 WDM 传输。这是因为当复用信道数较多时,信道间隔较小,这时就会产生四波混频。而分析式(2-72)可知,四波混频效率 η 与光纤色散参数 D 的平方成反比。因此,G.653 光纤只适用于 10Gb/s 以上速率单信道传输,但不适用于 DWDM 应用,基本处于被市场淘汰的状态。

3. G.654 光纤

为了实现跨洋洲际海底光纤通信,科学家们在 G.652 单模光纤基础上进一步研究出了截止波长位移单模光纤,这种光纤折射率剖面结构形状与 G.652 单模光纤基本相同。它是通过采用纯二氧化硅(SiO_2)纤芯来降低光纤衰减,靠包层掺杂氟(F_2)使折射率下降而获得所需要的折射率差,ITU-T 建议将这种截止波长位移单模光纤定义为 G.654 光纤。与 G.652 光纤相比,G.654 光纤性能上的突出特点是在 1550nm 工作波长衰减系数极小,仅为 $0.15dB/km$ 左右,称为低/超低损耗光纤。此外,通过截止波长位移方法,大大改善了光纤的弯曲附加损耗。

G.654 光纤此前一直在海缆中应用,在标准上分为 A、B、C 和 D 四个子类,主要区别在于光纤的模场直径(MFD)范围和宏弯性能上。目前,主流 400Gb/s 技术存在无电中继距离受限的难题,为了解决这一问题,兼具大有效面积和低损耗特性的新型光纤技术成为业内研究和应用的热点。为此,业界在 G.654 光纤陆用以适应超 100Gb/s 系统部署需求方面达成共识,在 2016 年 9 月公布 G.654 最新修订版本中,针对陆地高速传送系统应用,增加了 E 子类,并对 G.654E 光纤的模场直径、有效面积、宏弯损耗、色散参数和衰减系数等进行了规定。

G.654E 光纤在 1550nm 处的 MFD 范围为 $11.5\sim 12.5\mu m$,相应的有效面积范围为 $110\sim 130\mu m^2$。相比现有 G.654B(MFD 范围为 $9.5\sim 13\mu m$)光纤,缩减了 MFD 标称值范围,但

容差仍然保持为±0.7μm。由于陆地应用,G.654E 光纤弯曲性能尤为重要,其标准要求在 100 圈 30mm 半径打环时,在 1625nm 处的最大附加衰减应不超过 0.1dB,要远优于 G.654B(0.5dB)和 G.654D(2dB),达到与 G.652.D 完全相同的弯曲性能,以消除有效面积增大可能导致陆地应用弯曲性能劣化的顾虑。此外,G.654E 光纤在主要工作波长区域 (1530～1625nm)规范了色散和色散斜率的范围,其中在 1550nm 处,色散最大值 $D_{max}=$ 23ps/(nm·km),最小值 $D_{min}=18$ps/(nm·km),色散斜率最大值 $S_{max}=0.07$ps/(nm²·km),最小 $S_{min}=0.05$ps/(nm²·km),其他波长处的色散值需满足: $D_{min}+S_{min}(\lambda-1550)\leqslant D(\lambda)\leqslant D_{max}+S_{min}(\lambda-1550)$。

2015 年 4 月,长飞在美国 OFC 大会期间面向全球正式发布了性能大幅提升的“远贝超强”超低损耗大有效面积单模光纤,成为国内首家、全球第三家拥有大有效面积超低损耗光纤产品的厂商,填补了国内空白。未来,在 400Gb/s 光纤传输系统中,基于 G.654E 与 G.652D 光纤的混合光缆将是一种较为常用的部署方式,两种光纤关键指标对比如表 2-2 所示。

表 2-2　G.654E 与 G.652D 光纤关键指标比较

参　　数	G.654E	G.652D
模场直径(MFD)	11.5～12.5μm±0.7μm	8.8～9.2μm±0.4μm
有效面积	110～130μm²	～80μm²
宏弯损耗@1550nm (弯曲半径 30mm,100 圈)	0.1dB	0.1dB
色散参数@1550nm	17～23ps/(nm·km)	13.3～18.6ps/(nm·km)
偏振模色散(PMD$_Q$)	0.2ps/km$^{1/2}$	0.2ps/km$^{1/2}$

4. G.655 光纤

由于 G.653 光纤的纤芯有效面积比 G.652 光纤的纤芯有效面积小,再加上 G.653 光纤在 1550nm 波长的色散系数为零,应用于 WDM 系统时四波混频效率非常高,干扰十分严重。为克服在 1550nm 波长 G.652 光纤的色散大,而 G.653 光纤的四波混频严重的问题,科学家们在色散位移单模光纤的基础上通过设计折射率剖面,研制出一种在 1550nm 工作波长具有较小正色散或具有负色散的光纤,被称为非零色散位移单模光纤(No-Zero Dispersion Shifted Fiber,NZ-DSF),这种单模光纤的特点是在 1530～1565nm 工作窗口的色散不为零,保持一个能够抑制四波混频的合适色散系数值,其色散特性如图 2-14 所示,ITU-T 将其命名为 G.655 光纤。NZ-DSF 光纤解决了 G.652 光纤在 1550nm 窗口的色散限制问题,又降低了非线性效应导致的四波混频的限制,是实现 10Gb/s 以上远距离、大容量通信的密集波分复用光纤通信系统的首选光纤类型。

第一代 G.655 光纤是普通非零色散位移光纤,主要为 C 波段通信窗口设计的,主要有朗讯公司的真波(True Wave)光纤和康宁公司的 SMF-LS 光纤,它们的色散斜率较大,在实际应用中也受到一定的限制。所谓色散斜率,是指光纤色散随波长变化的速率,也称为高阶色散。在 WDM 系统中,由于色散斜率的作用,各通道波长的色散积累是不同的,其中位于两侧的边缘通道的色散积累差别最大。随着宽带光放大器的发展,WDM 系统已经扩展到 L 波段,在这种情况下,如果光纤的色散斜率较大,那么长距离传输时短波长和长波长之间的色散差异将随着距离的增加而增大。在长波长波段端,色散较大,影响了 10Gb/s 及以上高速率传输系统的传输距离,需要采用高代价的色散补偿措施;而在短波长波段端,色散太小,多波长传输时不足以抑制四波混频等非线性效应。

第二代 G.655 光纤具有较低的色散斜率、较大的有效面积,较好地满足了 DWDM 的要求,主要光纤产品有朗讯公司的 True Wave-RS 光纤和 True Wave-XL 光纤、康宁公司大有效面积光纤(Large Effective Area Fiber,LEAF)以及长飞公司大保实(LAPOSH)光纤等。

低色散斜率 G.655 光纤在 1530~1565nm 波长范围的色散值为 2.6~6.0ps/(nm·km),在 1565~1625nm 波长范围的色散值为 4.0~8.6ps/(nm·km),其色散随波长的变化幅度比其他非零色散位移光纤要低 35%~55%,从而使光纤在低波段的色散有所增加,可以较好地抑制四波混频和交叉相位调制的影响,而另一方面又可以使高波段的色散不致过大,仍可以使 10Gb/s 信号传输足够远的距离而无须色散补偿。大有效面积光纤具有较大的有效面积,可承受较高的光功率,因而可以更有效地克服光纤非线性影响。大有效面积光纤的有效面积达 $72\mu m^2$ 以上,零色散点处于 1510nm 左右,其色散系数在 1530~1565nm 波长范围的色散值为 2.0~6.0ps/(nm·km),而在 1565~1625nm 波长范围的色散值为 4.5~11.2ps/(nm·km),从而可以进一步减小四波混频的影响。

G.655 光纤也分为 A、B、C、D 和 E 五个子类。G.655A 光纤主要适用于带光放大器的单信道 SDH 传输系统,G.655B 和 G.655C 光纤主要适用于 DWDM 传输系统,其中,G.655C 光纤具有很小的偏振模色散,只要器件的其他性能允许,G.655C 光纤允许 10Gb/s 系统的传输距离达 2000km,另外,它也可以用于 40Gb/s 系统的传输。

5. G.656 光纤

为了进一步扩大 G.655 光纤可用工作波长范围,即由原 C+L 波段扩展到 S+C+L 波段,人们又研制出一种适用于 DWDM 和 CWDM 系统的宽带光传输非零色散位移光纤,ITU-T 将其命名为 G.656 光纤,其特点是在工作波长范围内具有合适的色散系数、适中的有效面积和相对较小的色散斜率。G.656 光纤实质上是一种宽带非零色散平坦光纤,在 S+C+L 波段内的色散系数取值范围为 2~14ps/(nm·km),色散斜率较小,在 1550nm 波长处的有效面积为 $52~64\mu m^2$。

G.656 光纤既可显著降低系统的色散补偿成本,又可以进一步发掘石英玻璃光纤潜在的巨大带宽,它可保证通道间隔 100GHz、速率 50Gb/s 系统的传输距离不小于 500km。表 2-3 对 G.656 与 G.655C 光纤的相关参数进行了对比。

表 2-3　G.655C 与 G.656 光纤相关参数对比

参　　数	G.655C	G.656
模场直径(MFD)	8~11μm	7~11μm
工作波长范围	C+L 波段	S+C+L 波段
最小色散参数 D_{min}	C 波段:1.0ps/(nm·km);L 波段:待定	1.0ps/(nm·km)
最大色散参数 D_{max}	C 波段:10.0ps/(nm·km);L 波段:待定	14.0ps/(nm·km)
色散符号	正或负	正
1460nm 处最大衰减系数	不规定	0.4dB/km

6. G.657 光纤

G.657 光纤是接入网用弯曲衰减不敏感光纤,它是为了实现光纤到户的目标,在 G.652 光纤的基础上开发的最新的一个光纤品种。这类光纤最主要的特性是具有优异的耐弯曲特

性,其弯曲半径可达常规 G.652 光纤的弯曲半径的 1/4~1/2。按工作波长和使用范围,
G.657 光纤分为 A、B 两个子类,其中 G.657A 光纤的传输和互联性能与 G.652D 型光纤相
近,可以在 1260~1625nm 的宽波长范围内工作,不同的是为改善光纤接入网中的光纤接续
性能,G.657A 具有更好的弯曲性能及更精确的几何尺寸;G.657B 型光纤主要工作在
1310nm、1550nm 和 1625nm 3 个波长窗口,它的熔接和连接特性与 G.652 光纤完全不同,
可以在弯曲半径非常小的情况下正常工作,其更适用于安装在室内或大楼等狭窄的场所实
现 FTTH 的信息传送。

2.3.2 多模光纤

在传输距离短、节点多、接头多、弯路多、连接器和耦合器用量大、规模小、单位光纤长度
使用光源个数多的网络中,使用单模光纤无源器件的成本较高,而且相对精密、容差小,操作
不如多模光纤器件方便可靠。多模光纤的芯径较粗,数值孔径大,耦合效率高,适应网络中
弯路多、节点多、光功率分路频繁的特点,正好满足这种网络用光纤的要求。此外,单模光纤
系统使用半导体激光器(LD)作光源,其成本比多模光纤系统用的发光二极管(LED)高很
多。而垂直腔表面发射激光器(VCSEL)的出现,更进一步推进多模光纤在网络中的应用。
VCSEL 具有圆柱形的光束端面和高的调制速率,与光纤耦合更容易,而价格则与 LED 接
近。随着网络传输速率的不断提高和 VCSEL 的使用,多模光纤得到了更多的应用,并且促
进了新一代多模光纤的发展。

在 IEC-60793-2 光纤产品规范中,常用的多模光纤分 A1a($50\mu m/125\mu m$)和 A1b($62.5\mu m/125\mu m$)两类。这两类多模光纤的包层直径都是 $125\mu m$,不同的是 A1a 类多模光纤的纤芯
直径为 $50\mu m$,而 A1b 类多模光纤的纤芯直径为 $62.5\mu m$。而在国际标准化组织/国际电工
委员会(ISO/IEC)颁布的多模光纤标准等级中,多模光纤分为 OM1、OM2、OM3、OM4 和
OM5 五类。

材料

1. OM1 光纤($62.5\mu m/125\mu m$ 渐变折射率多模光纤)

在 20 世纪 90 年代中期以前,局域网的速率较低,对光纤带宽的要求不高,且为了尽可能
地降低系统成本,普遍采用价格低廉的 LED 作光源,而 OM1 光纤($62.5\mu m/125\mu m$ 渐变折射
率多模光纤)的芯径和数值孔径大,具有较强的集光能力和抗弯曲特性,因而得到了广泛的应
用,成为当时大多数国家数据通信光纤市场中的主流产品。通常 OM1 光纤的带宽为 $200\sim$
$400MHz \cdot km$,在 1Gb/s 的速率下,850nm 波长可传输 300m,1300nm 波长可传输 550m。

材料

2. OM2 光纤($50\mu m/125\mu m$ 渐变折射率多模光纤)

根据 ITU-T 多模光纤标准,OM2 光纤($50\mu m/125\mu m$ 渐变折射率多模光纤)也常称为
G.651 光纤。与 OM1 光纤相比,$50\mu m/125\mu m$ 渐变折射率多模光纤的芯径和数值孔径较
小,不利于与 LED 的高效耦合,因而这种光纤在 20 世纪 90 年代中期以前没有得到广泛应
用,主要在日本和德国被作为数据通信标准使用。

自 20 世纪末以来,局域网向 1Gb/s 速率以上发展,以 LED 作光源的 $62.5\mu m/125\mu m$
多模光纤的带宽已经不能满足要求。相对 OM1 光纤而言,OM2 光纤的数值孔径和芯径较
小,光纤中传输模的数目减少了 3/5,有效地降低了模间色散,使带宽得到了显著增加,而且
其制作成本也降低了 1/3,因此 $50\mu m/125\mu m$ 渐变折射率多模光纤重新得到广泛应用。
IEEE802.3z 千兆以太网标准中规定 $50\mu m/125\mu m$ 多模光纤和 $62.5\mu m/125\mu m$ 多模光纤都

可以作为千兆以太网的传输介质使用,但对新建网络,一般首选 $50/125\mu m$ 多模光纤。

3. OM3 光纤和 OM4 光纤

传统的 OM1 和 OM2 多模光纤从标准上和设计上均以 LED 为基础光源,而 LED 的最大调制带宽一般只有 600MHz,随着网络速率的提高和网络规模增大,调制速率达到吉比特每秒的短波长 VCSEL 激光光源成为高速网络的光源之一。为了满足 10Gb/s 传输速率的需要,ISO/IEC 和美国电信工业联盟(ITA-TR42)联合起草了新一代多模光纤的标准。ISO/IEC 在其所制定的新的多模光纤等级中将新一代多模光纤划为 OM3 类别。

材料

OM3 光纤是在 OM2 光纤的基础上进行优化,使其同时适用于光源为 LD 的传输,与 OM1 和 OM2 光纤相比,OM3 光纤具有更高的传输速率及带宽,所以称为优化型多模光纤或万兆多模光纤。OM4 光纤则是 OM3 的基础上进行再优化,为 VCSEL 激光器传输而开发,其有效带宽比 OM3 光纤多一倍以上。

4. OM5 光纤

OM5 光纤建立在 OM3/OM4 光纤的基础之上,并扩展其性能以支持多个波长,其设计初衷即为应对多模传输系统的波分复用(WDM)需求。根据 ISO/IEC 11801,OM5 光纤规定了 $850\sim953nm$ 的更宽的波长范围,也称为宽带多模光纤(WBMMF)。

材料

OM5 光纤突破了传统多模光纤所采用的并行传输技术和传输速率低的瓶颈,OM5 光纤的应用不仅能够使用更少的多模光纤芯数支持更高速的网络传输,而且由于采用了成本更低的短波波长,光模块的成本和功耗都会远远低于采用长波激光光源的单模光纤。因此,随着对传输速率要求的不断提升,通过采用短波分复用加并行传输的技术,数据中心的布线成本将得到很大程度的减少,OM5 光纤跳线在未来 100Gb/s、400Gb/s、1Tb/s 超大型的数据中心中将会具有广阔的应用前景。

2.3.3 色散补偿光纤

色散补偿光纤(Dispersion Compensating Fiber,DCF)是针对现已敷设的标准单模光纤系统而设计的一种新型单模光纤。现已敷设的标准单模光纤在 $1.55\mu m$ 波长色散参数为 $17\sim20ps/(nm\cdot km)$,并且具有正的色散系数,所以必须在这些光纤链路中加入具有负色散系数的色散补偿光纤进行色散补偿,以保证整条光纤线路的总色散近似为零,从而实现高速率、大容量、长距离通信。典型的色散补偿光纤的零色散波长在 $1.7\mu m$ 以上,在 $1.55\mu m$ 波长处色散系数为 $-70\sim200ps/(nm\cdot km)$,模场直径约 $5\mu m$,色散斜率约为 $-0.15ps/(nm^2\cdot km)$。

在基于 NZ-DSF 的 WDM 系统中,当复用总带宽超过 32nm、传输距离超过 2000km 时,或者传输速率达 40Gb/s 时,在采用 DCF 补偿色散和色散斜率的同时,对光纤的非线性和弯曲损耗也有一定要求。为此,人们开发了专为补偿 NZ-DSF 的色散补偿光纤,目前已出现能够抑制自相位调制的 DCF,其主要参数如表 2-4 所示。

表 2-4 色散补偿光纤在 1550nm 波长的主要参数

类 型	$\Delta(\%)$	损耗/ (dB/km)	有效面积/ μm^2	色散参数/ $(ps/(nm\cdot km))$	色散斜率/ $(ps/(nm^2\cdot km))$	φ_{SPM}(为 G.655S 设计)
A	1.6	0.30	19	-87	-0.71	1.6×10^{-4}
B	2.2	0.50	15	-145	-1.34	1.3×10^{-4}

2.4 光纤光缆的设计与制造

2.4.1 光纤的结构设计与制造工艺

光纤的结构设计和制造工艺是影响光纤传输特性的关键因素,如光纤的损耗可通过改进生产工艺降低石英材料中过渡金属离子和OH^-浓度来减小;可通过改变光纤的芯径和结构参数,实现石英光纤的零色散波长位移,从而将零色散波长和最低损耗窗口重叠;可以通过改变光纤的折射率分布,增大光纤的有效面积,降低光纤中的非线性效应。

1. 光纤的结构设计

阶跃型光纤结构最为简单,纤芯和包层都是用石英作为基本材料,而折射率差通过在纤芯或包层掺杂来实现。如在纤芯中掺入GeO_2可适当提高折射率,在包层中掺入F_2可适当降低折射率。通信用光纤的最外包层直径都是$125\mu m$,主要的设计问题包括折射率剖面分布、掺杂浓度、纤芯和包层尺寸等。

1) 常规单模光纤

图 2-15(a)、图 2-15(b)和图 2-15(c)为常规单模光纤的几种典型折射率分布。这种光纤的零色散点在$1.31\mu m$附近,截止波长为$1.1\sim1.2\mu m$。图 2-15(a)对应最简单的结构,包层是纯石英材料,纤芯中掺入GeO_2以提高折射率,相对折射率差约为3×10^{-3}。这种结构的光纤如果掺杂浓度过高则会增加散射损耗,但掺杂浓度过低则会使相对折射率差值偏低,导致光纤对模场约束降低,抗弯特性变差。图 2-15(b)为一种常用的下凹内包层结构,中心的纤芯掺入GeO_2,在邻近纤芯的包层区域(内包层)掺入氟(F_2)以降低包层折射率。图 2-15(c)为一种双包层结构光纤,又称 W 形光纤,纤芯中未掺杂,在邻近纤芯的包层区域(内包层)掺入降低折射率的杂质。

2) 色散位移光纤

将常规石英光纤的零色散波长从$1.31\mu m$附近移至$1.55\mu m$附近是为了与光纤的最低损耗波长相吻合。实现色散位移的手段是增加波导色散,使得在$1.55\mu m$附近材料色散与波导色散相抵消。增加波导色散的办法除了减小纤芯直径外,主要是将纤芯折射率做成渐变的,如三角分布等。图 2-15(d)、图 2-15(e)和图 2-15(f)为 3 种色散位移光纤的折射率分布,这种光纤的零色散波长在$1.55\mu m$附近的,其折射率分布和不同层的尺寸设计要根据所要求的色散特性进行优化。如色散平坦光纤(Dispersion Flattened Fiber,DFF)通常采用多包层结构设计,这种光纤在$1300\sim1600nm$的波长范围内总色散变化不大。

3) 光子晶体光纤

常规光纤都是由实体的纤芯和包层构成,而光子晶体光纤(Photonic Crystal Fiber,PCF)与普通光纤结构迥然不同,其典型特征是包层的折射率受到周期性的调制,这种调制是通过在石英玻璃中引入沿轴向延伸的空气孔实现的。PCF 具有光子晶体和光纤的特征,既可看成是带有线缺陷的二维光子晶体,又可看成由周期性排列的空气孔作为包层的特殊光纤,根据其导光机理可以分为折射率导引型光子晶体光纤(Index-Guiding PCF,IG-PCF)和光子带隙型光子晶体光纤(Photonic Band Gap PCF,PBG-PCF)两大类。

折射率导引型光子晶体光纤的纤芯折射率比包层有效折射率高,其导光机理和常规阶跃折射率光纤类似,是基于改进的全反射(Modified Total Internal Reflection,MTIR)原理。

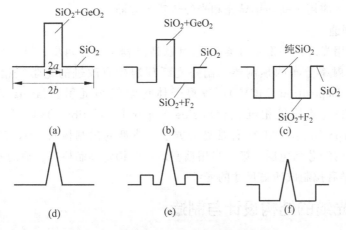

图 2-15　单模光纤的几种典型折射率分布

典型的折射率导光型光子晶体光纤的纤芯是实心石英,包层是多孔结构,如图 2-16(a)所示。包层中的空气孔降低了包层的有效折射率,从而满足"全反射"条件,光被束缚在纤芯内传输。这类光纤包层中的空气孔不必周期性排列,也称为多孔光纤。第一根光子晶体光纤是在 1996 年由英国南安普敦大学的 Knight 等人研制出来的,其结构即为一个固体核心被正六边形阵列的圆柱孔环绕,这种光纤很快被证明是基于内部全反射的折射率引导传光。

光子带隙型光纤包层中的孔是周期性排列的,形成晶格常数为波长量级的二维光子晶体。这种二维周期性折射率变化的结构不允许某些频段的光在垂直于光纤轴的方向(横向)传播,从而形成所谓的二维光子带隙。二维光子带隙的存在与否、带隙在光频域的位置和宽窄,与光在轴向的波矢(传播常数)及偏振状态有关。光子带隙光纤的纤芯可以认为是二维光子晶体中的一个线状缺陷,若纤芯与包层多孔结构所形成的光子晶体的光子带隙内能支持某一个模式,则该模式将只能在轴向传播,形成传导模,而不能横向传播(辐射或泄漏模)。1998 年,Knight 等人首次发现了光子晶体光纤中的光子带隙导波效应,并制备出光子带隙型光子晶体光纤。空心光子晶体光纤(Hollow-Core PCF,HC-PCF)是一种常见的光子带隙型光子晶体光纤,如图 2-16(b)所示。

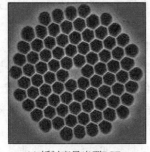

(a) 折射率导光型PCF　　　　　　　(b) 光子带隙型PCF

图 2-16　折射率导光型和光子带隙型光子晶体光纤

折射率导引型光子晶体光纤具有无截止单模、大模场尺寸、大数值孔径、高非线性和色散可调等特性,被广泛应用于色散控制、非线性光学、有源光纤器件和光纤传感等领域。光子带隙型光子晶体光纤因具有易耦合、无菲涅耳反射、低弯曲损耗、低非线性和特殊波导色散等特点而被广泛应用于高功率导光和光纤传感等方面。

2. 光纤的制造

材料

目前的通信用光纤几乎都是石英光纤,其制造过程主要分两步。第一步用气相沉积法制造具有所需折射率分布的预制棒。制备光纤预制棒有改进的化学气相沉积(Modified Chemical Vapor Deposition,MCVD)、等离子体化学气相沉积(Plasma Chemical Vapor Deposition,PCVD)、棒外气相沉积(Outside Vapor Deposition OVD)和气相轴向沉积(Vapor Axial Deposition,VAD)4 种常见的方法。典型的预制棒长 1m,直径 2cm,包含具有合适相对尺寸的纤芯和包层。第二步用精密馈送机构将预制棒以合适的速度送入炉中加热,将预制棒熔融后拉制成所需尺寸的光纤。

2.4.2 光缆的结构设计与制造

材料

为使光纤在运输、安装与敷设过程中不受损坏,必须制成光缆。对光缆的基本要求是保护光纤的机械强度和传输特性,防止施工过程和使用期间光纤断裂,保持传输特性稳定。光缆由光纤芯线、护套和加强部件组成,其具体结构设计取决于它的应用场合。在一些室内应用场合下,只需在芯线加上一层塑料护套,再辅以合成纤维或玻璃纤维作为加强部件即可;而在室外应用场合,光缆往往需要具备机械强度保护、防潮、防化学、防紫外光、防氢、防雷电、防鼠虫等功能,还应具备适当的强度和韧性,易于施工、敷设、连接和维护等。为满足上述要求,通常需要用钢筋作为加强器件,光纤的一次涂覆到最后成缆,必须经过很多道工序,其结构上也有很多层次,包括光纤缓冲层、结构件和加强芯、防潮层、光缆护套、油膏、吸氢剂和铠装等。

光缆分类方法很多。例如,按应用场合分为室内光缆和室外光缆;按成缆结构方式可分为层绞式、骨架式、束管式和带状式光缆;按敷设方式可分为架空、直埋、管道和水下光缆;按有无金属加强芯和护层可分为金属光缆和无金属光缆。

本章小结

光纤由纤芯、包层和涂覆层 3 部分构成,其导光原理与结构特性可用光线理论和导波理论两种方法进行分析。

光纤的传输特性包括光纤的损耗、光纤的色散和光纤的非线性效应。引起光纤损耗的原因可归纳为材料吸收损耗、散射损耗和弯曲损耗这三大类;光纤的色散会影响光纤的带宽和通信距离,限制了光纤的传输容量,单模光纤的色散主要是指群速度色散,在传输速率大于 10Gb/s 的光纤通信系统中还要考虑光纤的偏振模色散;光纤的非线性效应可分为受激散射效应和折射率扰动效应两类,受激散射效应有受激布里渊散射和受激拉曼散射两种形式,折射率扰动可直接引起自相位调制、交叉相位调制和四波混频 3 种非线性效应。

光纤通信中的长途干线光网络、城域光网络和接入光网络的光信号传输主要采用单模光纤,常用的单模光纤有 G.652 光纤、G.653 光纤、G.654 光纤、G.655 光纤、G.656 光纤和 G.657 光纤。在传输距离短、节点多、接头多、弯路多、连接器和耦合器用量大、规模小、单位光纤长度使用光源个数多的网络中多采用多模光纤,多模光纤分为 OM1、OM2、OM3、OM4和 OM5 五类。

思考题与习题

2.1　一阶跃光纤纤芯折射率 $n_1=1.5$，包层折射率 $n_2=1.45$，试计算其相对折射率差 Δ 及其数值孔径 NA。

2.2　已知阶跃光纤纤芯折射率 $n_1=1.5$，相对折射率差 $\Delta=0.01$，纤芯半径 $a=25\mu m$，若 $\lambda=1\mu m$，计算光纤的归一化频率 V 及其中传播的模数量 M。

2.3　一阶跃折射率多模光纤的数值孔径 NA＝0.20，在 850nm 波长上可以支持 1000 个左右的传播模式。试问：

（1）其纤芯直径为多少？

（2）在 1550nm 波长上可以支持多少个传播模式？

2.4　一段 12km 长的光纤线路，其损耗为 1.5dB/km。如果要求在接收端保持 $0.3\mu W$ 的接收光功率，则发射端的功率至少为多少？

2.5　在波长 1550nm 处，用群速色散 17ps/(nm·km) 的标准单模光纤传输 10Gb/s 的信号，计算经 100km 传输后的脉冲展宽。

2.6　简要叙述石英光纤带宽的划分及其各波段的应用。

2.7　简述 G.652、G.653、G.654、G.655、G.656 和 G.657 这几种型号光纤的特征及应用。

2.8　简述 OM1、OM2、OM3、OM4 和 OM5 这 5 类多模光纤的特征及应用。

第3章　光纤通信无源器件

CHAPTER 3

构建一个完整的光纤通信系统,除了要采用光纤光缆、光发送机和光接收机外,还需要许多配套的功能部件以实现系统各组件间信道的互通、分路/合路、复用/解复用、光路转换、波长/频率选择、功率控制、噪声滤除、反向隔离、偏振选择控制等功能,这些功能部件统称为无源光器件,以区别激光器、光电探测器、光放大器等有源光器件。无源光器件的主要特点是不与光信号直接交换能量,但可以对光信号实施空间域、时间域或相位频率域的控制和处理。无源光器件种类众多,主要有光纤连接器、光耦合器、光滤波器、光调制器、波分复用/解复用器、光开关、光隔离器和光环形器等。本章主要介绍光纤通信常用无源光器件的结构、工作原理、基本特性及其应用。

3.1　光纤连接器

实际应用的光纤系统都是由许多根光纤连接构成,而光纤间的连接需要采用精心设计的光纤连接技术,使得发送光纤输出的光能量最大限度地耦合到接收光纤,降低由光纤连接引起的损耗。光纤连接技术包含光纤端面制备、光纤对准调节与光纤接头固定3个基本环节。

光纤的连接方法主要有光纤端面对接和透镜扩束连接两种。光纤端面对接又分为光纤固定接续和光纤活动连接,前者是永久性连接,称为光纤接头;后者的连接可拆卸,可以用来反复地连接或断开光纤,称为光纤活动连接器,是用来稳定但并不永久性地连接两根或多根光纤的无源组件。

3.1.1　光纤连接器的基本构成

材料

光纤连接器一般采用精密小孔插芯(插针)和套管来实现光纤的精确连接。如图3-1所示,利用环氧树脂热固化剂将光纤黏固在光纤插芯孔内,通过适配器套管定位,实现光纤的对接。

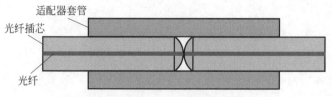

图 3-1　光纤连接器精密对中原理

光纤插芯的制作材料有陶瓷、金属和塑料3种,其中陶瓷插芯是市场上(尤其是中国市场)的主流品种,其主要材质是氧化锆,具有热稳定性好、硬度高、熔点高、耐磨和加工精度高等特点。套管是连接器的另一个重要部件,起对准的作用,以便于连接器的安装固定。陶瓷套管的内径比插芯的外径稍小,开缝的套筒箍紧两个插芯,实现精密对准。为了让两根光纤的端面能够更好地接触,光纤插芯端面通常被研磨成不同结构,如图3-2所示。

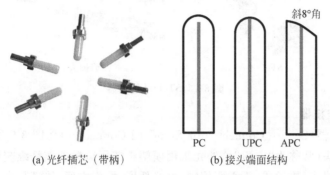

(a) 光纤插芯（带柄）　　　　(b) 接头端面结构

图 3-2　光纤插芯及其接头端面结构

PC是微球面研磨抛光,插芯表面研磨成圆弧状(曲率半径为10～25mm),光纤纤芯位于弯曲最高点,这样两个光纤端面达到物理接触(Physical Contact),纤芯端面接触间隙小于λ/4,使得菲涅耳反射损耗大为降低。APC(Angled Physical Contact)称为斜面物理接触,光纤端面为精细抛光斜面,其倾斜角(8°)大于普通单模光纤的收光角,这样可增大回波损耗。UPC(Ultra Physical Contact)为超物理端面,是在PC的基础上更加优化了端面抛光和表面光洁度,端面的球面曲率半径更小(5～15mm),因而回波损耗较PC型更大。

3.1.2　常用光纤连接器介绍

光纤活动连接器结构上的差异体现在固定光纤并使之对准的方式以及连接器的锁定装备上。根据接头与光纤适配器(法兰)之间的连接形式的不同,常见的光纤连接器有FC型、ST型、SC型、LC型和MPO型等。

光纤连接器通常以连接类型和端面接触方式组合命名,如FC/PC、FC/APC、SC/PC、SC/APC、ST/PC、MPO/APC等。

1. FC 光纤连接器

FC连接器(Ferrule Connector)如图3-3所示,其外部加强部件为金属套,紧扣方式采用螺丝扣,旋转锁紧,因此常称为"螺口"。这种光纤连接器结构简单,操作方便,制作容易,耐用,可用于高振动环境,多用在光纤终端盒或光纤配线架上。

FC法兰　　　　　　　　　　FC插头

图 3-3　FC 光纤连接器

2. ST 光纤连接器

ST(Stab & Twist)光纤连接器如图3-4所示,外壳成圆形,采用弹簧带键的卡口结构,旋转半周卡口锁紧,是一种卡扣式连接器,常用于光纤配线架。

ST法兰　　　　　　　　　　　ST插头

图 3-4　ST 光纤连接器

3. SC 光纤连接器

SC 光纤连接器(Square Connector or Standard Connector)如图 3-5 所示,其接头是卡接式标准方形接头(常称为"方口"),外壳采用模塑工艺用铸模玻璃纤维塑料制造,紧固方式是采用插拔销闩式,直接插拔,不需要旋转,价格低廉,操作方便,能满足高密度安装的要求,在路由器交换机上使用最多。SC 可设计成一头双纤收发一体的形式,即收发一体的方形光纤连接器(MT-RJ),可用于 GBIC(Giga Bitrate Interface Converter)光模块的连接。

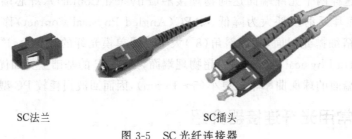

SC法兰　　　　　　　　　　　SC插头

图 3-5　SC 光纤连接器

4. LC 光纤连接器

LC 光纤连接器(Lucent Connector)如图 3-6 所示,它采用操作方便的模块化插孔(RJ)闩锁机制,其插针和套筒尺寸是普通 SC、FC 连接器的一半,其插芯直径为 1.25mm。LC 光纤连接器是为了满足客户对连接器小型化、高密度连接的使用要求而开发的一种新型连接器,它占有的空间只相当于传统 ST 和 SC 连接器的一半,从而可提高光纤配线架中光纤连接器的密度。一头双纤收发一体的 LC 光纤连接器可用于 SFP(Small Form-factor Pluggable)光模块的连接。

LC法兰　　　　　　　　　　　LC插头

图 3-6　LC 光纤连接器

5. MPO 光纤连接器

MPO(Multi-fiber Push On,多纤推拉式)光纤连接器是一种多芯多通道插拔式连接器。MPO 光纤连接器的特征是由一个标称尺寸为 6.4mm×2.5mm 的矩形插芯(MT 插芯),利用插芯端面上左右两个直径为 0.7mm 的导引针与导引孔进行定位对中。如图 3-7 所示,

MT 插芯具有两个导引孔(针)和若干光纤孔,导引孔(针)和光纤孔的节距分别为 4.6mm 和 0.25mm。对于 8 芯或 12 芯 MPO 光纤连接器,光纤在插芯端面上排成一行,若要把连接器的芯数提高到 12 芯以上,则需要光纤排成两行或两行以上的 2-D 阵列插芯。

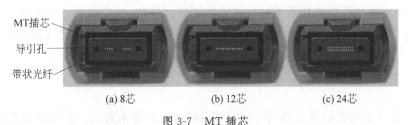

图 3-7 MT 插芯

根据 IEC 61754-7 的规定,MPO 光纤连接器类型由芯数(光纤阵列数 Array Number)、公母头(Male-Female)、极性(Key)和光纤端面抛光类型(PC 或 APC)这几个要素来区分。图 3-8 为 MPO 连接器结构示意图。MPO 连接必须为同芯数连接器连接(12 芯连 12 芯,24 芯连 24 芯等),一个公头(Male)和一个母头(Female)为一对连接,而且必须为同一种抛光类型连接(PC 和 PC,APC 和 APC)。

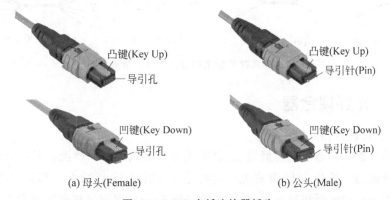

图 3-8 MPO 光纤连接器插头

MPO 连接器的极性通过 Key 来管理,有向上(Key Up)和向下(Key Down)两种 Key 定义,分别对应图 3-8 中的凸键和凹键。一对 MPO 连接器通过一个 MPO 适配器来匹配,如图 3-9 所示。MPO 适配器有 A 类和 B 类两种类型,A 类定义为向上-向下(Key Up/Key

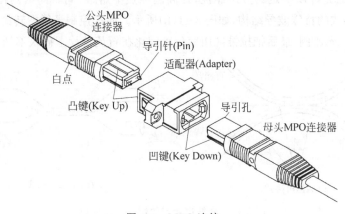

图 3-9 MPO 连接

Down),B 类定义为向上-向上(Key Up/Key Up)。通过选用 A 类或 B 类适配器即可管理光纤极性。采用 APC 连接面的 MPO 连接器(单模)存在 8°的斜面,只能通过 A 类适配器来对接。

MPO 高密度光纤预连接系统目前主要用于三大领域,即数据中心高密度环境下应用,光纤到大楼中应用,在分光器、40G/100G QSFP+等光收发设备内部的连接应用。

3.2 光耦合器

光耦合器是实现光信号分路/合路的功能器件,一般是指对同一波长的光功率进行分路或合路(光分路器,Splitter),也可以是对不同波长光信号的分波或合波(波长选择耦合器)。在光波系统中,其使用量仅次于光纤连接器。

按端口布排不同,光耦合器可以分为 Y 形(1×2)耦合器、X 形(2×2)耦合器、树状耦合器(1×N,N>2)和星状(N×N,N>2)耦合器,如图 3-10 所示。

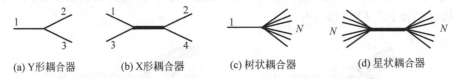

(a) Y形耦合器   (b) X形耦合器   (c) 树状耦合器   (d) 星状耦合器

图 3-10 几种典型光耦合器端口排布示意图

3.2.1 光纤耦合器

1. 2×2 光纤耦合器

全光纤耦合器的制造工艺有磨抛法、腐蚀法和熔融拉锥法。磨抛法是把裸光纤按一定曲率固定在开槽的石英基片上,并在光纤侧面进行研磨抛光,以除去一部分包层,然后再把两块这种磨抛好的裸光纤拼接在一起,利用透过纤芯-包层界面的消逝场产生耦合以构成定向耦合器,如图 3-11(a)所示。这种方法的缺点是器件的热稳定性和机械稳定性差。腐蚀法是用化学方法把一段裸光纤包层腐蚀掉,再把两根腐蚀后的光纤扭绞在一起构成光纤耦合器。其缺点是工艺一致性以及热稳定性较差,且损耗大。熔融拉锥法是将两根(或两根以上)除去涂覆层的光纤以一定的方法靠拢,在高温加热下熔融,同时向两侧拉伸,最终在加热区形成双锥体形式的特殊波导结构,如图 3-11(b)所示。通过控制光纤扭转的角度和拉伸的长度,得到不同的分光比例,最后把拉锥区用固化胶固化在石英基片上插入不锈铜管内构成耦合

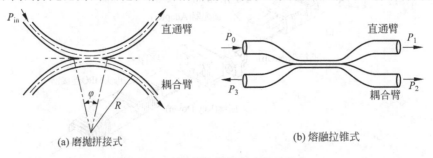

(a) 磨抛拼接式   (b) 熔融拉锥式

图 3-11 光纤耦合器的耦合区及形成

器。与其他两种方法相比,采用熔融拉锥技术制作的光纤耦合器具有较好的实用性。

很多学者从不同角度对光纤耦合器机理进行了分析研究,提出了不同的近似模型,下面以 2×2 耦合器为例介绍一种单模光纤耦合器的耦合机理。当两根具有相同结构特性的光纤纤芯接近后,可用耦合模方程来分析两纤芯中光信号的耦合,即

$$\frac{dP_1}{dz} = j\beta P_1 + C_1 P_2 \tag{3-1}$$

$$\frac{dP_2}{dz} = j\beta P_2 + C_2 P_1 \tag{3-2}$$

式中,P_1——直通臂中的传输功率;

P_2——进入耦合臂中的功率;

β——两根光纤的传输常数;

C_1 和 C_2——直通臂至耦合臂及相反过程的耦合系数,一般 $C_1=-C_2=C$,C 代表一根光纤中导模的消逝场通过耦合区进入另一根光纤激励起光导模的有效程度。

对于熔融阶跃弱导拉锥形光纤耦合器,耦合系数 C 可近似表示为

$$C = \frac{\lambda}{2\pi n_1} \cdot \frac{u}{a^2 V^2} \cdot \frac{K_0(\omega d/a)}{K_1^2(\omega)} \tag{3-3}$$

式中,λ——光波长;

n_1——纤芯折射率;

d——光纤纤芯间距;

a——纤芯半径;

V——归一化频率;

u 和 ω——HE_{11} 模横向传播常数;

K_0 和 K_1——零阶贝塞尔函数和一阶贝塞尔函数。

对式(3-1)和式(3-2)积分,可求得两光纤中的光功率分布为

$$P_1 = P_0 \cos^2(Cz) \tag{3-4}$$

$$P_2 = P_0 \sin^2(Cz) \tag{3-5}$$

式中,P_0——$z=0$ 处输入至输入光纤中的光功率。

图 3-12 展示了耦合区两纤芯中光功率随耦合区长度的耦合交换规律。光纤耦合器可根据耦合比要求决定拉伸长度,但拉伸长度太长,纤芯变得过细后将会引起能量辐射,插入损耗明显增加。

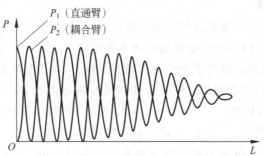

图 3-12 光纤耦合器中直通臂和耦合臂中光功率周期耦合过程

多模光纤耦合器与单模光纤耦合器不同。在多模光纤耦合器中,当纤芯中的导模传到拉细的锥形耦合区后,高阶模的入射角超过纤芯-包层边界角而溢出到包层,成为包层模在包层中传输,而低阶模仍在原来纤芯中传输。当锥形区又变粗后,高阶模会再次被束缚于纤芯中成为导模,由于这时熔融的锥形耦合区具有同样的包层,因而进入纤芯的高阶模功率对两根光纤是共有的,并在两根光纤的输出部分平分,总功率分光比将取决于锥形耦合区长度和包层厚度。

2. 光纤耦合器的性能指标

表征光纤耦合器的主要性能参数有分光比或耦合比、信道插入损耗、附加损耗与串扰。

1) 分光比或耦合比

分光比 S_R 表示某一输出端口(j)光功率 P_j 与各输出端口总输出功率之比,即

$$S_R = \left[\frac{P_j}{\sum_j P_j} \right] \times 100\% \tag{3-6}$$

调节光纤耦合器的耦合区长度即可达到所要求的分光比。

2) 信道插入损耗

信道插入损耗 L_{i-j} 表示由输入信道(i)至指定输出信道(j)的损耗,定义为

$$L_{i-j} = 10 \lg \frac{P_i}{P_j} (\text{dB}) \tag{3-7}$$

3) 附加损耗

附加损耗 L_e 表示由耦合器带来的总损耗,定义为输出信号功率之和与输入功率之比

$$L_e = 10 \lg \frac{P_{in}}{\sum_j P_j} (\text{dB}) \tag{3-8}$$

性能优良的定向耦合器其附加损耗应小于 1dB。

4) 串扰

串扰 L_c 表示一个端口的输入信号与散射或反射回另一个输入端口的光功率比值的对数,而其比值倒数的对数称为隔离度。以如图 3-11(b)所示的 2×2 光纤耦合器为例,串扰 L_c 可表示为

$$L_c = 10 \lg \frac{P_3}{P_0} (\text{dB}) \tag{3-9}$$

理想耦合器的串扰应为零(用分贝表示则为负无穷大),隔离度为无穷大。实际耦合器的串扰不可能为零,好的定向耦合器的隔离度应大于 40dB。

3. 光纤星状耦合器

用熔拉双锥技术制造多模光纤星状耦合器比较容易,熔融锥式树状和星状多模光纤耦合器的耦合特性对模式比较敏感,输出端的功率变化较大。而对于单模光纤,这种多芯熔锥式星型耦合器需要精确地调整多根光纤消逝场间的耦合,实现起来较为困难,因而通常采用多个 2×2 单模光纤耦合器级联的方法来构成 $N \times N$ 星状耦合器。如图 3-13 所示,将 4 个 2×2 光纤耦合器级联可构成 4×4 耦合器,将 12 个 2×2 耦合器级联可构成 8×8 耦合器。采用类似的方法,可以将 1×2 或 2×2 耦合器逐级串联,构成 $2 \times N$ 或 $2 \times N$ 树状耦合器。

多模光纤星状耦合器所用的光纤为渐变型 $50\mu m/125\mu m$、$65\mu m/125\mu m$、$85\mu m/125\mu m$

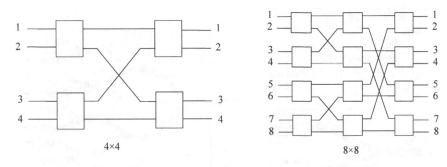

图 3-13　基于 2×2 耦合器级联的 $N \times N$ 星状耦合器

和 $100 \mu m / 140 \mu m$ 光纤,如加拿大 Ganstar 公司生产的 HLS M×N 系列星状耦合器,端口数达到 64×64,附加损耗 3.5dB,端口间分配不均匀性为 2.5dB。单模星状耦合器所用光纤为 $9/125 \mu m$ 单模光纤,国产 GF-15 型 16×16 星状耦合器附加损耗小于或等于 1.4dB,不均匀性小于或等于 ± 0.8dB。多模光纤树状耦合器附加损耗为 $1 \sim 2$dB,国产单模光纤树状耦合器附加损耗小于或等于 0.5dB。

3.2.2　平面光波导耦合器

材料

1. 平面光波导技术

平面光波导(Plane Lightwave Circuit,PLC)技术是将若干无源光波导器件制作在同一基片上,通过平面波导互连,构成一定的功能回路。由于平面光波导是通过控制折射率来设计器件,因此材料的选择成为重点。目前,PLC 光器件材料主要有铌酸锂($LiNbO_3$)、Ⅲ-Ⅴ族半导体化合物、二氧化硅(SiO_2)、绝缘体上的硅(Silicon-on-Insulator,SOI)、聚合物(Polymer)和玻璃。

平面光波导器件根据不同的材料而有不同制程。铌酸锂波导是通过在铌酸锂晶体上扩散 Ti 离子形成波导,波导结构为扩散型;InP 波导以 InP 为衬底和下包层,以 InGaAsP 为纤芯,以 InP 或者 InP/空气为上包层,波导结构为掩埋脊形或者脊形;二氧化硅波导以硅片为衬底,以不同掺杂的 SiO_2 材料为纤芯和包层,波导结构为掩埋矩形;SOI 波导是在 SOI 基片上制作,衬底、下包层、纤芯和上包层材料分别为 Si、SiO_2、Si 和空气,波导结构为脊形;聚合物波导以硅片为衬底,以不同掺杂浓度的 Polymer 材料为纤芯,波导结构为掩埋矩形;玻璃波导是通过在玻璃材料上扩散 Ag 离子形成波导,波导结构为扩散型。

2. PLC 光分路器

根据应用要求的不同,可采用平面光波导技术制作各种不同结构和功能的 PLC 光分路器芯片(chip),如图 3-14 所示。

PLC 光分路器(模块)的基本结构如图 3-15 所示,它主要由 PLC 光波导芯片、V 形槽、光纤和光纤带以及封装盒构成。图 3-16 是盒式 PLC 光分路器和机架式 PLC 光分路器的实物照片。

3. PLC 星状光耦合器

图 3-17 是一种基于平面光波导技术制作的 $N \times N$ 星状光耦合器的结构原理图,它是在对称扇形结构的输入和输出波导阵列之间插入一块聚焦平板波导区(自由空间耦合区)。

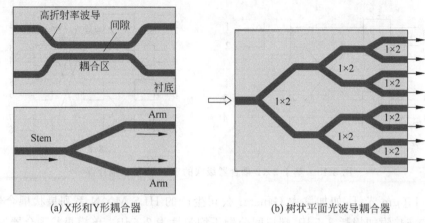

(a) X形和Y形耦合器　　　　　(b) 树状平面光波导耦合器

图 3-14　平面光波导耦合器芯片

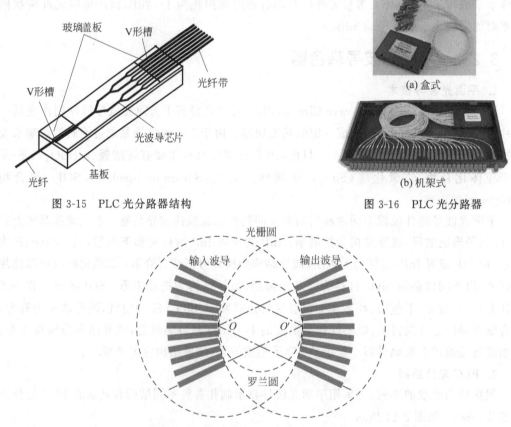

图 3-15　PLC 光分路器结构

(a) 盒式

(b) 机架式

图 3-16　PLC 光分路器

图 3-17　采用平面波导技术制作的多端星状光耦合器结构原理

自由空间耦合区两边输入/输出波导的位置满足罗兰圆(Rowland Circle)和光栅圆规则,即输入/输出波导的端口以等距离设置在半径为 R 的光栅圆圆周上,并对称分布在聚焦平面波导的两侧,输入波导端面法线方向指向右侧光栅圆的圆心 O' 点,而输出波导端面法线方向指向左侧光栅圆的圆心 O 点。两个光栅圆的圆心在中心输入/输出波导的顶部,并使中心输入和输出波导位于光栅圆和罗兰圆的切点处。

当光在左侧任一波导输入时,光信号功率以波导基模激励中心耦合区,然后以辐射模形式向右边传播,照射右侧的接收阵列波导,激励接收阵列波导,最后光信号几乎均匀分配到每个输出端。

3.3 可调谐光滤波器

可调谐光滤波器是一种重要的波长(或频率)选择器件,它的功能是从宽谱光源或多频信道中选择出一个特定频率的光信号。可调谐光滤波器的基本功能如图 3-18 所示,其中,$\Delta f_{\text{ch}}(\Delta \lambda_{\text{ch}})$ 为信道间隔,$\Delta f(\Delta \lambda)$ 为滤波器能够选择的最高频率(最短波长)和最低频率(最长波长)间的差,称为可调谐光滤波器的调谐范围。如果调谐范围 $\Delta \lambda$ 覆盖了光纤整个 $1.3 \mu m$ 或 $1.5 \mu m$ 低损耗窗口,则其值应为 $200 nm (25000 GHz)$,实际系统的要求往往小于这个数值。$T(f)$ 为滤波器的传输函数,$\Delta f_{\text{F}}(\Delta \lambda_{\text{F}})$ 为滤波器的通道带宽(3dB 带宽)。

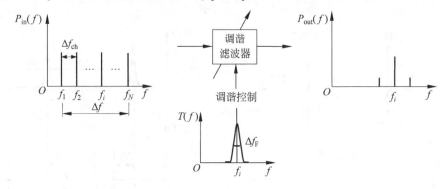

图 3-18 可调谐光滤波器的基本功能

从系统应用的观点来看,对于光滤波器的基本要求是带宽必须足够大,以传输所选信道的全部频谱成分,但带宽又不能太大,以避免邻近信道的串扰。另外,可调谐光滤波器还要求调谐范围宽(覆盖整个系统的波长复用范围),调谐速度快,插入损耗小,对偏振不敏感。除此之外,可调谐光滤波器还要求稳定性好,受环境温度、湿度和振动的影响小。

本节介绍几种典型的可调谐光滤波器,包括法布里-珀罗(Fabry-Perot,F-P)可调谐滤波器、马赫-泽德(Mach-Zehnder,M-Z)可调谐滤波器、电光/声光可调谐滤波器和阵列波导光栅可调谐滤波器。

3.3.1 法布里-珀罗可调谐滤波器

1. 法布里-珀罗滤波器

如图 3-19(a)所示,法布里-珀罗滤波器(F-P 滤波器)的基本结构由一对平行的高反射镜以及高反射镜之间的法-珀腔(F-P 腔)构成,它是基于多光束干涉来选择所需的波长。当F-P 腔的光学长度为光波半波长的整数倍时,相应的波长的光波满足 F-P 腔的谐振条件,具有最大的透射率。F-P 腔产生谐振的条件可表示为

$$nL\cos\theta = \frac{m\lambda}{2}, \quad m = 1, 2, 3, \cdots \tag{3-10}$$

式中,n——腔内介质折射率;

　　L——腔长；

　　θ——入射角；

　　λ——中心(谐振)波长；

　　m——干涉级数。

　　当频率为 f 的入射光垂直镜面入射(正入射)时,对于理想的 F-P 滤波器,其功率传输系数 $T(f)$ 是艾里函数,可表示为

$$T(f) = \left[1 + \frac{4R}{(1-R)^2}\sin^2\left(\frac{2\pi f n L}{c}\right)\right]^{-1} \tag{3-11}$$

　　图 3-19(b)给出了 3 种端面反射率情况下 F-P 滤波器的传输特性,可见 F-P 滤波器的功率传输系数是一周期函数,它具有多个谐振峰。定义相邻的两中心频率(波长)之差为滤波器的自由谱区(Free Spectral Range,FSR),即

$$\text{FSR} = \frac{c}{2nL} \tag{3-12}$$

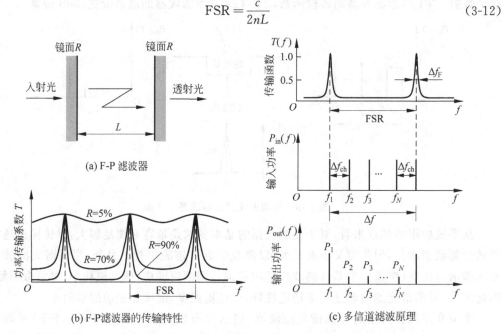

(a) F-P 滤波器

(b) F-P滤波器的传输特性

(c) 多信道滤波原理

图 3-19　F-P 滤波器传输特性及其滤波原理

　　将 F-P 滤波器用于波分复用系统中,如图 3-19(c)所示,如果信道频率 f_1 正好对准功率传输系数的谐振峰,则只有 $f = f_1$ 的信道才能通过滤波器,而其他信道被抑制。但由于传输特性的非理想性,其他信道的信号也有一小部分通过滤波器,从而造成对 f_1 信道的干扰。如果复用信号的信道间隔为 Δf_{ch},信道数为 N,则滤波器的 FSR 必须大于复用信号的总带宽 $N f_{ch}$,即应有 $\text{FSR} > N\Delta f_{ch}$。

　　F-P 干涉滤波器的带宽也是滤波器的一个重要参数,滤波器的 3dB 带宽(FWHM)定义为功率传输系数降为最大值一半时所对应的频带宽度,由式(3-11)可得

$$\Delta f_{\text{FWHM}} = \frac{c}{2nL} \cdot \frac{1-R}{\pi\sqrt{R}} \tag{3-13}$$

　　滤波器的带宽应该足够大,以便让所选信道的整个频谱成分通过,但带宽又不能太大,

以避免邻近信道的串扰。对于F-P干涉滤波器,为使串扰低于0.5dB,信道间隔不应小于$3\Delta f_{FWHM}$,这样可得F-P干涉滤波器最多可以选择的信道数为

$$N < \frac{FSR}{\Delta f_{ch}} = \frac{FSR}{3\Delta f_{FWHM}} = \frac{F}{3} \tag{3-14}$$

式中,F——F-P滤波器的精细度(Fineness),$F = FSR/\Delta f_{FWHM}$,它决定了滤波器的选择性,即能分辨的最小频差,从而决定了所能选择的最大信道数。

由式(3-12)和式(3-13)可知,如不考虑损耗,精细度F由镜面反射率R决定,即

$$F = \frac{\pi\sqrt{R}}{1-R} \tag{3-15}$$

则F-P滤波器可以选择出的最大信道数为

$$N < \frac{\pi\sqrt{R}}{3(1-R)} \tag{3-16}$$

由此可见,增大R值时,F可增大,可选择出的最多信道数亦可增大。例如,当$R=0.99$时,$F>300$,$N>100$。对于$F=100$,$R=97\%$的单腔F-P滤波器,因为其精细度F不能做得很高,为避免串话,允许的最大可选择信道数为100。如果采用两个单腔F-P滤波器级联,可使精细度增大到1000,从而最大可选择信道数可以高一个数量级。

为了将F-P滤波器从一个信道调谐到另外一个信道,必须改变F-P腔谐振条件,调谐F-P滤波器的参数,如腔内介质折射率或腔长,对应的谐振波长变化,从而实现透射波长的调谐。目前用于光通信或光纤传感系统的可调谐F-P滤波器主要有基于透镜扩束的传统F-P滤波器、微机电系统(MEMS)可调谐F-P滤波器、液晶或电光晶体可调谐F-P滤波器和全光纤结构可调谐F-P滤波器等几种。

2. 光纤F-P可调谐滤波器

图3-20(a)为一种采用压电调谐技术的光纤F-P可调谐滤波器结构原理图,它将两根光纤端面抛光,再镀上高反膜,两光纤端面之间空气隙形成谐振腔,外加电压可使压电陶瓷(PZT)材料产生电致伸缩而改变谐振腔的长度,从而实现调谐。光纤F-P可调谐滤波器的优点是调谐范围宽、带宽窄、偏振相关性(PDL)小,其缺点是边带抑制效果差、采用压电调谐时调谐速度慢(ms量级)、对温度和振动较敏感。

图3-20(b)是一种基于全光纤F-P标准具技术的光纤可调谐滤波器,它采用无透镜光纤结构,具有很高的精细度。例如,工作波段为1520~1570nm(C波段)的光纤F-P滤波器,其自由光谱区FSR为15000GHz,3dB带宽为15GHz,精细度为1000,插入损耗小于3dB,偏振相关损耗小于0.2dB,一个自由光谱区的调谐电压小于18V,最大调谐速度为800Hz,最大调谐电压为70V。

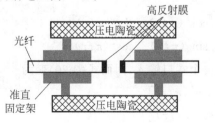

(a) 光纤F-P可调谐滤波器结构原理

(b) 光纤F-P可调谐滤波器实物

图3-20 光纤F-P可调谐滤波器

3.3.2 马赫-泽德可调谐滤波器

图 3-21 为马赫-泽德(Mach-Zehnder,M-Z)滤波器的结构原理图,它由两个 2×2 3dB 耦合器和长度差为 ΔL 的两分支光通道构成,实质上它就是一个马赫-泽德干涉仪(MZI)。

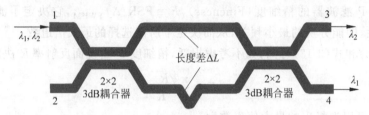

图 3-21　M-Z 滤波器结构原理图

波长分别为 λ_1 和 λ_2 的光信号从输入耦合器的 1 端口输入,经过输入 3dB 耦合器后光功率都平均分配到两个分支光通道上,由于两分支光通道的长度差为 ΔL,所以经过两分支光通道后到达输出耦合器时就产生一个与波长(频率)相关的相位差 $\Delta\varphi(\Delta\varphi=2\pi fn\Delta L/c)$,式中 n 是波导折射率。当满足一定相位条件时,光信号经输出 3dB 耦合器复合后在两个输出端口中的一个端口相长干涉,而在另一个端口相消干涉。比如,在输出端口 3,λ_1 满足相消干涉条件,λ_2 满足相长干涉条件,则 λ_2 的信号光从 3 端口输出;而在输出端口 4,λ_1 满足相长干涉条件,λ_2 满足相消干涉条件,则 λ_1 的信号光从 4 端口输出。

为分析 M-Z 滤波器的传输函数,可以将其分为 3 部分,即输入耦合器、两分支通道和输出耦合器,先分别计算各部分的传输函数,然后取 3 个传输函数之积即可得总的传输函数 $T_{M-Z}(f)$。当忽略耦合器的附加损耗时,3dB 耦合器的传输矩阵为

$$[T_1(f)] = \frac{1}{\sqrt{2}}\begin{bmatrix} 1 & -j \\ -j & 1 \end{bmatrix} \tag{3-17}$$

时延差为 τ 的两条不同长度光分支通道的散射矩阵为

$$[T_2(f)] = \begin{bmatrix} 1 & 0 \\ 0 & \exp(-2\pi j f\tau) \end{bmatrix} \tag{3-18}$$

由此可得 M-Z 滤波器的传输函数为

$$[T_{M-Z}(f)] = \begin{bmatrix} T_{13}(f) & T_{14}(f) \\ T_{23}(f) & T_{24}(f) \end{bmatrix} = [T_1(f)][T_2(f)][T_1(f)]$$

$$= \frac{1}{2}\begin{bmatrix} 1-\exp(-2\pi j f\tau) & -j[1+\exp(-2\pi j f\tau)] \\ -j[1+\exp(-2\pi j f\tau)] & -[1-\exp(-2\pi j f\tau)] \end{bmatrix} \tag{3-19}$$

其功率传输函数为

$$\begin{bmatrix} |T_{13}(f)^2| & |T_{14}(f)^2| \\ |T_{23}(f)^2| & |T_{24}(f)^2| \end{bmatrix} = \begin{bmatrix} \cos^2(\pi f\tau) & \sin^2(\pi f\tau) \\ \sin^2(\pi f\tau) & \cos^2(\pi f\tau) \end{bmatrix} \tag{3-20}$$

通常,复用信号在 M-Z 滤波器两个输入端口中的一个端口输入,因而式(3-20)变为

$$\begin{bmatrix} |T_{13}(f)|^2 \\ |T_{14}(f)|^2 \end{bmatrix} = \begin{bmatrix} \cos^2(\pi f\tau) \\ \sin^2(\pi f\tau) \end{bmatrix} \tag{3-21}$$

可见,M-Z 滤波器的功率传输函数是频率的周期函数,周期 $\tau=n\Delta L/c$。因此,若有两个频

率分别为 f_1 和 f_2(分别对应 λ_1 和 λ_2)的光波从端口 1 输入且分别满足

$$\pi\tau f_1=(2m-1)\pi/2, \quad \pi\tau f_2=m\pi, \quad m=1,2,3,\cdots \tag{3-22}$$

则 $T_{13}(f_1)=0$，$T_{14}(f_1)=1$，$T_{13}(f_2)=1$，$T_{14}(f_2)=0$。也就是说,在同一输入端输入频率间隔为 $\Delta f=1/2\tau=c/(2n\Delta L)$ 的两个光波将分别在不同的输出端口输出。

M-Z 滤波器要求输入光波的频率间隔必须精准控制在 $\Delta f=c/(2n\Delta L)$ 的整数倍。当输入信号波长数为 4 个时,需要 3 个 M-Z 滤波器级联,当波长数为 8 个时,需要 3 级共 7 个 M-Z 滤波器级联,而且要使第一级的频率间隔为 Δf,第二级的频率间隔为 $2\Delta f$,第三级的频率间隔为 $4\Delta f$,才能将它们分开,如图 3-22 所示。

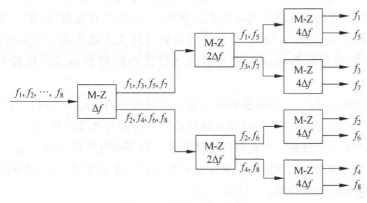

图 3-22 级联 M-Z 滤波器

级联 M-Z 滤波器除了可用多个分立的光纤耦合器串接而成外,也可以用平面光波导来实现。在用 PLC 做成的 M-Z 滤波器中,调谐是通过沉积在每个 M-Z 滤波器一个臂上的铬薄膜加热器来实现的。M-Z 可调谐滤波器制造成本较低,对偏振不敏感,串扰很低,但因为采用热调谐方法,其调谐控制较为复杂,调谐速度较慢,约为 1ms。

3.3.3 声光、电光可调谐滤波器

1. 声光可调谐滤波器(AOTF)

图 3-23 是在 LiNbO$_3$ 衬底上用钛(Ti)扩散波导制成的声光可调谐滤波器(Acousto-optic Tunable Filter,AOTF)结构示意图,其工作原理为:多信道光信号光进入滤波器后,输入偏振分束器将信号光分成 TE 和 TM 偏振信号,TE 偏振态光波沿着上臂传输,而 TM 偏振态光波沿着下臂传输; 超声波换能器(Transducer)产生表面声波(Surface Acoustic Wave,

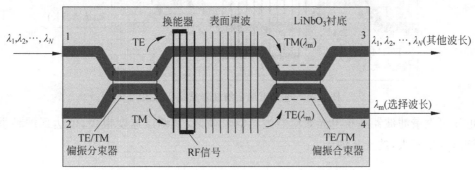

图 3-23 声光可调谐滤波器结构示意图

SAW),引起 $LiNbO_3$ 折射率周期性扰动而形成一种感应光栅。当某特定波长光信号(λ_m)满足相位匹配条件(布拉格条件)时,其输入和输出光波的偏振方向将产生 90°旋转,即上臂中传输的 TE 偏振态光波变成 TM 偏振态光波,而下臂中传输的 TM 偏振态光波变成 TE 偏振态光波,然后通过输出偏振合束器合束后从输出端输出,从而实现波长选择;其他波长信道由于不满足相位匹配条件,因此通过扰动区后偏振态不会发生改变,并由输出偏振合束器合束后转移到另一个输出端口输出。

声光可调谐滤波器的选择信道波长 $\lambda_m = \Delta n \Lambda$,其中,$\Lambda$ 是表面声波形成的光栅周期,其值等于材料中声波的波长,$\Delta n = n_{TE} - n_{TM}$ 是 $LiNbO_3$ 材料对于 TE 波和 TM 波的折射率差。声光滤波器调谐是通过改变表面声波的频率(几十至几百兆赫兹)米实现的,其调谐范围可以覆盖整个 $1.3 \sim 1.6\mu m$ 波段,但由于其调谐时间受声波填满相互作用长度的过程所需时间的限制,通常在微秒范围。声光可调谐滤波器的带宽和插入损耗分别约为 1nm 和 5dB。

在声光可调谐滤波器中,当换能器产生多个不同频率的表面声波时,在相互作用长度上会形成几个感应光栅,这样滤波器就具有独特的多波长同时选择特性,这可能是不同声波间的相互作用比较弱而导致的。声光可调谐滤波器可以同时选择的信道数受换能器不出现毁坏所容许的最大射频驱动功率限制。采用基础光学结构形式的声光可调谐滤波器,每选一个信道需要几毫瓦的驱动功率。

在 AOTF 中无可移动的部分,施加信号的变化可有序或无序地实现高速波长调谐,使之具有调谐范围宽、调谐速度快以及隔离度高等特性。但是由于 AOTF 器件的插入损耗大、边模抑制特性差、偏振敏感等问题,其实用化受到一定程度的限制。

2. 电光可调谐滤波器(EOTF)

电光可调谐滤波器如图 3-24 所示,其构成及工作原理与声光可调谐滤波器非常相似,不过其感应光栅是基于 $LiNbO_3$ 材料的电光效应而形成的。当给印刷在器件表面上的梳状电极施加驱动电压(约 100V)时,在相互作用长度上则形成折射率的周期性光栅。通过改变驱动电压,改变折射率差 Δn,从而达到调谐的目的。

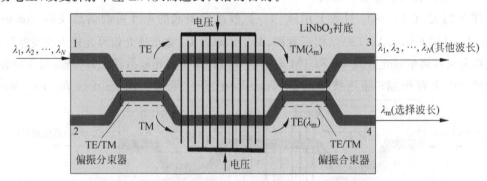

图 3-24 电光可调谐滤波器结构示意图

电光可调谐滤波器基于电光效应通过电信号调谐,其调谐速度很快,可达到纳秒量级,但其调谐范围不大,约十几纳米。

3.3.4　阵列波导光栅滤波器

1. 阵列波导光栅（AWG）

如图 3-25 所示，阵列波导光栅（Arrayed Waveguide Gratings，AWG）由输入波导、输入星状耦合器、阵列波导、输出星状耦合器和输出波导阵列 5 部分组成，其中，阵列波导中相邻波导间具有恒定的路径长度差 ΔL。AWG 的波导可以沉积在 Si 或 InP 衬底上，SiO_2/Si 和 InGaAsP/InP 是目前最成熟的材料系统。

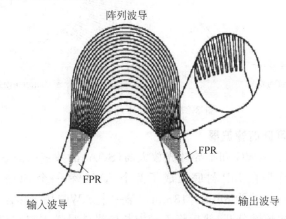

图 3-25　阵列波导光栅结构示意图

在 AWG 中，输入星状耦合器的输入波导端口位于罗兰圆上，而阵列波导的输入端口位于两倍直径的光栅圆圆周上，如图 3-26(a)所示。输出星状耦合器的输出波导阵列端口位于罗兰圆上，而阵列波导的输出端位于两倍直径的光栅圆圆周上，如图 3-26(b)所示。输入星状耦合器和输出星状耦合器为镜像关系，如在图 3-26 中，输入波导 A 镜像为输出波导阵列中的波导 C，而阵列波导相当于一个凹面反射型光栅，与普通凹面光栅（在凹球面上刻画一系列等间距的线条，同时具有衍射和聚焦两种功能）的区别是在相邻光栅单元之间引入了光程差 $n_A \Delta L$。

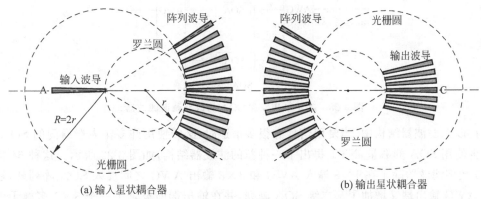

(a) 输入星状耦合器　　　　　　　　(b) 输出星状耦合器

图 3-26　输入/输出星状耦合器的原理结构示意图

如图 3-27 所示，与凹面光栅的衍射特性类似，从波导 C 发出的光，在阵列波导的输出端发生反射型衍射，不同波长光的衍射角 θ 不同，从而被不同输出波导接收。因此，当 N 个不同波长的复用信号从 AWG 的输入端口输入时，通过器件后依波长的不同出现在不同的波导出口上,即可实现多波长光信号的分路。同样,AWG 也可实现对多端口输入的多波长信号进行合路。

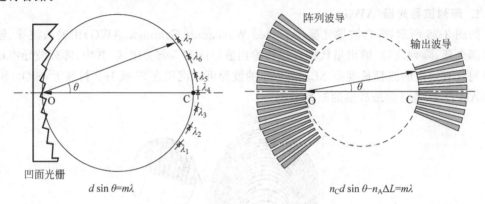

图 3-27　AWG 原理示意图

2. 基于 AWG 的可调谐滤波器

图 3-28 为一种基于 AWG 和半导体光放大器(SOA)的数字调谐滤波器结构原理图,这种数字调谐滤波片芯片是在 InP 衬底集成了两个 AWG 和一个 SOA 阵列,PIC(Photonic Integrated Circuit)芯片尺寸为 6mm×18mm。第一个 AWG 用于多波长复用信号的分路,即把输入的复用信号的频谱分开,然后将不同波长的光信号送入与它相连的 SOA。光信号通过 SOA 后被放大或被衰减,放大相当于让其通过,衰减相当于阻断,起到滤波器的作用。第二个 AWG 用作多波长信号的合路,即重新复合 SOA 的输出信号到输出端。这种滤波器通过给不同 SOA 加载驱动电流来实现不同波长信道的选择。此外,对于功率电平低的信道,可以增加与它相连的 SOA 的增益,从而使得该滤波器又能起到功率均衡的作用。

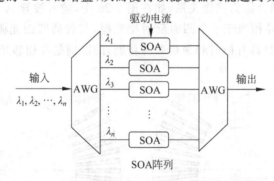

图 3-28　基于 AWG 和 SOA 的数字调谐滤波器

在以上滤波器结构中,当复用信号有很多信道时,必须使用许多作为选通门的 SOA,为了减少使用 SOA 的数量,NTT 提出了一种新的滤波器结构,如图 3-29 所示。这种 64 信道 AWG 数字滤波器除了在 1×8 输入 AWG 和 8×8 输出 AWG 之间加入 SOA 阵列外,还在输出 AWG 输出端又增加了第二级 SOA 阵列,并在输出端前设置了一个 8×1 多模干涉耦合器(MMI)和一个功率增强 SOA。这种结构只用了 16 个 SOA 就可以选择 64 个复用信道,InP 集成 PIC 芯片尺寸为 7mm×7mm,MMI 尺寸为 260μm×32μm,16 个 SOA 均为 600μm。前端 AWG 是高分辨率器件,信道间隔为 50GHz,FSR 为 400GHz。后端 AWG 是低分辨率器件,信道间隔为 400GHz,FSR 为 3.2THz。

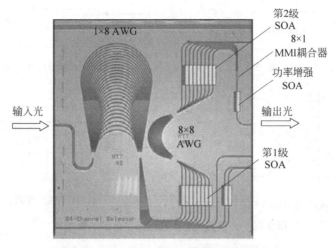

图3-29　基于AWG的64信道数字调谐滤波器

这种滤波器的工作原理如下：首先，把64路复用信号波长分成8组，每组8个信号，由1×8AWG完成，信道光频间隔为400GHz，正好等于前端AWG的FSR；其次，8个波长为一组的信号被第一级SOA选通，并由后端8×8AWG解复用；最后，8个信号为1组的每个信号被第二级SOA选通，并通过8×1MMI耦合器输出到功率增强SOA进行放大输出。

表3-1给出了前述几类可调谐滤波器的特性比较。

表 3-1　可调谐滤波器特性比较

比 较 项 目	F-P 滤波器	M-Z 干涉滤波器	电光滤波器	声光滤波器	阵列波导光栅滤波器
调谐范围/nm	60	5～10	10	400	10～12
3dB 带宽/nm	0.5	0.01	1	1	0.5～0.68
可分辨通道数	100	100	10	10	15～30
插入损耗/dB	2～3	＞5	3～5	5	1.3
调谐速度	ms	ms	ns	μs	ns

3.4　波分复用/解复用器

视频

波分复用器和解复用器（WDM/DeWDM）是WDM系统重要的组成部分，其原理与光滤波器类似，亦是基于器件的波长选择机制，但在网络中所起的作用略有不同。光滤波器的功能是从众多波长信道或宽谱光源中选出一个波长信号，而滤去所有其他波长信号，如图3-30(a)所示。WDM的功能是将不同输入端进入的不同波长信号组合在一起从共同输出端输出，如图3-30(b)所示。DeWDM完成的功能与WDM相反，是将从同一端口输入的多波长信号分离后从不同的端口输出。根据互易原理，同一WDM器件既有复用功能，亦有解复用功能，所以常写成WDM/DeWDM。

波分复用器和解复用不仅用于WDM终端，而且也用于光网络节点做波长路由器（Wavelength Router，WR）和波长分插复用器（ADM）。WR是一类称为波长路由网（WRN）的光网络关键设备，图3-30(c)是一种由波分复用器和解复用器构成的两个输入端口和两个输出端口的器件，每个输入线路携带相同的一组$(\lambda_1, \lambda_2, \lambda_3, \lambda_4)$WDM信号，而调制在两输

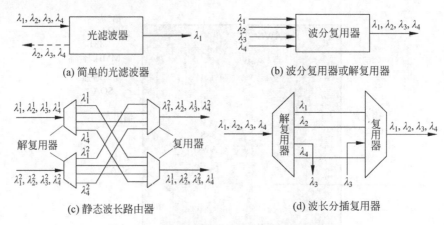

图 3-30　光通信网中波长选择器件的不同应用

入端相同波长的信号可以是不同的,通过 WR 后可实现线路间波长 λ_1 和 λ_4 的交换。图示波长路由器只有两对输入/输出端口,每个端口只有 4 个波长进出,实际上可以扩展到有任意对输入/输出端口,每个端口可有相同的任意多个波长输入/输出。原则上任一输入端的波长可以路由到任一输出端,主要限制是来自两个不同输入端的相同的波长不能路由到同一输出端。如果 WR 的波长路由模式是固定的,则称之为静态波长路由器;如果利用适当的控制信号可改变波长路由模式则称之为动态波长路由器。

波长分插复用器本质上是只有一对输入/输出端口和一对附加本地端口的波长路由器,如图 3-30(d)所示,来自本地用户波长在本地端口接入或来自输入端光纤端口的数据流波长在本地端口输出。

波分复用/解复用器作为一种特殊的有波长选择功能的耦合器,其性能及评价方法与普通耦合器及光滤波器都有相似之处,但也有不同之处。

(1) 插入损耗 L_i。

插入损耗指特定波长信号通过 WDM 器件相应通道时所引入的功率损耗,其大小主要取决于 WDM 器件的结构类型和制造技术。此外,由于在大多数系统中偏振态是随时间随机地变化,而 WDM 器件的插入损耗还与输入信号的偏振态有关,因此输出功率亦随时间变化,所以 WDM 器件还存在一种偏振相关损耗(PDL)。

(2) 串扰或隔离度 L_c。

隔离度指波长隔离度或通道隔离度,即在某一指定被选波长输出端口所测得的另一非选择波长功率与被选择波长输出功率之比的对数。

(3) 通道带宽 Δv_F 和通道间隔 Δv_{ch}。

波分复用/解复用器是由多个波长通道光滤波器集合的器件,每个波长通道均可有一定频谱宽度,称为通道带宽 Δv_F。为保证各波长通道信号无畸变复用和解复用,Δv_F 应尽可能大。为保证多通道信号复用和解复用而不致产生相邻波长通道间的串扰,相邻通道间隔 Δv_{ch} 应尽可能大,但通道间隔大将限制复用和解复用通道数。从光波通信系统信道数和通信容量的要求考虑,通常应使在光纤可用带宽内可复用的信道数 N 越大越好,而通道带宽 Δv_F 则需考虑光源线宽、待传送的光信号的速率和信号带宽 Δv_s、接收端的解复用方案和降低串扰的基础上取较宽的值。从设计与制造角度来说,通道带宽越窄、通道数越多,技术难度越大。

（4）温度系数。

温度系数指波分复用/解复用器件通道中心频率随温度变化产生的漂移。系统应用要求在整个工作温度范围内（典型值为 100℃），通带中心频率的漂移应远小于通道间隔。

3.4.1　介质薄膜滤波器型复用/解复用器

对于传统 F-P 滤波器，如果用多层反射介质薄膜来代替反射镜，则可构成多层介质薄膜谐振式滤波器，它亦是一种带通滤波器，可使由谐振腔的长度决定的某特定波长通过，所有其他波长被反射。当将由反射介质薄膜层隔离的多个谐振腔串联时，就可构成谐振式多腔滤波器（TFMF），如图 3-31（a）所示。多腔谐振介质薄膜滤波器的谐振腔数对滤波器传输特性的影响如图 3-31（b）所示，当腔数增加时，通带特性将变得平坦，边缘变得更陡。

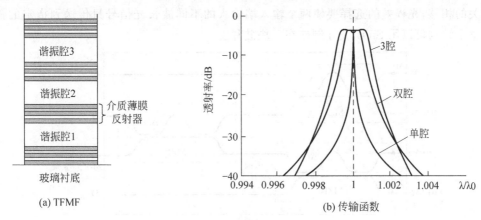

图 3-31　多腔谐振式介质薄膜滤波器及其传输特性

将多个 TFMF 级联就可构成波分复用/解复用器，如图 3-32 所示，每个滤波器通过一个不同波长，而反射其他波长。当用作解复用器时，级联系统的第一个滤波器通过 λ_1 而将其余全部波长反射至第二个滤波器，然后第二个滤波器通过 λ_2 而将其余波长反射至第三个滤波器，如此依次完成 8 个波长的解复用。根据器件的互易性，分别从 8 个端口输入的 8 个波长经过相反的过程也可复合后经一个端口输出，实现复用功能。

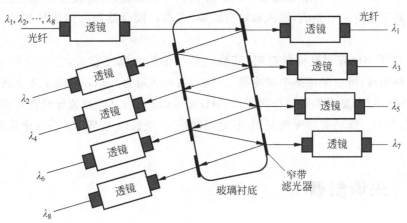

图 3-32　多层介质薄膜滤波器型复用/解复用器

多层介质薄膜干涉滤波器型 WDM 器件由于具有通带顶部平坦、边缘陡峭、损耗低、隔离度高、偏振不敏感和温度稳定性高等优点而得到广泛应用,它是 16 波长 WDM 系统中主要选用器件。一个 16 信道的多层介质薄膜干涉滤波器型 WDM 器件的典型特性参数为:1dB 带宽 0.4nm,20dB 带宽 1.2nm,隔离度 25dB,插入损耗 7dB,偏振相关损耗 PDL 约 0.2dB,温度系数 0.0005nm/℃。

3.4.2 M-Z 滤波器型复用/解复用器

3.3.2 节中介绍的 M-Z 干涉滤波器可以实现两个不同波长信号的分路,如果将多个这种滤波器组合起来就可以构成多个波长的复用/解复用器。图 3-33 是由 3 个 M-Z 干涉滤波器组成的 4 信道复用器。每个 M-Z 干涉滤波器的两臂具有一长度差,使两臂之间产生与波长有关的相移,光程差的选择要使两个输入端输入的不同波长光信号只传送到指定的输出端。整个结构可以用 SiO_2 波导制作在一块硅片上。

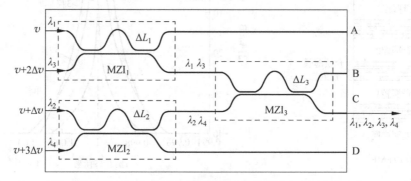

图 3-33 由 3 个 M-Z 干涉滤波器组成的 4 信道复用/解复用器

3.4.3 阵列波导光栅复用/解复用器

前面介绍了 AWG,它可以作为 $N\times 1$ 的波分复用器,此时它是一个有 N 个输入端口和一个输出端口的器件,N 个输入端口分别输入 N 个不同波长,通过该器件达到同一输出端。相反,它亦可作为 $1\times N$ 的解复用器应用。阵列波导光栅复用/解复用器的优点是损耗低,通带平坦,易于在衬底上集成,输入和输出波导,多端口耦合器和阵列波导都可以集成在同一衬底上。

AWG 属于相位阵列光栅的范畴,其缺点是与偏振和温度有关,它是一种温度敏感器件,为减小热漂移,可以使用热电制冷器。目前,信道间隔为 250GHz 的 128 个波长 SiO_2 阵列波导光栅复用/解复用器和信道间隔 50GHz 的 64 波长 InP 阵列波导光栅复用/解复用器已经制造出来了。阵列波导光栅复用/解复用器是 16 波长以上 WDM 系统中最具有竞争力的器件。

视频

3.5 光调制器

在光通信系统中,光调制是用承载信息的电信号调制光源产生的光载波,从而实现光信号传输。从调制角度来看,有直接调制和外调制两种方式。直接调制是采用信号直接调制光源的输出光强,如用承载信息的信号直接调制激光器的注入电流使得输出光强随信号而变化。这种调制方式中激光的产生和调制同时实现,其结构简单、经济,但调制过程中会引入不希望的线性调频(啁啾),因而主要适用于中低速通信系统。外调制技术是在激光器后接一外调制器,用承载信息的信号通过调制器对激光器输出的光载波进行调制。外调制的优点是调制速率高,缺点是技术复杂,成本较高。对于强度调制-直接检测(IM/DD)光波系统,并非一定要用外调制方案,但在高速长距离光波系统中,采用间接调制有利于提高系统性能。本节主要介绍铌酸锂波导电光调制器和电致吸收调制器这两种最为常用的光调制器。

3.5.1　铌酸锂波导电光调制器

1. 铌酸锂晶体的电光效应

某些晶体在外加电场的作用下,其折射率 n 随外加电场 E 的改变而发生变化的现象称为电光效应。材料的折射率 n 与施加的外加电场强度 E 之间的关系可用电场 E 的幂级数表示,即

$$n = n_0 + \alpha \mid E \mid + \beta \mid E \mid^2 + \cdots \tag{3-23}$$

式中,n_0 是 $E=0$ 时材料的折射率,系数 α 和 β 均很小,高阶项的影响可以略去不计。因此电光效应分为两种类型:一种是折射率变化量与电场强度成正比,称为线性电光效应或泡克尔斯(Pockels)效应;另一种是折射率变化量与电场强度的平方成正比,称为二次电光效应或克尔(Kerr)效应。

具有电光效应的晶体称为电光晶体,主要有铌酸锂(LiNbO$_3$,简写为 LN)、砷化镓(GaAs)和钽酸锂(LiTaO$_3$)等。对于大多数电光晶体材料,一次电光效应要比二次电光效应显著,因此电光调制器通常利用线性电光效应,即利用电光材料的折射率 n 随施加的外电场 E 的线性变化而产生的光波传播速度和相位的变化,实现对激光的调制。

可以采用电磁理论方法对电光效应进行分析和描述,但其数学推导相当繁杂。描述和分析电光效应的另一种方法是折射率椭球体法,这种方法直观、方便,是一种常用的分析方法。在电光晶体未加外电场时,主轴坐标系中的折射率椭球可表示为

$$\frac{x^2}{n_x^2} + \frac{y^2}{n_y^2} + \frac{z^2}{n_z^2} = 1 \tag{3-24}$$

式中,x、y、z 为介质的主轴方向,也就是说,晶体内沿着这些方向的电位移 D 和电场强度 E 是相互平行的;n_x、n_y、n_z 为折射率椭球的折射率。

当给晶体施加电场后,其折射率椭球发射"变形",椭球方程为

$$\left(\frac{1}{n^2}\right)_1 x^2 + \left(\frac{1}{n^2}\right)_2 y^2 + \left(\frac{1}{n^2}\right)_3 z^2 + 2\left(\frac{1}{n^2}\right)_4 yz + 2\left(\frac{1}{n^2}\right)_5 xz + 2\left(\frac{1}{n^2}\right)_6 xy = 1 \tag{3-25}$$

由于外电场的作用,折射率椭球的各个系数 $\left(\frac{1}{n^2}\right)_i$ 随之发生线性变化,其变化量可表示为

$$\Delta\left(\frac{1}{n^2}\right)_i = \sum_{j=1}^{3} \gamma_{ij} E_j \tag{3-26}$$

式中,γ_{ij} 称为线性电光系数;$i=1,2,\cdots,6$;$j=1,2,3$。

式(3-26)可以用张量的矩阵形式表示为

$$
\begin{bmatrix}
\Delta\left(\dfrac{1}{n^2}\right)_1 \\[2mm]
\Delta\left(\dfrac{1}{n^2}\right)_2 \\[2mm]
\Delta\left(\dfrac{1}{n^2}\right)_3 \\[2mm]
\Delta\left(\dfrac{1}{n^2}\right)_4 \\[2mm]
\Delta\left(\dfrac{1}{n^2}\right)_5 \\[2mm]
\Delta\left(\dfrac{1}{n^2}\right)_6
\end{bmatrix}
=
\begin{bmatrix}
\gamma_{11} & \gamma_{12} & \gamma_{13} \\
\gamma_{21} & \gamma_{22} & \gamma_{23} \\
\gamma_{31} & \gamma_{32} & \gamma_{33} \\
\gamma_{41} & \gamma_{42} & \gamma_{43} \\
\gamma_{51} & \gamma_{52} & \gamma_{53} \\
\gamma_{61} & \gamma_{62} & \gamma_{63}
\end{bmatrix}
\begin{bmatrix}
E_x \\
E_y \\
E_z
\end{bmatrix}
\tag{3-27}
$$

式中,E_x、E_y、E_z 分别为电场沿在 x、y 和 z 方向的分量;电光系数 γ_{ij} 的矩阵称为电光张量,每个元素的值由具体的晶体决定,它是表征感应极化强弱的量。

铌酸锂晶体是三方晶系,负单轴晶体,晶轴为 z 轴,其 x 轴方向与 y 轴方向的折射率相等,即 $n_x = n_y = n_o$,z 轴方向的折射率 $n_z = n_e$,对于 1550nm 的光波,$n_o = 2.286$,$n_e = 2.200$。铌酸锂晶体的电光系数矩阵为

$$
\gamma =
\begin{bmatrix}
0 & -\gamma_{22} & \gamma_{13} \\
0 & \gamma_{22} & \gamma_{13} \\
0 & 0 & \gamma_{33} \\
0 & \gamma_{42} & 0 \\
\gamma_{42} & 0 & 0 \\
-\gamma_{22} & 0 & 0
\end{bmatrix}
\tag{3-28}
$$

式中,$\gamma_{22} = 3.4 \times 10^{-12}\,\text{m/V}$;$\gamma_{13} = 8.6 \times 10^{-12}\,\text{m/V}$;$\gamma_{33} = 30.8 \times 10^{-12}\,\text{m/V}$;$\gamma_{42} = 2.8 \times 10^{-12}\,\text{m/V}$。可见,由于铌酸锂晶体的电光系数 γ_{33} 最大,选择该系数可以在同样条件下获得更显著的电光效应。这需要在 z 轴方向上加电场 E_z,而 $E_x = E_y = 0$,因此式(3-27)可简化为

$$
\begin{bmatrix}
\Delta\left(\dfrac{1}{n^2}\right)_1 \\[2mm]
\Delta\left(\dfrac{1}{n^2}\right)_2 \\[2mm]
\Delta\left(\dfrac{1}{n^2}\right)_3
\end{bmatrix}
=
\begin{bmatrix}
\gamma_{13} E_z \\
\gamma_{13} E_z \\
\gamma_{33} E_z
\end{bmatrix}
\tag{3-29}
$$

折射率椭球方程变为

$$
\left(\frac{1}{n_o^2} + \gamma_{13} E_z\right) x^2 + \left(\frac{1}{n_o^2} + \gamma_{13} E_z\right) y^2 + \left(\frac{1}{n_e^2} + \gamma_{33} E_z\right) z^2 = 1
\tag{3-30}
$$

可以看出,加了电场后,铌酸锂晶体折射率椭球没有旋转,仍为单轴晶体,但其椭球折射

率发生了变化。如图 3-34 所示，铌酸锂晶体采用 x 切向，y 轴方向通光，z 轴方向加电场，根据式(3-29)可得 x 轴方向和 z 方向的折射率在电场的作用下的改变量分别为

$$\Delta n_x = -\frac{n_o^3}{2}\gamma_{13}E_z \tag{3-31}$$

$$\Delta n_z = -\frac{n_e^3}{2}\gamma_{33}E_z \tag{3-32}$$

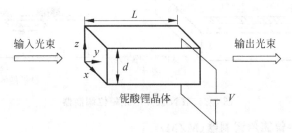

图 3-34　铌酸锂晶体的电光效应

所以，铌酸锂晶体在施加外电场的作用下，晶体的折射率会变小，并且由于其张量各向异性，在不同方向上晶体折射率减小量也不同。通过改变铌酸锂晶体的折射率就可以对输入光波进行调制。

2. LN 波导电光相位调制器

如图 3-34 所示，若入射光为与 z 轴成 45°角的线偏振光，进入 LN 晶体分解为 x 和 z 方向振动的两个分量，其折射率分别为$(n_o + \Delta n_x)$和$(n_e + \Delta n_z)$。若晶体长度为 L，厚度为 d，外加电压 $V = Ed$，则从晶体出射的两光波的相位差为

$$\Delta\varphi = \frac{2\pi}{\lambda}[(n_o + \Delta n_x) - (n_e + \Delta n_z)]L = \frac{2\pi}{\lambda}[(n_o - n_e)L - \frac{LV}{2d}(n_o^3\gamma_{13} - n_e^3\gamma_{33})]$$

$$\tag{3-33}$$

由此可见，光波通过晶体后的相位差包括两项：第一项是晶体本身的自然双折射引起的相位延迟，它与外加电场无关，对相位调制没有贡献，而且还会因温度变化引起折射率的变化而导致相位差漂移，进而使调制光发生畸变，甚至使调制器不能正常工作，因此应设法消除或补偿双折射现象；第二项是外加电场作用产生的相位延迟，它与外加电场和晶体尺寸有关。

如果入射光偏振方向为 z 方向，那么光束通过 LN 晶体不会有双折射现象，则经过长度为 L 的晶体后，其相位变化为

$$\Delta\varphi = -\frac{\pi}{\lambda}n_e^3\gamma_{33}\frac{V}{d}L \tag{3-34}$$

当 $\Delta\varphi = \pi$ 时，对应的外加电压称为半波电压 V_π，它可表示为

$$V_\pi = -\frac{\lambda d}{n_e^3\gamma_{33}L} \tag{3-35}$$

图 3-35 是一种 LN 波导电光相位调制器的立体和剖面结构，它是在 x 切向的 LN 衬底上用钛扩散技术制成折射率比 LN 高的条形掩埋波导，加在共平面条形电极的横向电场 E 通过波导，两极长为 L，间距为 d。在电极和衬底间镀上一层很薄的电介质缓冲层(约 200nm 厚的 SiO_2)，以便把电极和衬底分开。光波导传输的模式应为 TE 模(水平偏振)，即晶体中的 e 光，由于泡克尔斯效应，电场导致的折射率变化，引起导波相位变化为

$$\Delta\varphi = -\Gamma\,\frac{\pi}{\lambda}n_e^3\gamma_{33}\,\frac{L}{d}V \tag{3-36}$$

式中,Γ 为光场和电场的重叠因子,一般取值为 $0.5\sim0.7$。

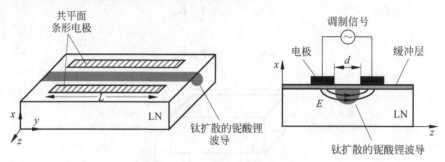

图 3-35　LN 波导电光相位调制器

3. LN 波导马赫-曾德尔调制器(MZM)

1) 器件结构及工作原理

钛扩散的铌酸锂(Ti-LiNbO_3)波导制成的马赫-曾德尔调制器结构如图 3-36 所示,它由两个 LN 相位调制器、两个 3dB Y 形分支波导和相应的驱动电极组成。两个相位调制器基于 LN 晶体的电光效应实现光的相位调制,两个 Y 形分支波导完成分光和合光功能,通过驱动电极提供实现电光效应所需的驱动电压。在理想情况下,光载波信号通过第一个 Y 形分支波导后分成两束振幅和频率完全相同的光,分别在两条结构参数完全相同的平行直波导中传输。两条平行直波导和共平面条形电极形成两个理想的相位调制器,在外加电压的作用下能够改变两个分支中传输光的相位。两列调相波通过第二个 Y 形分支波导干涉耦合,转换为强度调制波或相位调制波从输出波导输出。

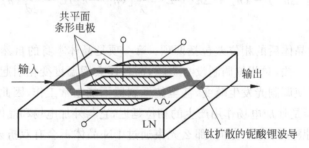

图 3-36　LN 波导电光强度调制器结构示意图

设在第一个分支点的光波表示为 $A(t)=A_0\exp(j\omega_0 t)$,经过 Y 形分支波导后,分成的两路光波为

$$A_1(t) = A_2(t) = \frac{A_0}{\sqrt{2}}\exp(j\omega_0 t) \tag{3-37}$$

两路光波经过第二个 Y 形分支波导汇合后,在不考虑损耗的情况下,总的光波表示为

$$A'(t) = \frac{1}{\sqrt{2}}\frac{A_0}{\sqrt{2}}\{\exp[j(\omega_0 t + \varphi_1)] + \exp[j(\omega_0 t + \varphi_2)]\}$$

$$= A_0\exp\left[j\left(\omega_0 t + \frac{\varphi_1 + \varphi_2}{2}\right)\right]\cos\left(\frac{\varphi_1 - \varphi_2}{2}\right) \tag{3-38}$$

式中，φ_1 和 φ_2 分别为两束子波经过上下两个相位调制器之后产生的相移。若 $\varphi_1 = -\varphi_2$，则式(3-38)变为

$$A'(t) = A_0 \exp(j\omega_0 t) \cos\left(\frac{\varphi_1 - \varphi_2}{2}\right) \tag{3-39}$$

令 $\Delta\varphi' = \varphi_1 - \varphi_2$，即 $\Delta\varphi' = 2\varphi_1 = -2\varphi_2$，则输出光的强度可表示为

$$I = I_{\max} \cos^2\left(\frac{\Delta\varphi'}{2}\right) \tag{3-40}$$

式中，$I_{\max}$ 表示输出光强的幅值。由式(3-33)可知相移与调制电压满足线性关系，那么调制电压和输出光强之间的关系近似线性关系。调制电压为 0 时，对应最大光强传输点(FULL点)；调制电压为 V_π 时，相位差 $\Delta\varphi' = \pi$，对应最小光强传输点(NULL 点)；当相位差变化在 $\pi/2$ 附近(正交点附近)时，相位差和相对光强之间的关系近似为线性关系。因此，对于 LN 波导 MZM，一般根据不同的调制编码方式来选择不同的偏置点。如 NRZ 编码，为实现线性调制，工作电极常常加直流偏置，使调制器工作在正交点附近；对于正交相移键控(QPSK)，一般采用直流偏置使 MZM 工作于 NULL 点。

由以上分析可知，当 MZM 中两个相位调制器的相移符号相反时，MZM 工作于推挽模式(push-pull)，可对光载波进行强度调制；当 MZM 中两个相位调制器的驱动电压相同时，相移也相同，相位差为 0，MZM 工作在双推模式(push-push)，此时 MZM 只对光载波进行相位调制。

2) 波导偏置电极的设计

铌酸锂晶体一般有两个切向，即 x-cut(或 y-cut)和 z-cut。由于铌酸锂晶体是负单轴晶体，所以 x-cut 和 y-cut 的铌酸锂晶体各个物理属性基本相同，在制造电光调制器时区别不大。x-cut 是指铌酸锂晶体在切成 wafer(晶圆)时其上表面(圆面)与 x 轴垂直，同理，z-cut 是指铌酸锂晶体在切成 wafer 时其上表面(圆面)与 z 轴垂直。因此，在制作铌酸锂电光调制器时，为保证由电极激发的电场方向与晶体最大电光张量的方向一致，电极与波导的位置需根据铌酸锂晶体切向的不同而有所区别。如图 3-37 所示，在 x-cut 的设计中，偏置电极置于波导的两侧，边电极接地，z 轴方向的电场对光波进行调制，波导传播的模式为 TE 模，如果其中一臂的折射率增加，则另一臂折射率减小；在 z-cut 的设计中，偏置电极置于波导之上，此时垂直电场分量起作用，即电场与 z 轴方向一致，波导传播模式为 TM 模。相对于

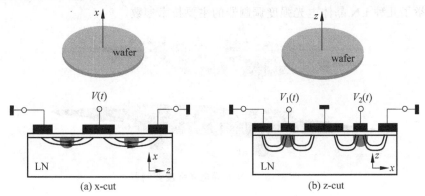

图 3-37　MZM 中波导偏置电极的设计

x-cut 而言,z-cut 的 LN 电光调制器通常有较低的插入损耗和半波电压 V_π,它的电光转换效率更高。但 x-cut 的 LN 电光调制器的热释电效应非常弱,传输曲线的漂移能得到很好的抑制,其稳定性更好。

3) 驱动方式

根据上下两个波导驱动电压的不同设计,MZM 分为单驱动 MZM 和双驱动 MZM。对于 MZM,若只对其中一个波导施加偏置电场,则调制器工作在非平衡方式,会产生很大的啁啾,因此单驱动的 MZM 通常是对两个波导同时施加偏置电场,其工作在平衡方式,如图 3-38 所示。其中,驱动电压 $V(t)=V_{RF}+V_{DC}$,V_{RF} 为调制电信号,V_{DC} 为直流偏置电压。

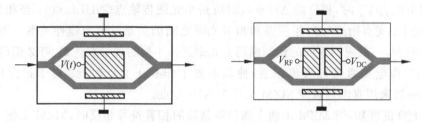

图 3-38　单驱动平衡式 MZM

图 3-39 为 z-cut 的 LN 波导双驱动 MZM 示意图,通过上偏置电压和下偏置电压的适当设置,可对光信号进行强度调制和相位调制。

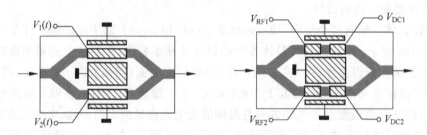

图 3-39　双驱动 MZM

图 3-40 是两种工作于 1550nm 波段的 LN 波导电光强度调制器,其中法国 IXBULE 公司的 MX-LN-40 电光调制器内部集成了监测用 PD,引脚 3 和引脚 4 分别接其阴极和阳极。表 3-2 列举了几种 LN 晶体电光强度调制器的主要技术参数。

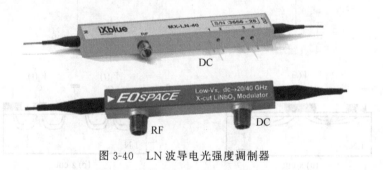

图 3-40　LN 波导电光强度调制器

表3-2 几种 LN 波导电光强度调制器的主要技术参数（@1550nm 波段）

型　号	厂家	工作带宽/GHz	插入损耗/dB	半波电压/V	消光比/dB	回波损耗/dB	DC偏置连接器
AX-0MVS-40 (x-cut)	美国 EOSPACE	＞30 （响应 40GHz）	＜5	＜5 @1GHz ＜10 @DC 端	＞20	＞40	SMA
AZ-DV5-40 (z-cut)	美国 EOSPACE	＞30 （响应 40GHz）	＜4	＜4 @1GHz ＜10 @DC 端	＞20	＞40	2pin
MX-LN-40 (x-cut)	法国 IXBULE	28～30	3.5～4.5	5—6V@50kHz 7—8V@20GHz 6.5—7@DC 端	20～22	45	2pin

3.5.2　电致吸收调制器

电致吸收调制器（Electro Absorption Modulator，EAM）是一种结型半导体器件，是基于弗朗兹-凯尔迪什效应（Franz-Keldysh Effect）或量子限制斯塔克效应（Quantum-confined Stark Effect，QCSE）的损耗调制器，工作在调制器件吸收边界波长处。

弗兰兹-凯尔迪什效应是指块状半导体材料在强电场（一般百伏电压）作用下能带倾斜，价带电子通过隧穿跃迁到导带的概率大大增加，有效能隙减小，使得吸收边发生红移。然而，随着外加电场增大，块状半导体材料中的激子很快被离化，使得材料光吸收谱中与之对应的吸收峰随着外加电场增大而很快消失，这也限制了基于弗兰兹-凯尔迪什效应的半导体电致吸收调制器的性能。

在半导体量子阱材料中，当法向电场施加于量子阱层时，电子和空穴的能级发生偏移，导带底能级和价带顶能级之间的能量差变小，同时电子和空穴在外电场的作用下分别向相反方向移动使得激子能量降低，造成激子吸收的斯塔克（Stark）移位，即激子吸收峰向长波长方向移动（红移），这种存在于半导体量子阱材料中的电致吸收效应被称为量子限制斯塔克效应。产生量子限制斯塔克效应的驱动电压较低，而且由于势垒的限制作用，量子阱中的二维激子即使在较高的纵向电场作用下仍不发生分离，可以观察到激子吸收边的红移。因此，基于量子阱半导体材料的电致吸收调制器目前应用最为广泛。

图3-41是一种基于量子限制斯塔克效应的电致吸收光调制器结构原理图，它的调制区是一个 PIN 波导，I 区采用多量子阱结构。当给器件施加反向偏压时，MQW 波导的吸收边红移，因此可以通过改变偏压使 MQW 的吸收边界波长发生变化，进而改变光束的通断，实现调制。当调制器无偏压时，光束处于通状态，输出功率最大；随着调制器上偏压的增加，MQW 的吸收边移向长波长，原光束波长处吸收系数增大，调制器为断状态，输出功率最小。改变波导结构和材料掺杂可以使电致吸收调制器用于 $1.5\mu m$ 波段。

半导体电致吸收调制器虽然在高速和啁

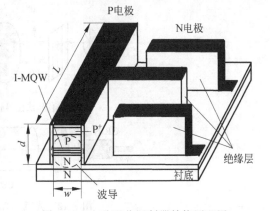

图3-41　电致吸收调制器结构原理图

啾特性方面不如 LN 波导电光强度调制器,但由于体积小,驱动电压低(～2V),易于与激光器、放大器和光检测器等其他光器件集成。电致吸收调制器的综合性能已经能够满足 40Gb/s 及更高速率的调制应用,调制带宽可达 40～50GHz,调制器输出最高达 5.5dBm,一般约为 1dBm,消光比可达 15dB。

3.6　光隔离器与光环形器

前面介绍的光纤连接器、耦合器等无源器件基本上都是互易器件,其输入端和输出端可以互换。然而在很多光通信系统中也需要应用一些非互易的光无源器件,这种器件在光网络中也十分重要。本节主要介绍两种非互易光器件,即光隔离器和光环形器。

3.6.1　光隔离器

光隔离器是一种单端口单向传输器件,其主要功能是限定光只能沿一个方向传输,而阻挡相反方向传输的光波。光隔离器主要用于光通信设备中激光器和光放大器的输出端,阻挡反射光进入这些器件,维持器件稳定工作。在应用中对光隔离器的性能有一定要求,其中插入损耗和隔离度是两个关键参数。插入损耗是指光从正向通过隔离器时的损耗,其值越小越好;隔离度是指光反向通过时产生的损耗,其值越大越好。商用光隔离器典型的插入损耗约为 1dB,隔离度为 40～50dB。

光通信用的隔离器几乎都是基于法拉第磁光效应原理制成的。法拉第磁光效应是指平面偏振光沿着磁场方向入射到磁光材料时,光偏振面将发生旋转,旋转角 θ 可表示为

$$\theta = \rho H L \tag{3-41}$$

式中,ρ 为材料的维德(Verdet)常数;

　　　H 为磁场强度;

　　　L 为磁光晶体的长度。

图 3-42 表示法拉第旋转隔离器的工作原理,起偏器 P 使入射光的垂直偏振分量通过,调整加在法拉第旋转器的磁场强度,使光的偏振面旋转 45°,然后通过检偏器。反射光返回时,通过法拉第旋光器后其偏振面又一次旋转 45°,由于偏振面的旋转方向与光的传输方向无关,这样反射光偏振面正好与起偏器的透光轴垂直而被阻挡不能通过,实现了隔离功能。

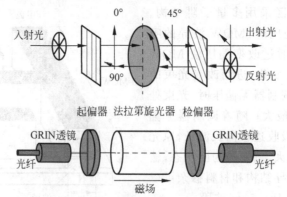

图 3-42　光隔离器工作原理示意图

在光隔离器中所用的磁光晶体对隔离器的性能影响很大,目前国内外广泛采用的磁光材料有钇铁石榴石(YIG-$Y_3Fe_5O_{12}$)和用稀土元素钆(Gd)或镱(Yb)部分取代钇(Y)形成晶体。YIG 在 $1.15\sim5\mu m$ 波长范围内是透明的,在 $1.3\sim1.5\mu m$ 范围内的吸收损耗在 $0.1dB/mm$ 以下。在 $H=1300$ Oe(Oersted)的饱和磁场作用下,对于 $1.32\mu m$ 和 $1.55\mu m$ 的光波,其法拉第旋转角 θ_F 分别为 $21.5°/mm$ 和 $15°/mm$,旋转 $45°$ 所需材料厚度 L 分别为 $2.1mm$ 和 $3.0mm$。但因为 YIG 单晶是熔炼生长的,因生长速度慢、价格昂贵而受到限制,而 YIG 薄膜波导器件因性能差而不能被接受。

图 3-43 为一种基于 Gd：YIG 厚膜的光隔离器结构示意图,它采用液相外延(LPE)方法,在 GGG($Gd_3Ga_5O_{12}$)基片上生长 Gd：YIG($Gd_{0.2}Y_{2.8}Fe_5O_{12}$)厚膜,这种光隔离器性能良好且价格低廉,因而受到了重视,并已用于单模光纤通信系统。在这种器件中,方解石厚度为 $500\mu m$,在基片上的 Gd：YIG 厚膜尺寸为 $2mm\times2.3mm\times0.2mm$,自聚焦透镜焦距为 $1.1mm$,用钐-钴(Sm-Co)环形永磁铁产生饱和磁场,环的内外直径分别为 $3mm$ 和 $5mm$,长 $1.5\mu m$。这种光隔离器在波长 $1.3\mu m$ 的性能为：隔离度 $25dB$,插

图 3-43　厚膜 Gd：YIG 隔离器的结构

入损耗 $0.8dB$(不包括透镜损耗 $1dB$)。其性能和 YIG 晶体器件相近,饱和磁场只需 100 Oe,器件尺寸为 $\phi7mm\times7mm$,价格只有 YIG 晶体器件的 $1/10$。

由以上分析可知,上述的光隔离器是针对输入光信号的偏振态中某一特定偏振态(如垂直偏振态)而设计的。这样随着输入偏振光的变化,隔离器的插入损耗和隔离度等特性亦将发生变化,这种特性称为隔离器的偏振相关性。在实际应用中,希望输入偏振态不管如何变化,隔离器的特性仍然维持不变,这种隔离器称为偏振无关隔离器。

图 3-44 是一种偏振无关光隔离器的结构设计。图中任意偏振态 SOP 的输入光信号,首先通过一双折射分束器件后分离成两个互为正交的偏振分量(o 光和 e 光),振动方向平

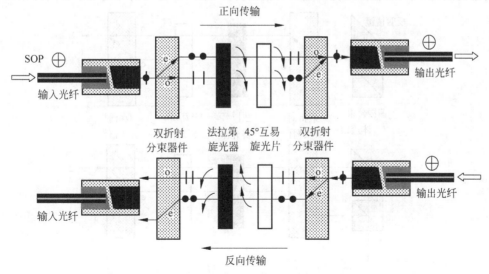

图 3-44　偏振无关光隔离器原理结构图

行于主平面的 o 光直接通过,而振动方向垂直于主平面的 e 光发生偏转,两个分量通过法拉第旋光器后,其偏振态 SOP 都旋转 45°。法拉第旋光器后接一 45°互易旋光片(半波片),同样也使光信号偏振态旋转 45°,因而法拉第旋光器和半波片结合就将使从左到右传输的光信号的偏振态旋转 90°,即 o 光变成了 e 光,而 e 光变成了 o 光,这样通过输出端的第二个双折射分束器件后合束输出。相反,对于从右到左传输的反射光,半波片和法拉第旋光器彼此的影响相互抵消,反射光的两个偏振分量通过这两个器件后其偏振态 SOP 仍保持不变,不会在输入端重新合束并进入输入光纤,从而实现反向隔离功能。

视频

3.6.2　光环形器

光隔离器是一种两端口非互易器件,而光环形器则是一种多端口非互易器件,目前典型的环形器有 3 个或 4 个端口。

图 3-45 是一个三端口光环形器功能示意图及实物图片,端口 1 的输入的光信号只有在端口 2 输出,端口 2 的输入光信号只有在端口 3 输出。在所谓"理想"的环形器中,端口 3 输入的信号只会在端口 1 输出。但是在许多应用中,最后一种状态是不必要的。因此大多数商用环形器都设计成"非理想"状态,即吸收从端口 3 输入的任何信号,方向性一般大于 50dB。

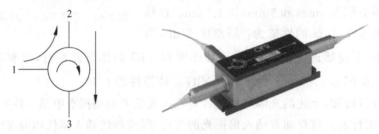

(a) 三端口光环形器功能示意图　　　　(b) 带尾纤的三端口光环形器实物图片

图 3-45　三端口光环形器

图 3-46 为一个三端口偏振无关光环形器的物理结构,其构成及工作原理与偏振无关光隔离器类似,从端口 1 输入的光从端口 2 输出,而从端口 2 输入的光通过双折射分束器件、

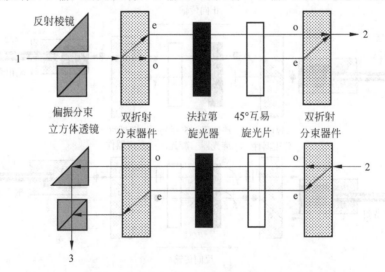

图 3-46　三端口光环形器的物理结构

半波片、法拉第旋光器和另一个双折射分束器件后分为两束,其中一束经反射棱镜反射后通过偏振分束立方体透镜又与另外一束光合束,从端口 3 输出。

3.7　光开关

视频

光开关的功能是实现光通道的通断和转换,它是光网络中的关键器件。随着光网络向着全光网发展,光开关在结构类型和工作性能方面都得到了很大发展。利用光开关构成光交换机可以完成全光网中的光信号路由选择,以实现光信号在光网络上的高速、透明传输和交换。同时光环网的保护倒换也是由光开关来实现的,光开关的响应速度直接决定了光网络的保护倒换时间。光网络的业务配置、波长上下也需要由光开关来完成。总而言之,在光网络中,一切与光通道有关的动作都是由光开关来完成的。

从影响业务动态配置和线路保护倒换角度分析,光网络需要光开关的动作越快越好。光环形自愈网的倒换要求在 50ms 完成,其中包括故障定位时间、信令处理时间、传输时间和光开关动作时间,这样光开关的开关时间就应该小于 10ms。在高速光分组交换网络中,光开关的开关时间必须小于数据包的持续时间,这时所要求的光开关的开关时间为 1ns。在光信号的外调制应用中,光开关的动作时间一定要小于 1 比特的时间带宽,比如要调制一个 10Gb/s(1 比特持续的时间为 100ps)的光信号,光开关的动作时间应该小于 10ps。

除了开关时间或速度外,光开关的性能参数还包括插入损耗、串扰、重复性、消光比、偏振相关损耗以及寿命等。在光网络的不同位置,应该选用不同的光开关。本节介绍光波通信系统中常用的几种不同类型光开关。

3.7.1　机械光开关

1. 传统机械光开关

传统的机械光开关利用机械运动机构移动光纤或光学器件实现信号的开关功能。按照移动的对象不同,机械光开关可以细分为光纤光开关和光学器件光开关。光纤光开关是利用步进电机带动和平移一组输入(或输出)光波导,变换其与一组输出(或输入)光波导的位置,从而将输入光信号耦合到设计的输出光纤中;光学器件光开关是通过移动反射镜或透镜,使输入的光信号聚焦到不同的输出光纤中。

传统的机械光开关的优点是插入损耗、偏振相关损耗和串扰均很低,而且价格低廉;缺点是开关速度较慢(几毫秒),尺寸较大,不易集成。基于这些特点,机械光开关可用于光交叉连接中作为备用光通道的自动切换开关应用,但不适用于前述的其他应用。

2. 微电子机械系统光开关

微电子机械系统(Micro Electro-Mechanical Systems,MEMS)是一种将机械机构和电子器件集成在一个半导体基片上的微小电子机械系统。MEMS 光开关就是基于半导体微细加工技术在半导体(如 Si)基片上制成的微反射镜阵列,反射镜尺寸非常小,通常只有 $140\mu m \times 150\mu m$,它通过静电力或电磁力的作用产生升降、旋转或移动,实现改变输入光的传播方向和光通道的开关功能,使任一输入和输出端口相连,以实现光路通断功能。图 3-47 为一可立卧微反射镜 MEMS 光开关的放大显微图,当反射镜立起时,输入光从光纤 1 输出;当反射镜卧倒时,输入光从光纤 2 输出。图 3-48 为采用 MEMS 制作工艺制作的微反射镜阵列的显微图片。

图 3-47 可立卧微反射镜 MEMS 光开关

图 3-48 MEMS 微反射镜阵列

利用 MEMS 微反射镜开关阵列,可以构建二维 MEMS 开关阵列光交叉连接结构,图 3-49 分别是采用 16 块微反射镜构成的 4×4 交叉矩阵和 64 块反射镜构成的 8×8 交叉矩阵。这种结构中光交换与波长无关,可实现光信号的透明传输,它的微反射镜片只有"立"和"卧"两种状态,控制电路简单方便,结构稳定性好,适用于构建中小型交换矩阵的光交叉连接设备。如果采用三维 MEMS 光信道交叉连接方案,可以实现大规模的大型光交叉连接结构。目前,MEMS 光开关可以实现 1000×1000 的交叉矩阵,信道数可达 1000 个,在一个交叉节点上的总的集成带宽可达 1Pb/s(1000 个信道,每个信道 1Tb/s)。实验证明,MEMS 光开关的光纤-光纤损耗仅为 0.1dB,消光比大于 60dB,开关消耗的功率为 2mW,开关时间仅为 5~10ms,开关工作次数可达亿次。由于这种 MEMS 光开关兼有结构紧凑、集成度高和性能优良等特点,使得它成为光网络中光交叉连接设备的核心器件。

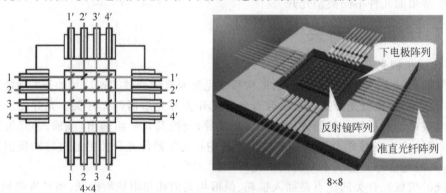

图 3-49 二维 MEMS 光交叉连接

3.7.2 固体波导光开关

1. 电光开关

电光开关是利用电光材料的电光效应制成的光开关。图 3-50 为基于 LN 薄膜波导的 1×1 电光开关结构示意图,它与 3.5 节中介绍的单驱动 MZM 类似,在理想情况下,输入光功率在 C 点平均分配到两个分支波导中传输,在输出端 D 干涉,其输出幅度与两个分支通道的相位差有关。当两个分支的相位差 $\Delta\varphi=0$ 时光场相长干涉,输出功率最大;当相位差 $\Delta\varphi=\pi$ 时光场相消干涉,输出功率最小,在理想情况下为零。相位差的改变由电信号进行控制。

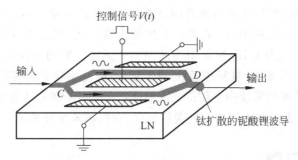

图 3-50　M-Z 干涉仪结构的 1×1 电光开关

LN 波导电光开关的特点是开关速度快（10ps～1ns），可以实现中等程度的集成，可以在单片衬底上集成几个 2×2 开关来构建较大的光开关阵列，其缺点是偏振相关损耗和插损较高，成本也比机械光开关高。

2. 热光开关

热光开关（Thermo-Optic Switch，TOS）是利用材料的折射率随温度而变的热光效应制成的开关器件。图 3-51 表示一种基于 M-Z 干涉仪结构的热光开关，器件尺寸为 $30\text{mm}\times 3\text{mm}$，波导芯和包层的折射率差约 0.3%，波导尺寸为 $8\mu m\times 8\mu m$，包层厚 $50\mu m$，每个干涉臂上具有 Cr 薄膜加热器，其长度为 5mm，宽为 $50\mu m$。不加热时，器件处于交叉连接状态；在通电加热 Cr 薄膜（一般需 0.4W）时，波导折射率变化会改变传输光波的相位变化，从而可以将器件切换到平行连接状态。通常只对一个 Cr 薄膜通电加热。图 3-51(c) 表示该器件的输出特性和驱动功率的关系。

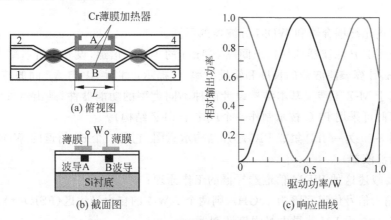

图 3-51　M-Z 干涉仪结构的 2×2 热光开关

热光开关的优点是体积小、成本低，缺点是开关速度慢（毫秒级）、串扰大、消光比低、功耗大。

本章小结

本章介绍了光纤通信系统中常用的无源器件，重点讲述各类器件的基本结构、工作原理、特性参数及其应用。光纤连接器一般采用精密小孔插芯（插针）和套管来实现光纤的精确连接，常见的光纤连接器有 FC 型、ST 型、SC 型、LC 型和 MPO 型等；光耦合器是实现光

材料

材料

信号分路/合路的功能器件,主要有光纤耦合器和平面光波导耦合器;可调谐光滤波器是一种重要的波长(或频率)选择器件,主要有 F-P 滤波器、M-Z 滤波器、声光/电光可调谐滤波器、AWG 滤波器等;波分复用/解复用器是 WDM 系统重要的组成部分,主要有介质薄膜复用/解复用器、M-Z 型复用/解复用器、AWG 复用/解复用器等;铌酸锂电光调制器和电吸收光调制器是光纤通信系统中常用的光调制器;光隔离器和光环形器是光网络中常用的无源非互易器件;光开关是光网络中的关键器件,有机械式光开关和固体波导开关两种。

思考题与习题

3.1 简述 FC 型、ST 型、SC 型、LC 型和 MPO 型光纤连接器的特点及应用。

3.2 如图 3-52 所示,FC/APC 连接器的光纤端面为斜面,请问倾斜角为何是 8°? 这种连接器采用何种固定/锁紧方式?(提示:普通单模光纤的数值孔径的典型值为 0.13。)

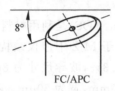

图 3-52 FC/APC 连接器的光纤端面

3.3 2×2 双锥光纤耦合器的一端口的输入功率为 200μW,两个输出端口的输出功率分别为 90μW 和 85μW,另一输入端口的输出功率为 6.3nW。求器件的分光比、插入损耗和串扰。

3.4 简述光纤耦合器和 WDM 分波器的不同。

3.5 使用 F-P 滤波器选择信道间隔 0.1nm 的 100 个信道,设介质折射率为 1.5,工作波长 1.55μm,计算该滤波器的长度和镜反射率。(提示:注意 $\Delta\lambda$ 与 Δf 间的转换关系。)

3.6 基于 M-Z 干涉仪基本结构设计两种不同类型的功能器件,画出器件示意图并简述其工作原理(可采用 PLC 技术制作一个或多个 M-Z 结构)。

3.7 图 3-29 为一 InP 集成 PIC 芯片结构示意图,它是一个 64 信道的 WDM 信道选择器(数字调谐滤波器)。

(1) 简要叙述这种 WDM 信道选择器的工作原理;

(2) 若输入信号信道间隔为 50GHz,则两个 AWG 的自由光谱区(FSR)分别为多少?

3.8 图 3-40 为 LN 波导电光强度调制器。

(1) 简述器件的工作原理;

(2) 器件 RF 和 DC 两个端口分别是什么端口?

(3) 器件为什么进行 DC 偏置?

3.9 相对于电光调制器,简要说明电吸收调制的优势及不足。

3.10 简述光开关的作用及类型。

3.11 讨论平面阵列波导光栅(AWG)的设计思想和方法,列举两个应用实例。

3.12 讨论光纤光栅的原理、类别、主要传输特性及应用。

3.13 举例说明光波分复用器有哪些,并简述其基本特点。

第 4 章

光纤通信有源器件

光纤通信有源器件是在光网中实现对光载波产生、放大和检测功能的器件,主要包括半导体光源(发光二极管和半导体激光器)、半导体光电探测器、光放大器和光波长转换器等。本章主要介绍光纤通信有源器件的结构、工作机理、特性及其应用。

4.1 半导体光电器件的物理基础

4.1.1 自发辐射、受激辐射和受激吸收

原子由原子核和核外电子组成,这些核外电子占据一定的轨道围绕原子核作旋转运动。当核外电子在特定的轨道上运动时,原子便具有某一确定的能量。构成物质的原子的能量状态是量子化的,也就是原子的能量只能取一系列分离的值,这些分离的能量状态称为能级,如图 4-1 所示。最低的能量状态称为基态或基能级,如图 4-1 中的 E_1。其他的较高能量状态都称为激发态或高能级,如图中的 E_2、E_3 和 E_4 等。

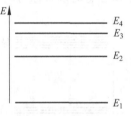

图 4-1 原子的能级

爱因斯坦从辐射与原子相互作用的量子论观点出发,提出了辐射与物质原子相互作用应包含原子的自发辐射跃迁、受激辐射跃迁和受激吸收跃迁 3 种过程,如图 4-2 所示。为简化问题,只考虑原子的两个能级 E_1 和 E_2,单位体积内处于两个能级的原子数分别用 n_1 和 n_2 表示。

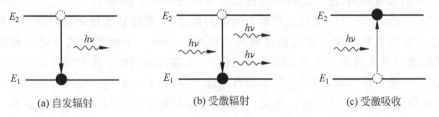

(a) 自发辐射   (b) 受激辐射   (c) 受激吸收

图 4-2 原子的自发辐射、受激辐射和受激吸收示意图

1. 自发辐射

如图 4-2(a)所示,处于高能级 E_2 上的一个原子自发地向 E_1 跃迁,并发射一个能量为 $h\nu$ 的光子($h\nu = E_2 - E_1$),这个过程称为自发跃迁。由原子自发跃迁发出的光波称为自发辐射。在自发辐射过程中,光子的辐射方向、相互之间的相位和偏振状态都是随机的,所以

自发辐射光是非相干光。

2. 受激辐射

如图 4-2(b)所示,处于上能级 E_2 的原子在频率为 ν 的辐射场作用(激励)下,跃迁至低能级 E_1 并辐射一个能量为 $h\nu$ 的光子($h\nu = E_2 - E_1$),这个过程称为受激辐射跃迁。受激辐射跃迁发出的光波称为受激辐射。由于受激辐射和入射光的能量、相位、偏振和传播方向都一样,因此受激辐射是相干光。

对于由大量原子组成的体系,自发辐射、受激辐射和受激吸收 3 种过程是同时存在的。半导体激光器就是基于受激辐射过程发射激光,而发光二极管则是通过自发辐射过程发射非相干光。

3. 受激吸收

如图 4-2(c)所示,处于低能态 E_1 的一个原子,在频率为 ν 的辐射场作用(激励)下,吸收一个能量为 $h\nu$ 的光子并向 E_2 能态跃迁,这个过程称为受激吸收跃迁。

4.1.2 晶体的能带及费米能级

1. 晶体的能带

半导体器件所用的材料大多数都是单晶体。单晶体是由靠得很紧密的原子周期性重复排列而成,相邻原子间距只有几十个纳米。在晶体中,能量较大的电子可以穿透势垒而在晶体内自由运动,或者通过隧道效应进入相邻原子中,也就是说,在晶体中有一批属于整个晶体原子所共有的自由电子。这种由于晶体中原子的周期性排列而使得价电子不再为单个原子所独有的现象称为电子的共有化运动。晶体中原子外层电子的共有化,使得原来处于相同能级上的电子不再具有相同的能量,而是处于 N 个相互靠得很近的新能级上,或者说孤立原子的每一个能级分裂成 N 个能量很接近的新能级。由于晶体中原子数目非常大,所形成的 N 个新能级中相邻两能级之间的能量差很小,其数量级约为 10^{-22} eV。因此,N 个新能级具有一定的能量范围,通常称为能带(Energy Band),如图 4-3 所示。由于原子中的每个能级在晶体中都要分裂成一个能带,所以在两个相邻的能带间可能有一

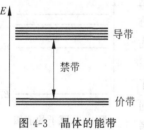

图 4-3 晶体的能带

个不被允许的能量间隔,这个能带间隔称为禁带(Forbidden Band)。

能带形成后,电子的填充方式与原子的情形相似,仍然服从能量最小原理和泡利不相容原理。正常情况下总是优先填充能量较低的能级。如果一个能带中的各能级都被电子填满,这样的能带称为满带。不论有没有电场作用,当满带中的电子由它原来的能级向这一能带中其他任一能级转移时,因受泡利不相容原理的限制,必须有电子沿相反方向的转移与之抵消,这在总体上来讲不产生定向电流,所以满带中的电子不参与导电过程。由价电子能级分裂而成的能带称为价带(Valance Band)。如果一个能带中一个电子都没有,则这个能带称为空带。当电子由于某种原因受激发而进入空带时,在外电场作用下,在空带中向较高能级转移时,没有反向的电子转移与之抵消,可以形成电流,因而表现出导电性,空带又称为导带(Conduction Band)。有的能带只有部分能级被电子占据,在外电场的作用下,这种能带中的电子向高一些的能级转移时,也没有反向的电子转移与之抵消,也可以形成电流,因此未被电子填满的能带也称为导带。

2. 费米能级

在一定温度下,半导体中的大量电子不停地做无规则热运动,可以在不同能量的量子态之间跃迁,因此,从一个电子来看,它所具有的能量时大时小,经常变化。但是从大量电子的整体来看,在热平衡状态下,电子按能量大小具有一定的统计分布规律,即电子在不同能量的量子态上统计分布概率是一定的。根据量子统计理论,服从泡利不相容原理的电子遵循费米统计律,即能量为 E 的一个量子态被一个电子占据的概率 $f(E)$ 为

$$f(E) = \frac{1}{1 + \exp\left(\dfrac{E - E_F}{kT}\right)} \tag{4-1}$$

式中,$f(E)$ 为电子的费米分布函数,它是描述热平衡状态下电子在允许的量子态上如何分布的一个统计分布函数;k 为玻耳兹曼常数;T 为热力学温度;E_F 为费米能级或费米能量,它和温度、半导体材料的导电类型、杂质的含量以及能量零点的选取有关。

由式(4-1)可知:

(1) 当 $T = 0K$ 时,若 $E < E_F$,则 $f(E) = 1$;若 $E > E_F$,则 $f(E) = 0$。可见在热力学温度零度时,能量比 E_F 小的量子态被电子占据的概率为 100%,因而这些量子态上都是有电子的;而能力比 E_F 大的量子态被电子占据的概率为 0,因而这些量子态上都没有电子,是空的。

(2) 当 $T > 0K$ 时,若 $E < E_F$,则 $f(E) > 1/2$,比费米能级低的量子态被电子占据的概率大于 50%;若 $E = E_F$,则 $f(E) = 1/2$,量子态能量等于费米能级时,量子态被电子占据的概率为 50%;若 $E > E_F$,则 $f(E) < 1/2$,比费米能级能量高的量子态被电子占据的概率小于 50%。

当温度不是很高时,能量大于费米能级的量子态基本上没有被电子占据,能量小于费米能级的量子态基本上为电子所占据,而能量等于费米能级的量子态上为电子占据的概率在各种温度下总是 $1/2$,所以费米能级的位置比较直观地标志了电子占据量子态的情况,通常就说费米能级标志了电子填充能级的水平。

对于不含任何杂质的本征半导体而言,其电子和空穴浓度是相等的,费米能级位于禁带中间,价带被电子占满,而导带为空带。本征半导体掺入施主杂质形成 N 型半导体,由杂质电离产生的自由电子占据导带,占据概率由式(4-1)决定。当杂质浓度增大时,费米能级向导带移动,对于重掺杂 N 型半导体,费米能级位于导带内,这样的半导体称为简并型 N 型半导体。同样,本征半导体掺入受主杂质形成 P 型半导体,费米能级向价带移动,在重掺杂的情况下,费米能级位于价带内,则称为简并型 P 型半导体。

4.1.3　PN 结及其能带

1. PN 结的形成

PN 结是构成半导体光源及半导体光电检测器的基础。在一块 N 型(或 P 型)半导体单晶上,用适当的工艺方法(如扩散法、离子注入法等)把 P 型(或 N 型)杂质掺入其中,使这块单晶的不同区域分别具有 N 型和 P 型的导电类型,则两者的交界面处就形成 PN 结。在形

成 PN 结的过程中,由于载流子的浓度差异,导致空穴从 P 区到 N 区、电子从 N 区到 P 区的扩散运动。对于 P 区,空穴离开后,留下不可动的带负电荷的电离受主,因此在 PN 结附近 P 区一侧出现一个负电荷区。同理,在 PN 结附近 N 区一侧出现一个电离施主构成的正电荷区。载流子扩散运动的结果是形成了一个空间电荷区,在空间电荷区中的这些电荷产生了从 N 区指向 P 区的电场,称为内建电场。在内建电场的作用下,载流子做漂移运动。显然,电子和空穴的漂移运动方向与它们各自的扩散运动方向相反,因此内建电场起到阻碍电子和空穴继续扩散的作用。在无外加电压的情况下,载流子的扩散和漂移最终将达到动态平衡,此时空间电荷的数量一定,空间电荷区保持一定宽度,一般称这种情况为热平衡状态下的 PN 结,如图 4-4 所示。

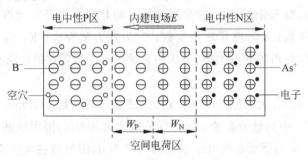

图 4-4 PN 结空间电荷区的形成及内建电场

2. PN 结的能带与势垒

图 4-5 给出了 P 型半导体和 N 型半导体的能带图。受各自掺杂的影响,P 型半导体和 N 型半导体的费米能级 E_F 在能带图中高低位置不一致。当形成 PN 结时,按费米能级的意义,电子将从费米能级高的 N 区流向费米能级低的 P 区,空穴则从 P 区流向 N 区,因而 E_{FN} 不断下降,且 E_{FP} 不断上移,直至 $E_{FN} = E_{FP}$ 为止。这时 PN 结中有统一的费米能级 E_F,PN 结处于平衡状态,但处于 PN 结区外的 P 区与 N 区中的费米能级 E_{FP} 和 E_{FN},相对于价带和导带的位置保持不变,这就导致 PN 结的能带发生弯曲,如图 4-6 所示。

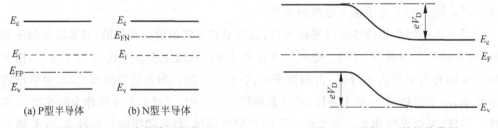

图 4-5 N 型半导体和 P 型半导体的能带图   图 4-6 平衡 PN 结的能带图

能带弯曲实际上是 PN 结区内建电场作用的结果,也就是说,电子从 N 区到 P 区要克服电场力做功,越过一个"能量高坡",这个势能"高坡"eV_D 通常称为 PN 结的势垒,V_D 为平衡状态下 PN 结的空间电荷区两端的电势差,称为接触电势差或内建电势差。势垒高度正好补偿了 N 区和 P 区间的费米能级之差,使平衡 PN 结的费米能级处处相等,因此有

$$eV_D = E_{FN} - E_{FP} \tag{4-2}$$

4.2 发光二极管

光纤通信系统用光源主要有半导体激光器（Laser Diode，LD）和发光二极管（Light Emitting Diode，LED）。其中，发光二极管是低速率、短距离光波系统中常用的光源。本节主要介绍 LED 的发光机理、芯片结构及工作特性。

4.2.1 LED 的发光机理

LED 是一种注入型电致发光器件，发光机理可分为同质结注入发光与异质结注入发光两种类型。

1. 同质结（Homojunction）注入发光

同质结是指由不同掺杂类型的同一半导体材料构成的 PN 结。图 4-7(a) 是 PN 结在没有外加电压情况下的能带图，其 N 区掺杂浓度大于 P 区。此时，PN 结存在一定高度的势垒区，即 $\Delta E = eV_D$，因此，自由电子从浓度高的 N 区向 P 区扩散被内建电场的势垒所限制。当在 PN 结的两端加正向偏压 V 时，PN 结的势垒从 eV_D 降至 $e(V_D - V)$，导致大量的非平衡电子从 N 区注入 P 区，注入的电子与 P 区向 N 区扩散的空穴不断地产生复合而发光，如图 4-7(b) 所示。由于空穴的扩散速度远小于电子的扩散速度，复合主要发生在势垒区和沿 P 区电子扩散长度的扩展区域，该复合区域通常称为活性区或有源区。这种由少数载流子注入产生电子-空穴复合而产生发光的现象称为注入电致发光。由于电子-空穴对复合过程的统计属性，因此发射光子的方向是随机的，是一种自发辐射过程。

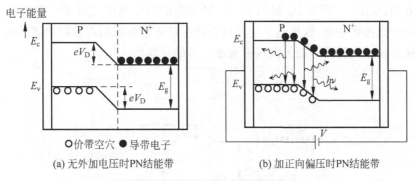

○价带空穴 ●导带电子

(a) 无外加电压时PN结能带   (b) 加正向偏压时PN结能带

图 4-7 同质结注入发光原理示意图

同质结注入电致发光二极管一般由直接带隙半导体材料制作而成，其内部电子-空穴对复合导致光子发射，因此发射出的光子能量近似等于禁带能量差，即 $h\nu = E_g$，因而中心辐射波长 $\lambda = \dfrac{hc}{E_g} = \dfrac{1.24}{E_g}(\mu m)$。用于制作发光器件的材料主要包括 GaAs、GaInP、GaAlAs、InGaAs 和 InGaAsP 等直接带隙半导体材料。这些材料的带隙能量及相应的发光波长如表 4-1 所示。而由 3 种及 3 种以上元素构成的半导体材料可以通过改变元素的构成比例改变其带隙能量或辐射波长。

表 4-1 几种半导体材料的发光特性

材　　料	发射波长范围/μm	带隙能量/eV
GaAs	0.9	1.4
GaInP	0.64～0.68	1.82～1.94
GaAlAs	0.8～0.9	1.4～1.55
InGaAs	1.0～1.3	0.95～1.24
InGaAsP	0.9～1.7	0.73～1.35

2. 异质结(Heterojunction)注入电致发光

同质结 LED 中电子和空穴的复合在整个载流子扩散长度范围内都会发生,即复合区域较大,而电子和空穴复合发射的光子被材料重新吸收量随材料体积增加而增加,所以发射光子被重新吸收的概率较高。此外,同质结 LED 不能很好地约束其辐射,光子从结边缘辐射出来,形成很大的发光面,这使得其与光纤之间的耦合效率很低。为了提高载流子注入效率,提高发射光强度,可以采用双异质结结构。

异质结是指由禁带宽度不同的两种半导体材料构成的结。在如图 4-8 所示的双异质结结构中,N^+-$Ga_{0.3}Al_{0.2}As$ 和 N-GaAs 构成一个 N-N 同型异质结,N-GaAs 和 P-$Ga_{0.3}Al_{0.2}As$ 构成一个 P-N 异型异质结。当给双异质结加正向电压时,N^+-$Ga_{0.3}Al_{0.2}As$ 层的电子注入 N-GaAs 层,由于 N-GaAs 和 P-$Ga_{0.3}Al_{0.2}As$ 导带之间存在势垒 ΔE_c,阻止电子扩散进 P-$Ga_{0.3}Al_{0.2}As$ 区域,因而电子被限制在 N-GaAs 层内。同理,由于空穴势垒 ΔE_v 的存在,由 P-$Ga_{0.3}Al_{0.2}As$ 层注入的空穴也被限制在 N-GaAs 层内。N-GaAs 层很薄,通常在微米量级,这样就具有很高的载流子浓度。N-GaAs 层电子-空穴的复合产生自发光子发射,因此该层也称为有源层。

另一方面,如图 4-8 所示,中间 N-GaAs 层的折射率比两侧材料的折射率高,这就相当于形成了一个光波导结构,这样电子空穴复合产生的光子被限制在折射率高的有源层内,减少了光子从有源区辐射到邻近无源区而被吸收掉的可能性。

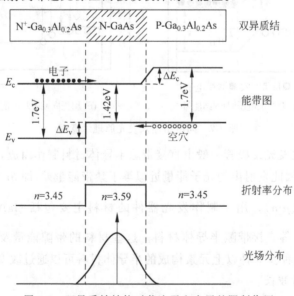

图 4-8 双异质结结构对载流子和光子的限制作用

4.2.2　LED 的器件结构

　　LED 按发光面的不同,可以分为面发光 LED 和边发光 LED 两种类型,分别表示垂直于结平面方向发光和从结区端面发光。在如图 4-9(a)所示的面发射方案设计中,发射面的横向尺寸与光纤纤芯直径接近,在金属电极和衬底上腐蚀一个阱,使光纤与发射区靠近,阱中注入环氧树脂进行折射率匹配。面发光 LED 的输出功率较大,一般注入电流 100mA 时可达几毫瓦,但光发散角较大,其水平发散角 $\theta_{\parallel} \approx \theta_{\perp} \approx 120°$,光束呈朗伯分布,与光纤耦合效率较低。

　　在如图 4-9(b)所示的边发光 LED 中,发光面就是有源区的端面,由于有源区端面呈矩形,所以其辐射光束截面近似呈椭圆形,垂直于结平面方向的发散角仅为 30°。由于减小了发散角并消除了发射侧面的辐射,所以边发光 LED 的输出耦合效率比面发光 LED 高,调制带宽亦较大,可达约 200MHz。

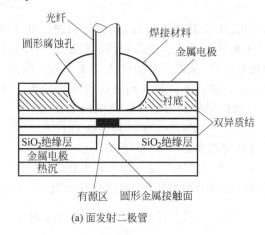

(a) 面发射二极管

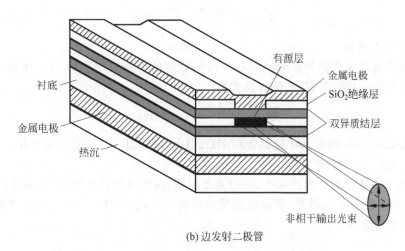

(b) 边发射二极管

图 4-9　面发射二极管和边发射二极管结构示意图

4.2.3 LED 的工作特性

1. *P-I* 特性

LED 的发光功率 P 与正向驱动电流 I 之间近似呈线性关系,其典型的 *P-I* 特性曲线如图 4-10 所示。LED 典型的工作电流为 50~100mA,需要的正向电压为 1.2~1.8V。LED 光束发散角较大,与光纤之间的耦合效率较低,典型的入纤功率在 -20dBm(10μW)量级。

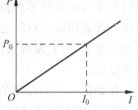

图 4-10　LED 的 *P-I*
特性曲线

2. 光谱特性

LED 是非相干光源,可以在其中心辐射波长附近一个相当宽的频谱范围内辐射,其辐射功率的谱分布可以近似用高斯函数描述。工作于 0.8~0.9μm 波段的 LED,其典型的光谱宽度为 20~50nm,工作在长波长区域的 LED,其光谱宽度为 50~100nm。

3. 调制特性

如果 LED 的注入电流中含有交流成分,则按照输出光功率与注入电流之间的线性关系,输出光功率也会产生相同的变化。在高频调制的情形下,PN 结的结电容和寄生电容会使信号电流中的高频成分短路,从而导致交流光功率降低。然而,主要影响 LED 高频调制特性的是载流子寿命 τ,τ 是载流子从注入到复合的平均时间。由于受载流子寿命的限制,LED 的交流光功率与外加电信号的角频率 ω 之间的关系为

$$P(\omega) = P_0 \left[1 + (\omega\tau)^2 \right]^{-1/2} \tag{4-3}$$

式中,P_0 是频率为零时的光功率。

当调制角频率 $\omega = 1/\tau$ 时,LED 交流光功率减小到零频时的 0.707 倍。在接收端,光检测器的输出光生电流与接收光功率成正比,则接收机的电功率(正比于电流的平方)将减少到零频时的 $\frac{1}{2}$($0.707^2 \approx 0.5$),也就是降低了 3dB,则以 Hz 为单位的 3dB 调制电带宽为

$$B_{3\mathrm{dB}\text{电}} = \frac{1.59}{\tau} \times 10^8 (\mathrm{Hz}) \tag{4-4}$$

式中,τ 的单位为纳秒。

LED 输出光功率降低到零频时的 0.5 倍所对应的调制频率称为 3dB 光带宽。3dB 调制光带宽相当于 6dB 电带宽,其计算公式为

$$B_{3\mathrm{dB}\text{光}} = \frac{2.76}{\tau} \times 10^8 (\mathrm{Hz}) \tag{4-5}$$

面发光 LED 的调制带宽可达到 300MHz,但大多数商用 LED 的带宽要小一些,典型的带宽值范围为 1~100MHz。

LED 的主要缺点是输出功率小、发射光谱较宽、高频调制特性较差,但由于其具有寿命长、线性特性好、温度稳定性好、驱动电路简单以及价格低廉等特点,在一些低速率短距离传输系统中还是首选的光源。

4.3　半导体激光器

半导体激光器基于受激辐射过程发射光子。由于自发发射与受激发射存在本质的差别,与 LED 相比,LD 具有几点明显的优势:

（1）高输出功率，可达 250mW 以上；

（2）方向性好，便于与光纤耦合，耦合效率可达 50%；

（3）光谱宽度窄，在光纤中传输时色散小；

（4）受激辐射导致有效载流子寿命变短，能进行高频直接调制（最高可达 25GHz）。因此光纤通信系统中主要采用半导体激光器作为光源。

与其他激光器一样，半导体激光器也由工作物质、谐振腔和泵浦源 3 部分构成。半导体激光器的工作物质直接决定了激光器的激射波长。工作波长为 850nm 的半导体激光器一般采用 GaAlAs/GaAs 材料，而 1310nm 和 1550nm 的长波长半导体激光器一般采用 InGaAsP/InP 材料。泵浦一般是采取直接电注入的方法来实现，即在外加正向偏置电压的作用下，有源层产生粒子数反转，当光信号通过粒子数反转区域时产生受激辐射就能实现放大。谐振腔提供光反馈，当光信号在谐振腔内来回反射一次获得的增益超过总损耗时，就能建立起稳定的振荡，实现激射。下面简单介绍几种常用的半导体激光器。

4.3.1 半导体激光器芯片结构

1. F-P 腔半导体激光器

在半导体激光器中，可用晶体的解理面构成 F-P 谐振腔来提供光反馈，这种激光器可称为 F-P 腔半导体激光器，如图 4-11 所示。晶体解理面的反射率 $R = \left(\dfrac{n-1}{n+1}\right)^2$，其中，$n$ 是增益介质的折射率，其典型值为 3.5，因而解理面的反射率约为 30%。

视频

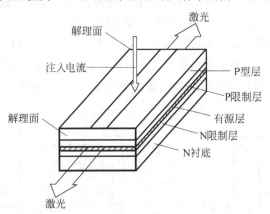

图 4-11 F-P 腔半导体激光器结构示意图

光增益与光反馈都是激光器稳定工作的必要条件，但并非充要条件。由于谐振腔中存在损耗及端面反射镜的透射损耗，受激发射产生的光子将不断消耗，如果增益并非足够大，则不能补偿这种损耗。只有当增益大于或等于总损耗时，才能建立起稳定的振荡，这一增益称为阈值增益。为达到阈值增益所要求的泵浦或注入电流称为阈值电流。

如图 4-12 所示，F-P 腔的纵模频率间隔 $\Delta \nu_L = c/2nL$，其中，L 为腔长，n 为腔内介质折射率，由于半导体增益介质的增益谱很宽（可达 10THz），因此在 F-P 腔内多个模式都能获得增益，使得 F-P 型半导体激光器通常有多个模式同时激射，这种激光器称为多模激光器。F-P 腔半导体激光器每个模线宽度大约为 0.01~0.05nm，多模总光谱宽度为 1~8nm。

尽管 F-P 半导体激光器的结构和制作工艺简单，成本低，但是在群速度色散的作用下，

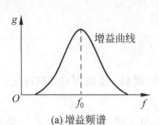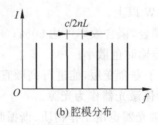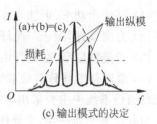

图 4-12　半导体激光器频谱特性形成原理示意图

这种多纵模光源将 $1.55\mu m$ 光纤通信系统的 BL 积限制在 $10(\text{Gb/s} \cdot \text{km})$ 以下,因此仅适用于传输速率小于 622Mb/s 的光纤通信系统。

2. 量子阱半导体激光器

在普通的双异质结半导体激光器中,有源层厚度 d 一般为 $0.1 \sim 0.2\mu m$。在这种结构中,如果有源层的厚度减小到 $5 \sim 10\text{nm}$,则对电子和空穴,除了在空间上可以对其进行限制外,还可以在允许占据的能量状态上对其进行限制,这种激光器称为量子限制激光器或量子阱激光器。量子限制半导体激光器的微分增益($\sigma_g = \text{d}g/\text{d}N$)较高,即注入电流的微小改变可引起输出光功率的较大变化。此外,量子限制半导体激光器还具有阈值低、线宽窄、频率啁啾小以及对温度不敏感等一系列优点。

典型的量子限制半导体激光器如图 4-13(a)所示,很薄的 GaAs 有源层夹在两层相对较宽的 AlGaAs 半导体材料中。由于有源层的厚度非常薄,以致导带中的势垒将电子限制在 x 方向上的一维势阱内,但在 y 和 z 方向上是自由的。这种封闭呈现量子尺寸效应,导致能带量化分成离散值 $E_1, E_2, E_3, \cdots$,它们分别对应量子数 $1, 2, 3, \cdots$,如图 4-13(b)所示。价带的空穴也有类似的特性,其主要影响的是状态密度(单位能量单位容积的状态数)变成类似阶梯的结构,它与能量的关系不再像普通 LD 那样的抛物线式连续变化,而是对应每个离散能级是常数,如图 4-13(c)所示。这种状态密度的变化改变了自发辐射和受激辐射的速率。

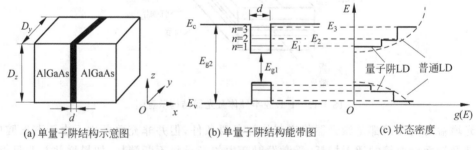

图 4-13　单量子阱半导体激光器

目前,通信与网络干线系统中普遍使用的半导体激光器是以 InGaAsP/InP 应变量子阱材料系为代表。量子阱的采用提高了有源材料的增益系数,降低了器件阈值电流和温度敏感性,而压应变的引入可使轻重空穴价带分离,价带顶重空穴能级上升,轻空穴能级下降,增加了 TE 模的增益,降低了阈值电流密度,提高了微分增益系数,也有利于提高张弛振荡频率和调制速率。

如果采用厚度 d 为 $5 \sim 10\text{nm}$ 的多个薄层结构作有源区,则可构成多量子阱半导体激光器

（Multi-Quantum Well LD，MQW LD），它具有调制性能更好、线宽更窄和效率更高的优点。

3. 分布反馈半导体激光器

为了解决 F-P 腔半导体激光器多纵模输出、光谱线过宽以至于不能在 $1.55\mu m$ 高速系统工作的问题，需利用在谐振腔中不同纵模具有不同损耗的思路设计单纵模半导体激光器（Single Longitudinal Mode LD，SLM LD）。谐振损耗最小的纵模首先达到阈值条件并成为主模，其他相邻的模式由于损耗较大不能达到阈值，因而也不会从自发辐射中建立起振荡。这些边模携带的功率通常占总发射功率的比例很小（<1%）。单纵模激光器的性能常用边模抑制比（Side-Mode Suppression Ratio，SMSR）来表示，其定义为

视频

$$\mathrm{SMSR}=P_{\mathrm{mm}}/P_{\mathrm{sm}} \tag{4-6}$$

式中，P_{sm} 是主模功率；P_{mm} 是边模功率。一个性能良好的单纵模激光器的 SMSR 应大于 1000。

SLM LD 可分为分布反馈（Distributed Feed Back，DFB）和耦合腔两种类型，下面首先讨论 DFB 半导体激光器，耦合腔将在第 4 部分予以介绍。

顾名思义，分布反馈半导体激光器的反馈并不位于端面上，而是分布在整个光腔长度上。它是在制造半导体激光器的过程中，制作沿光腔长度方向折射率周期扰动的纹波光栅，通过光栅的布拉格衍射，使正向和反向传输的两个行波相互耦合，从而实现分布反馈。DFB 的选模机制基于是否满足布拉格条件，即产生耦合的光波波长 λ_{B} 应满足

$$\varLambda=m(\lambda_{\mathrm{B}}/2\bar{n}) \tag{4-7}$$

式中，$\varLambda$ 为光栅周期；$\bar{n}$ 为模折射率；整数 m 表示布拉格衍射级次。对于 $m=1$ 的一级布拉格衍射而言，正向和反向波之间的耦合最强。如果要设计工作波长为 $1.55\mu m$ 的 DFB 半导体激光器，那么选择 $m=1$，$\bar{n}=3.3$，由式(4-7)可得，$\varLambda$ 约为 235nm，这样的纹波光栅可以通过全息光刻工艺技术制作在有源区表面。

基于 DFB 机制的半导体激光器可分为 DFB 半导体激光器和分布布拉格反射（Distributed Brag Reflector，DBR）激光器两大类。图 4-14 给出了 DFB LD 和 DBR LD 的基本结构示意图。DFB 激光器反馈发生在整个光腔有源区长度上，但 DBR 激光器的反馈不是发生在有源区内。实际上，DBR 激光器中紧靠有源区的纹波电介质光栅就是一个分布布拉格反射器，它对满足式(4-7)的波长 λ_{B} 反射率最大，因而光腔损耗对最靠近 λ_{B} 的纵模最小，而对其他纵模则大大增加。

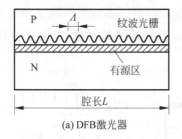
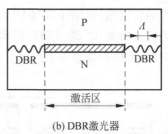

(a) DFB激光器　　　　　　　　　　(b) DBR激光器

图 4-14　DFB 和 DBR 半导体激光器结构示意图

分布反馈半导体激光器的 SMSR 由增益裕量决定，增益裕量定义为最主要边模达到阈值所要求的附加增益。对于连续工作的 DFB 激光器，$3\sim 5\mathrm{cm}^{-1}$ 的增益裕量一般可以使 SMSR>1000。然而，当 DFB 激光器直接调制时需要更大的增益裕量（>10cm^{-1}），为此通

常采用相移 DFB 激光器,即在激活区中心光栅位移 $\lambda_B/4$ 以产生 $\pi/2$ 的相移,这样可比常规 DFB 激光器提供更大的增益裕量。

制造 DFB 半导体激光器需要采用多层外延生长技术。DFB 激光器与 FP 激光器的主要不同是需要在有源层周围的一个限制层中刻蚀出布拉格光栅。采用一个折射率介于有源层和衬底之间的薄 N 型波导层作为光栅,波导层厚度的周期变化转化为模折射率沿光腔长度方向的周期变化,并通过布拉格衍射实现正向和反向传播行波的耦合。周期性光栅可通过全息或电子束刻蚀的方法在波导层上制作。

DFB 激光器的性能主要由有源区的厚度和栅槽纹波深度决定。与普通的 F-P 腔激光器相比,DFB 激光器具有线宽窄、啁啾小和噪声小等优点,是目前光纤通信系统中的主流激光器。但 DFB 激光器对外界反馈光和温度变化很敏感,外界条件的变化往往会引起输出功率和输出波长的抖动,因此一般需要采用光隔离器和精密的温度控制模块来消除抖动,这无疑会增加 DFB 激光器的使用成本。

视频

4. 波长可调谐半导体激光器

在波分复用光纤传输系统中,由于实用化的单信道传输速率为 40Gb/s,因而对于 1 个 10Tb/s 的传输干线就必须由 250 个不同波长的信道复用来实现,也就是说,要采用 250 个不同波长的半导体激光器,通过复用器把诸多信道复用到同一单模光纤中进行传输。从工艺角度上来说,制作众多波长各异且纵模间隔严格一致的半导体激光器难度极大,因此需要发展一种波长可适度调谐的 DFB 激光器,通过调谐来实现模匹配需求。波长可调谐半导体激光器不仅是波分复用系统中的一种核心器件,它也是下一代波长寻址接入网系统中的关键器件。

目前,半导体激光器波长调谐的实现方案有多种,如 DFB 或 DBR 多段式激光器、取样光栅 DBR 激光器(SG-DBR)和超结构光栅 DBR 激光器(SSG-DBR)等可以实现不同波长范围的调谐。

图 4-15(a)是一种单片集成的耦合腔激光器的结构示意图,它是一种切开的耦合器(Cleaved Coupled Cavity)结构,称为 C³ 激光器。这种激光器是把常规多模半导体激光器从中间切开,一段为 L,另一段为 D,分别加以驱动电流。中间是一个很窄的空气隙(宽约 $1\mu m$),切开界面的反射率约为 30%,只要间隙不是太宽,就可以在两部分之间产生足够强的光场耦合。如果 $L>D$,则 L 段中的纵模间距要比 D 段中小,两段中的模式完全一致时,形成复合腔的发射模,如图 4-15(b)所示,因此 C³ 激光器可以实现单纵模工作。如果改变一个腔体的注入电流,C³ 激光器可以实现约为 20nm 范围的波长调谐,但由于约有 2nm 的逐次模式跳动,所以调谐是不连续的。

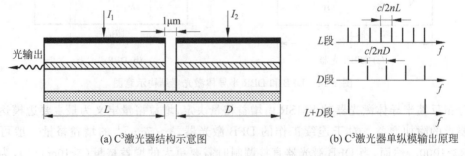

(a) C³激光器结构示意图　　　　　　(b) C³激光器单纵模输出原理

图 4-15　C³ 激光器的结构及其单纵模输出原理

图 4-16 是一个典型的多段 DBR 半导体激光器的结构示意图,这种器件由 3 段组成,分别是有源段、相位控制段和布拉格反射段,通过分别注入大小不同电流的方式对每段进行独立偏置。注入布拉格段的电流通过感应载流子改变折射 n,从而改变布拉格波长($\lambda_B = 2\bar{n}\Lambda$)。注入相位控制段电流的变化改变该段感应载流子折射率,进而改变反馈相位实现波长锁定。通过控制相位段和布拉格段的电流,激光器的波长可在 $5\sim7$nm 范围内连续可调。这种激光器的波长由布拉格反射段的衍射光栅决定,所以它工作稳定,对于 WDM 通信系统和相干通信系统是非常有用的。

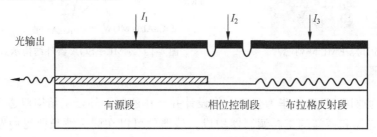

图 4-16　多段 DBR 半导体激光器结构示意图

5. 电吸收调制激光器(EML)

在 20Gb/s 的光波系统中,一般是采用高速直调激光器(Directly Modulated Laser, DML),即通过对 DFB 激光器的注入电流直接调制来实现信息的载入。但 DML 的调制速率受激光器固有的张弛振荡限制,一般只能达到 25Gb/s,而且传输距离受激光器啁啾和光纤色散的影响,一般 10Gb/s 信号的传输距离只能达到 20km。因此高速率、长距离的传输需要采用外调制技术。基于 InGaAsP/InP 量子阱材料的电吸收光调制器(EAM)响应时间达皮秒级别,具有低功耗、高速率的特性,并且在工艺上很容易与 DFB 光源实现单片集成,构成电吸收调制激光器(Electro-absorption Modulated Laser, EML)。

图 4-17 为 EML 集成光源芯片的结构示意图,它由 DFB 激光器和 EA 调制器单片集成。其中,DFB 激光器部分采用多量子阱有源区提供增益,并利用光栅实现对激射波长的选择,以保证单模工作;EA 调制器利用量子阱材料在外加电场下的量子限制 Stark 效应实现对激光器输出光的强度调制。

EML 是发展最早、目前应用最为广泛的光子集成器件之一。因其出色的性能,EML 集成光源广泛用作光纤干线和网络中的高速率光载波激光

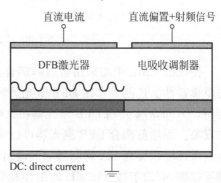

图 4-17　EML 集成光源芯片结构示意图

器。近年来,关于 EML 芯片的研究主要集中在进一步提升器件调制带宽并实现阵列化,提升器件输出光功率并降低器件功耗,以及改善器件单模工作特性等方面。

图 4-18 为日本 NTT 公司研制的 O 波段 4×25Gb/s EML 阵列芯片,其尺寸仅有 2mm$\times$2.6mm。该集成光源的单通道调制带宽达到 20GHz,4 通道阵列芯片实现了 100Gb/s 信号的 10km 单模光纤传输。

图 4-19 为一种 EML 与半导体光放大器(SOA)进行单片集成器件结构示意图,在最优驱动方案下,该光源具有超过 9.0dBm 的高调制光输出功率(平均功率)。

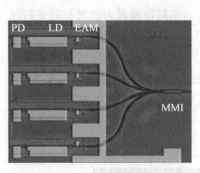

图 4-18　4×25Gb/s EML 阵列芯片
显微照片

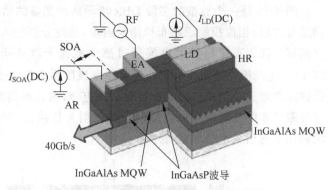

图 4-19　EML＋SOA 器件结构示意图

　　图 4-20 为德国 HHI 与华为公司合作设计并制作的同一外延层结构双边 EML,它由中间的 DFB 激光器和两端的 EA 调制器构成。该器件可以在同一波长获得两路独立的输出信号,通过偏振复用或者采用 PAM4 格式,可以使整个器件的调制速率达到 112Gb/s。

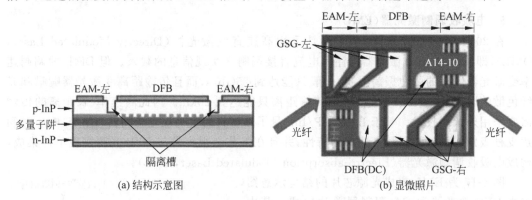

(a) 结构示意图　　　　　　　　　　　　　　(b) 显微照片

图 4-20　同一外延层双边 EML 器件

　　传统的 EML 中均采用折射率耦合 DFB 激光器,需要引入 $\lambda/4$ 相移结构,以保证器件的单模特性。这就要求在 DFB 激光器端面也镀抗反射膜,从而导致有一半的光功率无法被利用。另外,$\lambda/4$ 光栅 DFB 激光器在大电流注入下可能因空间烧孔效应而出现模式不稳定的现象。而增益耦合 DFB 激光器可以实现良好的单模输出特性,并且允许在激光器端面进行高反镀膜以提高 EA 调制器端的输出光功率。同时,增益耦合 DFB 激光器对于外界光反馈不敏感,有助于提升 EML 的工作稳定性。因此,含有增益耦合机制的同一外延层结构 EML 不但可以降低器件制作工艺复杂度,而且可以有效改善器件的单模成品率。

　　图 4-21 为一种同一外延层结构 EML 集成方案,在该集成光源的芯片中,DFB 激光器的有源区和 EA 调制器的吸收层采用的是相同的多量子阱(MQW)结构。DFB 激光器采用低脊波导结构实现对注入载流子和侧向光场模式的控制,而 EA 调制器采用高脊波导结构以减小结电容。同时,利用低介电常数的苯并环丁烯(BCB)作为电极焊盘下方的填充材料,以减小电极电容。BCB 上方沉积氮化硅,用于增强电极的附着力。基于该芯片的 C 波段 EML 发射模块调制带宽大于 35GHz,调制速率达到了 40Gb/s。

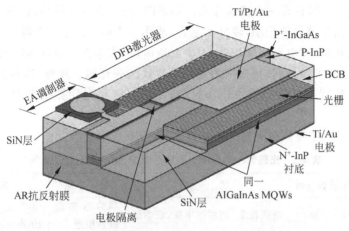

图 4-21 同一外延层结构 EML 芯片结构示意图

6. 垂直腔表面发射激光器

前面介绍的几种半导体激光器的光发射方向都与 PN 结平面平行,故称为边发射激光器。边发射半导体激光器的缺点表现在:

(1) 器件所占面积大;

(2) 发射的光束呈椭圆形,与光纤耦合困难;

(3) 边发射不利于器件进行二维或三维集成。

视频

为克服边发射激光器的这些缺点,科学家们研制了一种垂直腔表面发射激光器(Vertical-Cavity Surface-Emitting Laser,VCSEL),其结构如图 4-22 所示。这种激光器腔体两端的反射器是由许多高低折射率材料薄层交错重叠而形成的布拉格反射镜,由于布拉格反射镜会对某一特定波长的光产生很强的反射,因而这一特定波长的光波可以在顶部和底部的布拉格反射镜之间来回反射,以形成垂直腔体。光腔轴线与注入电流方向相同,中间量子阱有源层($d<0.1\mu m$)可提供光增益,激光从垂直于结平面的表面发射。

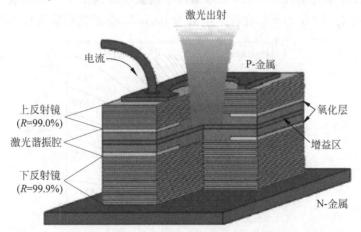

图 4-22 垂直腔表面发射激光器芯片结构示意图

VCSEL 发光的孔腔是圆形的,所以发射光束截面也是圆形。由于 VCSEL 的谐振腔极短,因而很容易实现单纵模输出,然而可能有一个或多个横模,这主要取决于边长。实际当

腔体直径小于 $8\mu m$ 时,只有一个横模存在。VCSEL 的阈值电流很小,仅为 0.1mA,工作电流仅为几毫安。由于器件体积小,降低了电容,适用于 10Gb/s 的高速调制系统。由于该器件不需要解理面切割,对电路要求较低,因而制造简单、成本低。目前 VCSEL 已经商用,可用作中短距离传输,如城域网、接入网的光纤通信系统的光源。此外,这种器件可以形成高密度的二维激光器阵列且易于模块化和封装,在光互连和光计算技术中具有广泛的应用前景。

表 4-2 为光通信半导体激光器芯片类型、优缺点及应用场景。

表 4-2　光通信半导体激光器芯片类型、优缺点及应用场景

芯片类型	工作波长/nm	优　　点	缺　　点	应用场景
FP	1310～1550	谱线较窄,调制速率高,成本低	耦合效率低线性度差	传输速率 155Mb/s～10Gb/s,传输距离 40km
DFB	1270～1610	谱线窄,调制速率高,波长稳定性好	耦合效率低成本高	传输速率 2.5～10Gb/s,传输距离 80km
EML	1310～1550	调制速率高,波长稳定性好	成本高	高传输速率,长距离传输
VCSEL	800～900	线宽窄,功耗低,调制速率高,耦合效率最高,成本大幅下降	线性度差	传输速率 155Mb/s～25Gb/s,传输距离 500m

视频

4.3.2　LD 的工作特性

半导体激光器的工作特性包括 $P\text{-}I$ 特性、光谱特性、模式特性以及调制特性等,它们是在光波系统应用中需要重点关注的问题。

1. $P\text{-}I$ 特性

半导体激光器基于受激辐射发光,属于阈值性器件,即当注入电流大于阈值点时才有激光输出,否则为荧光输出。目前半导体激光器的阈值电流 I_{th} 一般为十几毫安,最大输出功率通常可达到几毫瓦。不过,VCSEL 例外,其阈值电流仅为 0.1mA。图 4-23 为一个 $1.3\mu m$ BH 结构 InGaAsP 激光器在 10～130℃范围内不同温度时的 $P\text{-}I$ 特性曲线。如在室温下,器件的阈值电流 I_{th} 约为 20mA,在注入电流为 100mA 时,激光器输出功率约为 10mW。

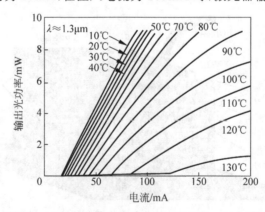

图 4-23　$1.3\mu m$ BH 结构激光器输出功率-电流($P\text{-}I$)特性曲线

由图 4-23 可见,当温度升高,激光器输出性能劣化,输出功率下降,阈值电流随温度升高而按指数增长,即 $I_{th}(T)\propto\exp(T/T_0)$,$T_0$ 是特征温度,表示阈值电流的温度敏感性。

对于 InGaAsP 激光器，T_0 一般在 50～70K 范围内，而对于 GaAs 激光器，T_0 则大于 120K。所以 InGaAsP 激光器的输出性能对温度变化比较敏感。在实际应用过程中，一般需用内置半导体制冷器来控制芯片温度。工作波长为 $1.55\mu m$ 的 InGaAsP 激光器一般在 100℃ 以上就不能发光。

2. 光谱特性

F-P 腔半导体激光器一般为多纵模输出，模间距为 0.13～0.9nm，而分布反馈半导体激光器通常为单纵模输出，图 4-24 为两种激光器典型光谱特性的对比。

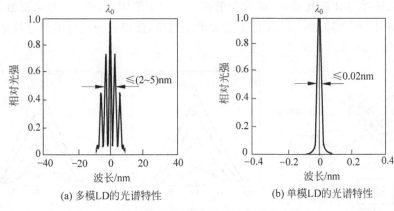

(a) 多模LD的光谱特性　　　(b) 单模LD的光谱特性

图 4-24　半导体激光器的输出光谱特性

对于单纵模激光器，除了中心波长这个参数外，通常还用谱线宽度来描述其光谱特性。光谱范围内辐射强度最大值下降 50% 处所对应的波长（频率）宽度称为谱线宽度 $\Delta\lambda(\Delta\nu)$，有时简称为线宽。图 4-25 为 3 种 $1.55\mu m$ DFB 半导体激光器的线宽特性。可见，当输出功率小于 10mW 时，半导体激光器输出光谱线宽随发射光功率的增大而变窄。然而，当功率超过 10mW 时，线宽在 1～10MHz 范围内趋于饱和，而且随着激光功率的增加，线宽开始重新展宽。此外，采用多量子阱结构有源层的 DFB 激光器线宽更窄，增大腔体长度可以使线宽变窄。

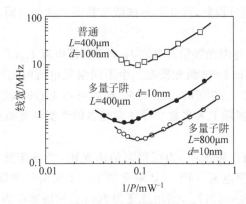

图 4-25　3 种 DFB LD 的线宽与输出光功率的对应关系（L 为腔长，d 为有源层厚度）

3. 模式特性

半导体激光器的模式特性可分为纵模和横模两种，纵模决定频谱特性，而横模决定光场的空间分布。关于纵模特性在前面已作讨论，现对半导体激光器的横模特性进行介绍。半导体激光器的模场分布可以分为近场分布和远场分布,如图 4-26(a)所示,远场分布是对近场分布作傅里叶变换。另外,模场分布可从垂直于结平面和平行于结平面两个方向进行分析,垂直于结平面方向上的模场分布由有源层的厚度和有源层与两边限制层间的折射率差决定,其形状近似高斯分布,而平行于结平面方向上的模场分布与器件结构有关,其形状可以从高斯分布变化到类方波。

图 4-26(b)和图 4-26(c)给出了 $1.3\mu m$ BH 半导体激光器在不同注入电流下沿垂直于结平面和平行于结平面方向的远场分布,通常用角度分布函数的半最大值全宽 $\theta_\perp$ 和 $\theta_{/\!/}$ 来表示。对于 BH 半导体激光器,$\theta_{/\!/}$ 的典型值在 $10°\sim20°$ 范围内,而 $\theta_\perp$ 的典型值在 $25°\sim40°$ 范围内。半导体激光器椭圆形光斑加上较大的辐射角,使得它与光纤的耦合效率不高,通常只能达到 $30\%\sim50\%$。

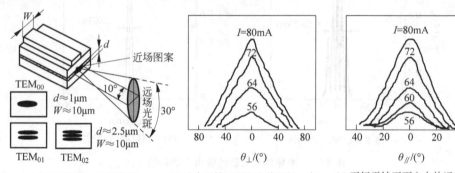

(a) 近场图案与远场光斑   (b) 垂直于结平面方向的远场分布   (c) 平行于结平面方向的远场分布

图 4-26　BH 半导体激光器模场分布特性

视频

4. 调制特性

半导体激光器的调制特性直接影响着光发射机和光纤通信系统的性能,调制响应决定了可以调制到半导体激光器上的最高信号频率。

半导体激光器进行直接调制时,注入电流使载流子浓度发生变化,引起光增益变化而实现对光载波的调制。然而,载流子浓度的变化不可避免地引起有源区折射率的变化,从而对光信号形成一个附加的相位调制,因此半导体激光器幅度调制的同时总是伴随着相位调制。

1) 小信号调制

小信号调制是指半导体激光器偏置电流 I_b 大于阈值电流 I_{th},且调制电流幅值 $I_m \ll I_b - I_{th}$。图 4-27 为一个 $1.3\mu m$ DFB 激光器在几个不同偏置电流时的调制响应曲线。可见,当偏置电流高于阈值电流的 7.69 倍时,3dB 带宽 f_{3dB} 可达 14GHz,然而由于输入电路和封装引入的寄生电容的影响,实际上大多数半导体激光器的调制带宽被限制在 10GHz 以下。

2) 大信号调制

在实际的数字光纤通信系统中,为获得高的消光比,半导体激光器一般偏置在阈值附近,而调制电流远大于阈值电流,即半导体激光器工作于大信号调制情形。如图 4-28 所示,半导体激光器偏置电流 $I_b = 1.1 I_{th}$,当用脉宽为 500ps、传输速率为 2Gb/s 的矩形电脉冲对半导体进行大信号调制时,与原始电脉冲相比,输出光脉冲产生了一定的畸变,脉冲前沿上升时间约 100ps,后沿下降时间约 300ps。另外,在脉冲前沿还有一定程度的过冲,这主要是由张弛振荡引起的。虽然输出脉冲并不是外加调制电脉冲的精确复制,但偏差很小,足以使激光器用于高达 10Gb/s 速率的数据传输。

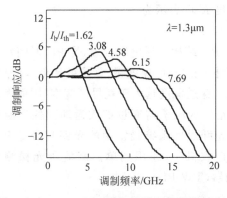

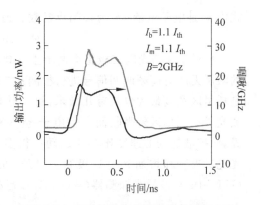

图 4-27　1.3μm DFB 激光器的小信号调制响应　　图 4-28　半导体激光器的大信号调制响应

如前所述,半导体激光器在幅度调制的同时总是伴随着相位调制,光波相位随时间变化等效为模式频率相对于其稳态值的瞬态变化,这种现象称为线性调频或频率啁啾。如图 4-28 所示,模式频率在光脉冲前沿升高(蓝移),在光脉冲后沿下降(红移),表明频率啁啾使光信号脉冲频谱展宽,因而频率啁啾将限制光纤通信系统的性能。在 1.55μm 的光纤通信系统中,当无中继传输距离为 80~100km 时,因为频率啁啾的影响,普通单模光纤中的传输速率限制在 2Gb/s 以下。

目前有几种方法用来减小频率啁啾对光纤通信系统性能的影响。一种方法是改变施加的电流脉冲形状,对电脉冲进行预啁啾设计,另一种方法是注入锁定。在半导体激光器设计中,采用小线宽增强因子 β_c 的器件结构可减小频率啁啾,如采用量子阱结构。目前报道的采用调制掺杂应变量子阱结构激光器,β_c 可约等于 1,此种激光器直接调制时啁啾很小。另外,在调制速率很高(大于 10Gb/s)时,只有采取外调制的方法才可以消除啁啾的影响。

注：传输速率有两种表示方法,分别是比特率和波特率,采用不同单位。根据表述习惯,可不统一。其中,比特率也称为码率。

4.4　光电探测器

光电探测器是光接收机中的一个核心器件,其基本要求是光电转换效率和灵敏度高、响应速度快、噪声小、带宽足够宽、成本低和可靠性高,并且它的光敏面应与光纤芯径匹配,而光电二极管(Photo-Diode,PD)正好满足这些要求。光电二极管的基本结构是一个 PN 结,工作时给 PN 结施加反向偏置电压使之形成一定范围的耗尽区。当入射光子能量 $h\nu$ 大于半导体材料的禁带宽度 E_g,即入射光波长 $\lambda \leqslant hc/E_g$ 时,价带中的电子吸收光子能量跃迁到导带,产生电子-空穴对,即光生载流子。光生载流子在外电压建立的电场作用下向电极输运时将在外电路中形成光电流。光电流 I_p 与入射光功率 P_{in} 成正比,即

$$I_p = R P_{in} \tag{4-8}$$

式中,R 是光电探测器的响应度。入射光功率 P_{in} 中包含有大量光子,将能转换为光电流的电子数与入射总光子数之比称为量子效率,可表示为

$$\eta = \frac{I_p/e}{P_{in}/h\nu} \tag{4-9}$$

式中,e 是电子电量;h 为普朗克常数。因此,响应度 R 可表示为

$$R = \eta e / h\nu = \eta\lambda / 1.24 \tag{4-10}$$

普通 PN 结光电二极管有两个主要缺点:一是 PN 结耗尽层电容较大,受 RC 时间常数的限制无法对高频调制信号进行检测;二是对长波长光的响应速度慢,量子效率低,其原因是耗尽区宽度最大也只有几微米,而入射的长波长光穿透深度远大于耗尽区宽度,因而大多数光子在耗尽区外吸收而产生电子-空穴对,这样光生载流子需通过扩散运动到耗尽层边界,而扩散运动的速度比漂移运动小得多。目前,光纤通信系统最常用的光探测器是 PIN 光电二极管和雪崩光电二极管。另外,在光速光接收机中,还用到单向载流子光探测器(UTC-PD)、波导光探测器(WG-PD)和行波光探测器(TW-PD)。

4.4.1 PIN 光电二极管

如图 4-29(a)所示,PIN 光电二极管的结构是 P^+IN^+(P^+-Intrinsic-N^+)。其中,P^+ 代表重掺杂空穴型半导体材料区,I 代表本征半导体材料区,N^+ 代表重掺杂电子半导体材料区。I 层的宽度比 P^+ 层和 N^+ 层要宽,一般为 $5\sim50\mu m$。当 PIN 光电二极管反向偏置时,由于中间层本征材料具有高阻抗性质,使大部分电压施加于其上,因而在中间层存在一个较强的电场。这种 PIN 结构可以减小 P 区与 N 区的宽度而增加耗尽区宽度,使大部分入射光在耗尽区吸收,从而降低载流子扩散的影响,达到提高器件响应速度的目的。

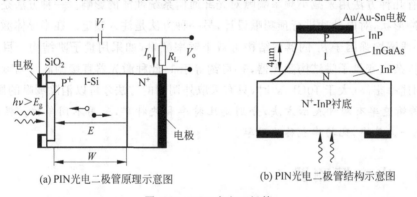

(a) PIN光电二极管原理示意图　　　　(b) PIN光电二极管结构示意图

图 4-29　PIN 光电二极管

实质上,PIN 结构的耗尽区可扩展到 I 区之外,其宽度可在制造过程中通过控制中间层厚度来调节。耗尽层宽度 W 要在灵敏度和带宽这两个指标上合理折中选取,宽度增大可提高响应速度,但是过大的耗尽区宽度将延长载流子通过耗尽区的漂移时间,导致响应速度变慢。例如,对于 Si 和 Ge 等间接带隙半导体材料,为确保有合理的 η 值,W 的典型值为 $20\sim50\mu m$,其漂移时间大于 200ps,因而响应速度较慢。对于 InGaAs 等直接带隙材料,W 可减小至 $3\sim5\mu m$,则漂移时间为 $30\sim50ps$,此时探测器的带宽为 $3\sim5GHz$。表 4-3 列出了几种常用的 PIN 光电二极管的特性参数。

表 4-3　几种常用的 PIN 光电二极管的特性参数

特 性 参 数	Si	Ge	InGaAs
波长/μm	$0.4\sim1.1$	$0.8\sim1.8$	$1.0\sim1.7$
响应度/(A/W)	$0.4\sim0.6$	$0.5\sim0.7$	$0.6\sim0.9$

特 性 参 数	Si	Ge	InGaAs
量子效率/%	75～90	50～55	60～70
暗电流/mA	1～10	50～500	1～20
上升时间/ns	0.5～1.0	0.1～0.5	0.05～0.5
带宽/GHz	0.3～0.6	0.5～3.0	1.0～5.0
偏置电压/V	50～100	6～10	5～6

基于 InGaAs/InP 材料体系以其精准的晶格匹配度和直接带隙 $In_{0.53}Ga_{0.47}As$ 材料的高吸收系数,成为光纤通信系统理想的光检测器材料。通常用于光波系统的 PIN 光电二极管其器件结构由宽带隙 P 型和 N 型 InP 材料构成,其中间层为窄带隙 $In_{0.53}Ga_{0.47}As$ 光吸收层,如图 4-29(b)所示。由于 InP 的带隙为 1.35eV,对 $\lambda > 0.9\mu m$ 的光是透明的,而 $In_{0.53}Ga_{0.47}As$ 的带隙约为 0.75eV,相应的截止波长 $\lambda_c = 1.65\mu m$,因而在 1.3～1.6μm 的波长范围内中间 $In_{0.53}Ga_{0.47}As$ 层具有很强的吸收。由于光子只在耗尽区内被吸收,光电流的扩散分量基本上被消除了,因而可以提高探测器的响应速度。PIN 光电探测器具有制备工艺简单、量子效率高、暗电流低的特点。

4.4.2　雪崩光电二极管

雪崩光电二极管(Avalanche Photo-Diode,APD)是一种具有高灵敏度、高响应速度的光伏探测器,它通过载流子与晶格的碰撞电离效应引入内增益机制,其灵敏度比 PIN 光电二极管平均高 5～10dB,因而能够探测更小功率的光信号,通常应用于入射光功率比较小的场合中。

APD 工作时需对其施加高的反向偏压,这样在 PN 结内部就形成了一高电场区(约 $3 \times 10^5 V/cm$),光生载流子经过高电场区时会被加速,从而获得了足够的能量。这些高能量的电子或空穴在高速运动过程中与晶格碰撞,使晶体中的原子发生电离,从而激发出新的电子-空穴对,这个过程称为碰撞电离,通过碰撞电离产生的电子-空穴对称为二次电子-空穴对。新产生的电子和空穴在高电场区又被加速,又发生碰撞电离产生新的电子-空穴对。这样多次碰撞电离的结果,使载流子迅速增加,反向电流迅速加大,形成雪崩倍增效应。APD就是基于雪崩倍增效应提供内部电流增益而具有高灵敏度的特性,其倍增率取决于电子的碰撞电离系数 α_e 和空穴的碰撞电离系数 α_h。α_e 和 α_h 的值取决于半导体材料和电场强度,当电场强度为 $2 \times 10^5 \sim 4 \times 10^5 V/cm$ 时,碰撞电离系数达到 $1 \times 10^4 cm^{-1}$ 量级,这样高的电场要求 APD 的反偏电压大于 100V。

图 4-30(a)为 APD 的基本结构及不同层中的电场分布。在反偏时夹在 I 层和 N 层间的 P 层中存在高电场,该层称为倍增区或增益区。大部分光子仍在耗尽层(I 层)中吸收而产生光生载流子,在增益区发生碰撞电离及雪崩倍增效应,从而获得电流增益。达通型雪崩光电二极管(Reach-through APD,RAPD)是一种非常实用的结构,如图 4-30(b)所示,其特点是通过吸收区和倍增区,耗尽层可以直接到达电极层。

APD 的电流倍增大小通常用平均雪崩增益 M 来表示,其定义为

$$M = I_M/I_p \tag{4-11}$$

式中,I_M 是 APD 倍增时的输出电流;I_p 是无倍增时的输出电流。M 与反向偏置电压和温

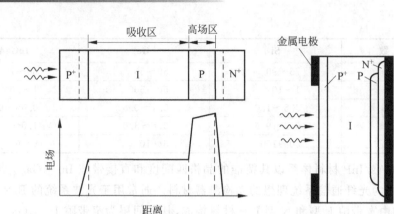

(a) APD结构及反向偏置时各层的场分布　　(b) RAPD结构示意图

图 4-30　雪崩光电二极管工作原理及结构示意图

度有关。实验发现,M 可以表示为

$$M = \frac{1}{1 - (V_{\mathrm{r}}/V_{\mathrm{br}})^n} \tag{4-12}$$

式中,V_{r} 为反向偏置电压;V_{br} 为雪崩击穿电压;n 为与温度有关的特性指数。

　　由式(4-12)可知,当反向偏压 V_{r} 增加到接近 V_{br} 时,M 趋于无穷大,此时 PN 结将发生击穿,这种情况定义为 APD 的雪崩击穿。APD 的雪崩击穿电压 V_{br} 随温度而变化,当温度增高时,其值也增大,结果使固定偏压下 APD 的平均雪崩增益随温度而变化。

　　表 4-4 列出了常用的雪崩光电二极管的特性参数。

表 4-4　几种常用的雪崩光电二极管的特性参数

特 性 参 数	Si	Ge	InGaAs
波长/μm	0.4~1.1	0.8~1.8	1.0~1.7
响应度/(A/W)	80~130	3~30	5~20
APD 增益	100~500	50~200	10~40
暗电流/mA	0.1~1	50~500	1~5
上升时间/ns	0.1~2	0.5~0.8	0.1~0.5
带宽/GHz	0.2~1	0.4~0.7	1~10
偏置电压/V	200~250	20~40	20~30

4.4.3　高饱和功率高速光电探测器

　　随着光纤通信网络的快速发展,人们不仅需要大量数据的快速传输,还希望能够随时随地通过无线网络传输大容量数据。光载微波通信(Radio over Fiber,RoF)技术能有效地解决多频段快速无线传输的问题,同时大大提高了信号覆盖能力。但由于微波终端发射的是模拟信号,考虑到覆盖面和保真度,对光接收器件提出了新的要求,即需要采用高饱和光功率的宽带光电探测器。然而,不论是 PIN 光电二极管还是高灵敏度的 APD,随着入射光功率的不断增加,光电流会很快达到饱和值,而不再随着光功率线性增加。其主要原因是耗尽区内的空间电荷屏蔽效应,即当耗尽区内(APD 结构中的倍增区)的光生载流子数量不断增长至超过背景掺杂时,载流子无法完全迅速地被收集,因而逐渐在耗尽区内堆积(尤其是漂移速度较慢的空穴)并改变暗场时的电场分布,进而导致耗尽区电场被严重屏蔽,载流子漂移速度下降,器件响应度随之下降。

为减缓空间电荷屏蔽效应的影响,日本 NTT 电子实验室提出了"单载流子"光电探测器(Uni-Traveling-Carrier Photo-Diode,UTC-PD)结构,其能带示意图如图 4-31(b)所示,为了方便比较,图 4-31(a)列出了一般 PIN 光电探测器的能带结构图。UTC-PD 改变了传统 PIN 结构,将本征区与 P^+ 区的材料进行调换,即将本征区换成宽带隙 InP 材料,而 P^+ 区采用光吸收材料 $In_{0.53}Ga_{0.47}As$。光生载流子直接产生于 P^+ 区,空穴不再经过耗尽的本征区而直接被 P 电极收集,只有电子漂移扫过本征区(收集区)。利用电子较高的漂移速度,甚至是过冲速度($2.0×10^7$ cm/s),可以有效减缓载流子在本征区内的堆积,从而实现较高的饱和光功率。

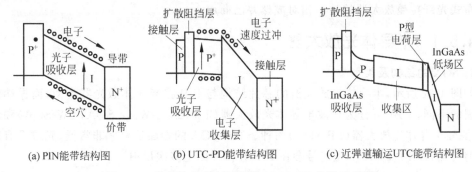

图 4-31 单载流子光电探测器(UTC-PD)能带示意图

(a) PIN能带结构图 (b) UTC-PD能带结构图 (c) 近弹道输运UTC能带结构图

在 UTC-PD 中,加宽吸收区厚度可以提高光吸收效率,但由于光生电子需通过扩散运动由 P^+ 吸收区到达收集区边界,过厚的吸收区宽度会增加电子的渡越时间,降低了器件的带宽。为此,采用 P^+ 渐变掺杂的方法,制造出吸收区内价带的倾斜,使电子从单纯的扩散方式转为扩散-漂移联合运动方式,从而可减小电子在吸收区内的渡越时间。在此基础上,如果在 P^+ 吸收区与收集层间加入一层本征或低掺的 InGaAs 吸收区与 N 型 InP 薄层,一方面通过加厚吸收层提高器件响应度,同时利用 N 型包层在本征吸收层中制造一个 PN 结,反向电场使电子能快速通过该区域到达收集区边界。利用该方法研制的面入射 UTC-PD,饱和光电流达到 134mA,带宽为 20GHz,其响应度高达 0.82A/W。图 4-31(c)为一种采用"近弹道输运" UTC 结构的能带示意图,它是在收集区中插入一个 P 型薄层,将收集区分隔成低场区(弹道输运层)和高场区(电场承受层)两部分,通过调节两部分的电场强度,可实现电子以过冲速度扫过低场区域,从而进一步降低渡越时间,实现了 110GHz 带宽下饱和光电流 37mA 的器件性能。

4.5 光放大器

由于光纤通信系统的传输距离受到光纤损耗和色散的限制,因此在长途数字光纤通信线路中,为了使发送出去的脉冲在接收端能够正确地被判决,应当在适当的传输间隔内设置再生中继器。传统的再生中继器是由光电检测器、放大器(包括前置放大和主放大)、均衡器、判决再生电路、光源与驱动电路、APC 和 AGC 电路等组成的所谓光-电-光中继器,其基本功能是进行光-电-光转换,并在光信号转换为电信号后进行均衡放大、整形和定时处理,

视频

恢复信号的形状与幅度,然后再转换为光信号沿光纤线路继续传输。这种中继器在电信号层面对信号进行放大、整形和定时处理,常称为 3R 中继器,其优点是经再生后的输出脉冲完全消除了附加的噪声和畸变,即使是在由多个中继器组成的系统中,噪声和畸变也不会积累。但是光-电-光中继方式的传输容量受到一定限制,而且其通信设备复杂,系统的稳定性和可靠性不高,特别是在多信道光纤通信系统中更为突出,因为每个信号需要进行波分解复用,然后再进行光-电-光转换,经波分复用后再送回光纤信道传输。

目前,在线路中可直接对光信号进行放大的光放大器已广泛应用于光纤传输系统,它可以作为 1R 中继器(仅放大)来代替上述的光-电-光再生中继器而构成全光通信系统,或者在超长距离、高速光通信系统中与传统 3R 中继器构成混合中继方式,从而简化系统结构,降低成本。迄今为止,在科学家发明的几种光放大器中,半导体光放大器、掺铒光纤放大器以及分布式光纤拉曼放大器的技术相对成熟并已商用。

视频

4.5.1　半导体光放大器

1. SOA 的结构及类型

如图 4-32 所示,半导体光放大器的芯片结构与 F-P 腔半导体激光器类似,而据端面反射反馈的不同,SOA 可分为行波半导体光放大器(Traveling-Wave SOA,TW-SOA)和法布里-珀罗腔半导体光放大器(FP-SOA)两种。TW-SOA 的端面反射率非常低,光波没有反馈只向前传播,而 FP-SOA 中光信号会在 F-P 腔体界面上多次反射。

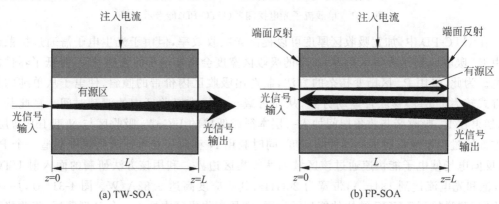

图 4-32　半导体光放大器结构及原理示意图

对于光放大器,将正在放大的连续信号的输出光功率与输入光功率的比值定义为放大倍数(增益)。FP-SOA 的放大倍数 $G_{\text{FPA}}(v)$ 可基于 F-P 干涉理论得到,图 4-33 中给出了几种不同端面反射率 R 对应的增益频谱曲线。

可见,当解理面的反射率 R 下降时,腔体谐振频率对应的增益峰值 $G_{\text{FPA}}^{\max}$ 减小。因此提供光反馈的 F-P 谐振腔可以显著增加 SOA 的增益,反射率 R 越大,在谐振频率处的增益也越大。但是,当 R 超过一定值后,光放大器将变成激光器。当 $R=0$ 时,光波没有反馈则对应于 TW-SOA,其增益频谱为高斯曲线。

光放大器的带宽 Δv_{A} 定义为放大器的增益(放大倍数)$G(\omega)$ 曲线半最大值的全宽,FP-SOA 的带宽比 F-P 谐振腔自由光谱区 Δv_{L} 小得多,其典型值 $\Delta v_{\text{A}}<10\text{GHz}$,这样小的带宽使得 FP-SOA 不能应用于光波系统的信号放大。

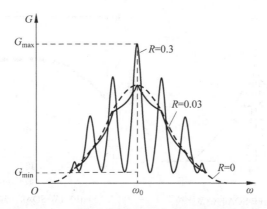

图 4-33　SOA 端面反射率不同时的增益频谱曲线

如果减小端面的反射反馈,则可以制作出 TW-SOA。在 TW-SOA 中,要求端面反射率非常小($<10^{-3}$),而且最小反射率还取决于放大器增益本身。通常,可用接近腔体谐振点处放大倍数最大值 $G_{\mathrm{FPA}}^{\max}$ 和最小值 $G_{\mathrm{FPA}}^{\min}$ 的比值 ΔG 来估算解理面反射率的允许值。对于 TW-SOA,一般要求 $\Delta G<2$,即需两个解理面反射率满足 $G\sqrt{R_1 R_2}<0.17$。如设计 30dB 放大倍数的 SOA,则解理面的反射率需满足 $\sqrt{R_1 R_2}<1.7\times10^{-5}$。

减小端面的反射率的一个简单方法是在界面上镀以增透膜,但用常规的方法很难获得预想的低反射率解理面。为此,人们开发出几种减小 SOA 中的反射反馈技术,其中一种方法是条形有源区与正常解理面倾斜。在大多数情况下,使用抗反射膜,并使有源区倾斜,可以使反射率小于 10^{-3}。减小端面反射率的另一种方法是在有源层端面和解理面之间插入透明窗口区,光束在到达半导体与空气界面前在该窗口区已发散,经界面反射的光束进一步发散,只有一小部分光耦合进入薄的有源层。这种结构与抗反射膜一起使用时,反射率可低至 10^{-4}。

2. TW-SOA 特性

1) 带宽

当考虑有源区对光场的约束系数 Γ 和有源区单位长度的损耗系数 α_{int} 时,TW-SOA 的放大倍数 $G_{\mathrm{TWA}}(v)$ 可表示为

$$G_{\mathrm{TWA}} = \exp[(\Gamma g - \alpha_{\mathrm{int}})L] \tag{4-13}$$

式中,L 为有源区长度;g 为增益介质的增益系数。由此可见,要想提高 TW-SOA 的增益,则需设法增加 Γ 和 g,减小 α_{int}。图 4-34(a)为 TW-SOA 的增益谱曲线,为了对两种 SOA 的带宽进行对比,图中给出了 FP-SOA 的增益谱曲线。图 4-34(b)为一端面反射率约为 0.04% 的 SOA 增益谱曲线,可见,增益曲线只有小的纹波,这反映出解理面剩余反射率的影响,该 TW-SOA 的 3dB 带宽约为 70nm(9THz),如此大的带宽表明它有能力放大超窄光脉冲(窄至几个皮秒)而不会引起严重的脉冲失真。

2) 噪声指数

光放大器在信号放大的同时都会把自发辐射噪声叠加到信号上,导致信号放大后的信噪比有所下降。与电子放大器类似,信噪比下降的程度用噪声指数 F_{n} 来度量,其定义为

$$F_{\mathrm{n}} = \frac{(\mathrm{SNR})_{\mathrm{in}}}{(\mathrm{SNR})_{\mathrm{out}}} \tag{4-14}$$

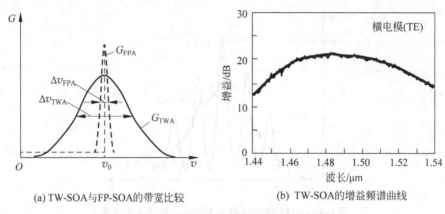

(a) TW-SOA与FP-SOA的带宽比较　　　　(b) TW-SOA的增益频谱曲线

图 4-34　半导体光放大器增益频谱曲线及带宽

式中,$(SNR)_{in}$ 和 $(SNR)_{out}$ 分别表示光信号放大前和放大后的光电流信噪比,它们都是通过光电探测器进行光电转换后测定的。光放大器的噪声指数可表示为

$$F_n = \frac{2n_{sp}(G-1)}{G} \approx 2n_{sp} \tag{4-15}$$

式中,n_{sp} 为自发辐射因子或粒子数反转因子。对于二能级系统,$n_{sp} = N_2/(N_2 - N_1)$,N_1 和 N_2 分别为基态和激发态的粒子数。式(4-15)表明,即使是完全粒子数反转($n_{sp} = 1$)的理想光放大器,信号放大后信噪比降低了 2 倍(或 3dB),而实际上大多数光放大器的 F_n 值均超过 3dB,并可能达到 6～8dB。

半导体光放大器的噪声指数 F_n 要比理想值 3dB 大,其影响因素主要是非谐振腔内部损耗 α_{int}(即自由载流子吸收或散射损耗)以及剩余解理面反射率。SOA 的噪声指数 F_n 的典型值为 5～7dB。

3) 增益的偏振相关性

SOA 的缺点是它对极化态非常敏感,不同的极化模式具有不同的增益 G,横电模(TE模)和横磁模(TM 模)极化增益差可能达 5～8dB。因为在式(4-13)中,对于不同的极化模式 Γ 和 g 均不同,所以导致 SOA 增益的偏振相关性。对于普通光纤,信号沿光纤传输时极化态也在改变,这样就会引起放大器增益变化,为了克服这种影响,就必须使用偏振保持光纤。

减小 SOA 极化敏感的一种方法是使其有源区宽度和厚度大致相等。实验表明,当SOA 采用厚 $0.26\mu m$、宽 $0.4\mu m$ 的有源区时,TE 模和 TM 模的增益差值小于 1.3dB。减小SOA 极化敏感的另一种方法是使用两个 SOA 级联或者让光信号通过同一个 SOA 两次,如图 4-37 所示。采用两个结平面相互垂直的放大器串接,如图 4-35(a)所示,在一个放大器中的 TE 极化信号对于第二个 SOA 则变成 TM 极化信号,反过来也是一样。假如两个 SOA具有完全相同的增益特性,那么此时可提供与信号极化无关的信号增益。这种串接设计的缺点是剩余解理面反射率导致在两个 SOA 之间的相互耦合。在如图 4-35(b)所示的并接设计方案中,入射信号被偏振分光器分解成相互正交的 TE 极化信号和 TM 极化信号,然后被各自的 SOA 分别放大。最后对放大后的信号进行合束,从而输出与输入光束极化态完全相同的放大信号。图 4-35(c)表示信号通过同一个 SOA 两次,但是两次间的极化态旋转了 90°,使得总增益与偏振无关。由于放大后信号的传输方向与输入信号相反,所以需要一个 3dB 光纤耦合器将输出和输入信号分开。尽管光纤耦合器产生了 6dB 的损耗,但是该方案提供了较高增益,因为同一个 SOA 提供两次增益。

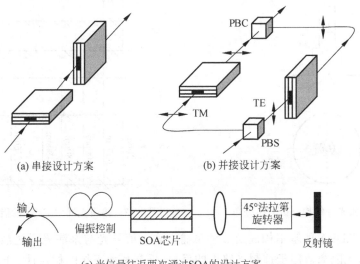

(a) 串接设计方案　　　　(b) 并接设计方案

(c) 光信号往返两次通过SOA的设计方案

图 4-35　减小 SOA 的增益偏振相关性的实现方案

4.5.2　掺铒光纤放大器

视频

掺铒光纤放大器(EDFA)是采用掺铒离子单模光纤为增益介质,在泵浦光的激发下实现光信号的放大。掺铒光纤放大器是在 1985 年由英国南安普敦大学首先研制成功,它是光纤通信史上最伟大的发明之一。

1. 掺铒光纤的结构及光放大原理

掺铒光纤(EDF)是 EDFA 中提供增益的主要部件,它是在光纤制造过程中将铒离子(Er^{3+})掺入纤芯中而制成。在实际应用中,为了展宽光放大器的工作频带,通常在掺铒区同时掺入铝离子。图 4-36 为掺铒光纤的结构及折射率分布,典型掺铒光纤的参数为:芯径为 $3.6\mu m$,外径为 $125\mu m$,数值孔径为 0.22,模场直径为 $6.35\mu m$。

图 4-37 为铒离子的能级图,由于石英的非晶态特性,Er^{3+} 能级展宽为一定宽度的能带。当泵浦光入射进入掺铒光纤时,铒离子吸收泵浦光的能量,其电子从下能级($^4I_{15/2}$)向上能级跃迁,根据不同的泵浦光波长跃迁至不同的上能级,从而在 Er^{3+} 的上能级和下能级之间产生粒子数反转。而由 Er^{3+} 的上能级向下能级的跃迁对应于发射荧光过程,如具有实际意义的跃迁过程是从激发态$^4I_{13/2}$ 至基态$^4I_{15/2}$ 的跃迁,其对应的荧光发射波长为 1536nm。如果从上能级至下能级跃迁是在掺铒光纤中传输的信号光激发下产生的,则可以实现信号光的受激辐射放大,这就是 EDFA 实现光放大的机理。

2. EDFA 的特性

1) 泵浦特性

如图 4-37 所示,EDFA 的泵浦光波长可以是 520nm、650nm、800nm、980nm 和 1480nm,但波长小于 980nm 的泵浦光的泵浦效率较低,因此 EDFA 通常采用 980nm 或 1480nm 的半导体激光器作为泵浦源。

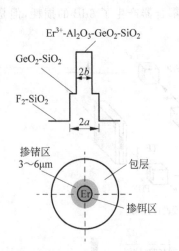

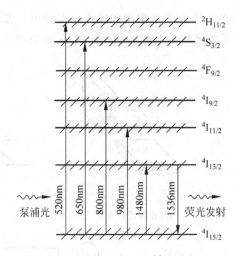

图 4-36　掺铒光纤结构及折射率分布　　　　图 4-37　掺铒光纤中 Er^{+3} 的能级图

图 4-38 为 EDFA 的基本构成及 3 种泵浦方式。信号光与泵浦光通过波分复用器一起注入掺铒光纤,光隔离器用于抑制光路中的反射,提高系统工作的稳定性。EDFA 可采用前向(同向)、后向(反向)和双向 3 种泵浦方式,其中前向泵浦方式具有较好的噪声性能,而采用后向泵浦方式可提高 EDFA 的输出功率,双向泵浦的输出信号功率比单泵浦源高 3dB,且在无隔离器的情况下其放大特性与信号光传输方向无关。

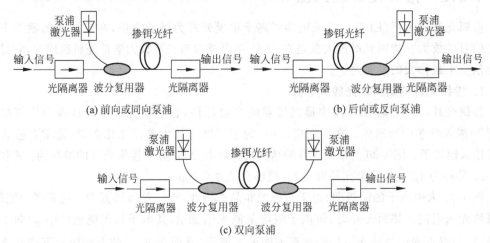

图 4-38　EDFA 的构成及泵浦方式

图 4-39 给出了 EDFA 信号输出功率和小信号增益与泵浦功率的关系,可以看到,泵浦光功率转换为输出信号光功率的效率很高,达 92.6%,因此 EDFA 很适合作为功率放大器,仅用几毫瓦的泵浦功率就可获得 30~40dB 的高增益放大。

2) 小信号增益与饱和特性

EDFA 的增益与铒离子浓度及径向分布、光纤尺寸、掺铒光纤长度、泵浦功率等参数均有关。图 4-40 是泵浦波长为 1480nm 时用典型参数计算出的 $1.55\mu m$ EDFA 的小信号增益随泵浦功率和掺铒光纤长度的变化关系。如图 4-40(a)所示,对于给定的掺铒光纤长度,当泵浦功率较小时,EDFA 的小信号增益随泵浦功率按指数函数增加,但当泵浦功率超过一定

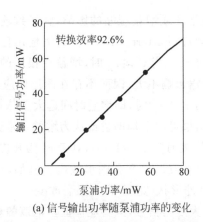
(a) 信号输出功率随泵浦功率的变化

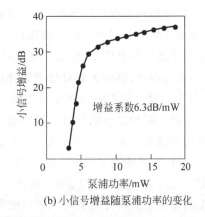
(b) 小信号增益随泵浦功率的变化

图 4-39　信号输出功率和小信号增益与泵浦功率的关系

值后,小信号增益的增加趋于平缓。由图 4-40(b)可见,对于给定的泵浦功率,EDFA 的增益随掺铒光纤长度变化,并存在一个最佳长度,超过此长度后,由于泵浦功率的消耗,最佳长度点后的掺铒光纤不但得不到有效泵浦,而且会吸收已放大的信号光能量,从而导致增益迅速下降。

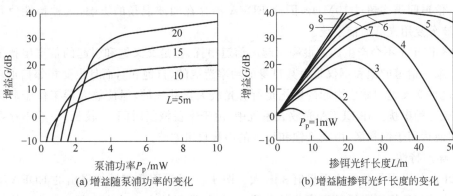

(a) 增益随泵浦功率的变化

(b) 增益随掺铒光纤长度的变化

图 4-40　EDFA 小信号增益随泵浦功率及掺铒光纤长度的变化关系

3) 宽带放大特性

EDFA 具有宽带特性,普通型 EDFA 带宽达 12nm。如果在纤芯中掺入铝离子,那么 EDFA 的增益谱将进一步展宽且变得相对较为平坦,如图 4-41 所示。第二代宽带型 EDFA 采用铝基 EDF 和增益均衡技术,带宽达 35nm,而掺碲(Te)的硅基掺铒光纤放大器(EDTFA)的带宽则可达 80nm。

EDFA 具有相当大的带宽,这意味着可用来放大短至皮秒级的光脉冲而无畸变。通常,单信道信号由于其带宽小于 EDFA 的带宽而可实现无失真放大,光信号的放大输出波形与光信号脉冲的传输速率 B 基本无关,但是与工作区有关,或者说与脉宽 τ_s 和放大器增益 G 有关。通常情况下,在小信号线性放大工作区,放大过程中基本不产生波形失

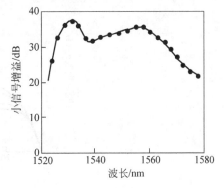

图 4-41　掺铝铒光纤的增益频谱

真,但是在大信号饱和工作区应用时,由于增益饱和或增益压缩的影响,将导致输出波形的失真,这种现象称为增益图形效应或简称图形效应(Pattern Effect)。放大输出信号波形失真的程度取决于光脉冲宽度 τ_s 和增益恢复时间 τ_g。当 $\tau_s \gg \tau_g$ 时,增益在很短的时间内就能恢复,波形失真很小,这种失真对数字脉冲传输影响不大,因而不存在图形效应;当 τ_s 与 τ_g 可比时,波形失真和图形效应将变得严重;当 $\tau_s \ll \tau_g$ 时,即增益时间远大于脉宽,在某特定时刻的增益由该时刻之前的信号波形决定,结果可取平均增益或认为增益是常数,因而不发生图形效应和波形失真。在 EDFA 中,增益恢复时间 $\tau_g \approx 10\text{ms}$,对于 τ_s 为几皮秒至几百皮秒的超短光脉冲,均满足 $\tau_s \ll \tau_g$,因而均不产生波形失真和图形效应。例如,在实验中,用 EDFA 放大 9ps 的光脉冲,增益达 30dB 而脉冲形状(宽度)没有显著改变。

EDFA 的宽带放大特性使其可用于同时放大多路信号,只要能保证多信道的总带宽(各路信号带宽和各信道间的隔离带宽之和)小于放大器带宽。而 SOA 用于多信道信号同时放大时,其将受到四波混频引起的信道间串扰的影响,这是由于信道间隔小于 10GHz 时相邻光载波拍频 Ω 造成的。只有当 $\Omega \tau_c \gg 1$ 时(τ_c 载流子寿命),这种信道串扰才可忽略。对于 EDFA 而言,上能级粒子寿命 τ_{sp} 的典型值约为 10ms,远大于 SOA 中载流子寿命(0.5ns),信道间隔即使降至 $\Omega = 10\text{MHz}$,仍然能够满足 $\Omega \tau_{sp} \gg 1$ 的条件。在实际光纤通信系统中,信道间隔均超过 10MHz,因此 EDFA 不存在四波混频的影响,这种特性使其非常适用于波分复用光纤通信系统。

虽然 EDFA 不会产生四波混频引起的信道串扰,但是交叉饱和引起的信道串扰依然存在,因为某一信道的饱和不仅是由其自身的功率造成的(自饱和),而且也受相邻信道功率的影响。这种交叉饱和效应引起的串扰是所有光放大器共有的,但使放大器工作于非饱和区时可避免这种串扰。在 EDFA 光放大系统中,由于增益恢复时间 τ_s 较长,一般不存在图形效应,即使运用于饱和区,由交叉饱和导致的串扰也可忽略。

4) 噪声特性

EDFA 的噪声指数要比理想值 3dB 大。图 4-42 是采用数值模拟得出的 EDFA 噪声指数随泵浦功率和掺铒光纤长度变化的关系曲线,计算时输入光功率取值为 $1\mu\text{W}$,信号光波长为 $1.53\mu\text{m}$。由图 4-42 可见,强泵浦功率($P_p \gg P_s^{sat}$)的高增益放大器可以得到接近 3dB 的噪声指数,实验结果也验证了这一结论。

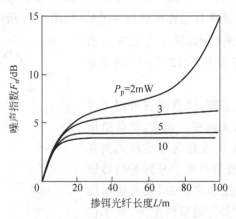

图 4-42 泵浦功率及掺铒光纤长度对噪声指数的影响

3. EDFA 的系统应用

EDFA 具有插入损耗小、增益高、带宽宽、噪声低、串扰低、泵浦功率低、泵浦效率高且工作波长恰好落在光纤通信的最佳波长区等优良特性,在光波系统中得到了广泛的应用,可用于在线放大、功率放大、前置放大以及补偿局域网的分配损耗,如图 4-43 所示。

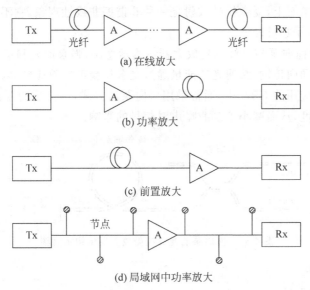

(a) 在线放大

(b) 功率放大

(c) 前置放大

(d) 局域网中功率放大

图 4-43　光放大器在光纤通信系统中的应用

4.5.3　光纤拉曼放大器

视频

EDFA 是目前发展最为成熟的光纤放大器,在 1530～1565nm 波段(C 波段)具有高增益、低噪声和可多路放大的优点。但是 C 波段仅占光纤低损耗频谱的一小部分,因此人们又开发了 L 波段(1570～1620nm)的 EDFA 和 S 波段(1480～1530nm)的掺铥光纤放大器(TDFA)等其他波段的光放大器。然而,这当中最引人注目的是光纤拉曼放大器(Fiber Raman Amplifier,FRA),因为它是唯一一种光纤基全波段放大器。

尽管拉曼放大技术从 1984 年开始研究并应用,但随着 EDFA 技术的成熟,拉曼放大技术由于要求泵浦功率大,转换效率低,它的研究和应用一度放缓。目前在 1400nm 窗口、功率大于 100mW 的泵浦激光器已经商用,分布式光纤拉曼放大器已经实用化。因为分布式光纤拉曼放大器的增益频谱只由泵浦波长决定,所以只要泵浦波长适当,就可以在任意波长获得信号光的增益。由于光纤拉曼放大器具有在光纤全波段放大的特性,以及可利用传输光纤进行在线放大的特点,自 1999 年在 DWDM 系统上获得成功应用以来,就立刻再次受到人们的关注。光纤拉曼放大器已经成功地应用于 DWDM 系统和无中继海底光缆系统中。

1. FRA 的工作原理及构成

与 EDFA 利用掺铒光纤作为增益介质不同,光纤拉曼放大器利用系统中的传输光纤作为它的增益介质,基于光纤非线性光学效应原理,利用强泵浦光通过光纤传输时产生受激拉曼散射而实现信号光放大。其基本过程是一个弱信号光与一个强泵浦光同时在一根光纤中传输,并且弱信号光的波长在泵浦光的拉曼增益带宽内(即信号光的波长处于比泵浦光波长较长的适当范围内),则强泵浦光的能量通过受激拉曼散射耦合到光纤硅材料的振荡模中,然后又以较长的波长发射,该波长就是信号光波长,从而使弱信号光得到放大,获得拉曼增益。

受激拉曼散射本质上与受激发射不同。在受激发射中,入射光子激发另一个相同的光子发射而没有损失它自己的能量。但在受激拉曼散射中,入射泵浦光子湮灭,产生了另一个较低能量的光子。事实上,受激拉曼散射是一种非谐振非线性现象,它不涉及粒子在能级间转移,因而不要求粒子数反转。

图 4-44 为一种前向泵浦光纤拉曼放大器结构示意图,强泵浦光和信号光通过波分复用器耦合进光纤进行同向传输,泵浦光的能量通过受激拉曼散射效应转移给信号光,使信号光得到放大。在实际应用的 FRA 中,通常采用后向泵浦方式,因为后向泵浦减小了泵浦光和信号光相互作用长度,从而减小了泵浦噪声对信号的影响。

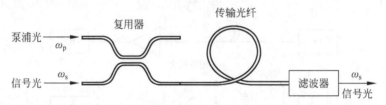

图 4-44　前向泵浦光纤拉曼放大器结构示意图

2. FRA 的特性

1) 拉曼增益和带宽

对于受激拉曼散射,泵浦光和信号光频率的差值称为斯托克斯(Stokes)频差。斯托克斯频差 Ω_R 由分子振动能级确定,它决定了发生受激拉曼散射的频率(波长)范围。对于非晶态石英光纤,其分子的振动能级融合在一起构形成了一条能带,如图 4-45 所示,其结果是信号光在很宽的频率范围内能通过受激拉曼散射实现放大,其增益带宽可达 40THz,增益平坦区可达 20～30nm。

图 4-46 为熔融石英的拉曼增益系数 $g_R(\omega)$ 的频谱曲线,泵浦光波长为 $1\mu m$。由图 4-46 可见,当频差 $\Omega_R = \omega_p - \omega_s = 13.2THz$ 时,$g_R(\omega)$ 达到最大,增益带宽 Δv_g 约为 8THz。

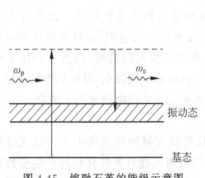

图 4-45　熔融石英的能级示意图

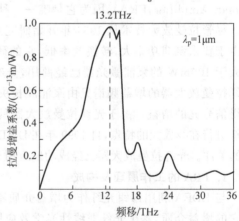

图 4-46　熔融石英的拉曼增益谱

对于 FRA,信号光增益 $g(\omega)$ 与泵浦光强度成正比,因此信号光通过受激拉曼散射获得的光增益为

$$g(\omega) = g_R(\omega)P_p/A_{eff} \qquad (4\text{-}16)$$

式中，P_p 是泵浦光功率，A_{eff} 是光纤中泵浦光的横截面积，即光纤的有效面积。

图 4-47 为实验测得的泵浦功率不同时小信号光拉曼增益频谱曲线。可以看到，泵浦功率为 200mW 时，最大增益值为 7.78dB，泵浦功率为 100mW 时，最大增益值为 3.6dB。在增益峰值附近的增益带宽约为 7~8THz。

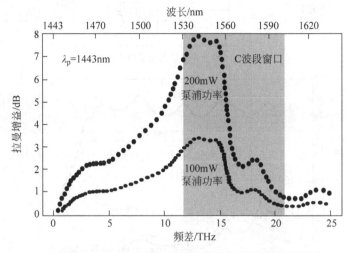

图 4-47　小信号光在长光纤中获得的拉曼增益

图 4-48 是实验测得的光纤拉曼放大器的增益与泵浦功率的关系曲线，实验使用的光纤拉曼放大器长 1.3km，泵浦光波长为 1017nm，信号光波长为 1064nm。可以看到，放大倍数开始随泵浦功率指数增加，但当泵浦功率超过 1W 时，由于增益饱和而偏离指数规律。

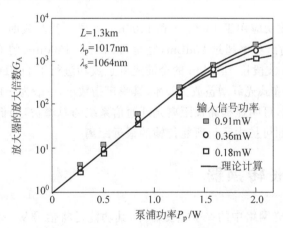

图 4-48　FRA 的放大倍数随泵浦功率的关系

2）多波长泵浦特性

FRA 的增益波长由泵浦波长决定，选择适当的泵浦光波长，可得到任意波长的信号放大，它是目前唯一能实现 1290~1660nm 光谱放大的器件。图 4-49 为后向多波长泵浦的 FRA 结构示意图及拉曼增益频谱曲线，其总增益频谱是每个波长的泵浦光单独产生的增益频谱叠加。可见，采用多波长泵浦时，FRA 可以得到比 EDFA 宽得多的增益带宽，目前 FRA 的增益带宽已达 132nm。

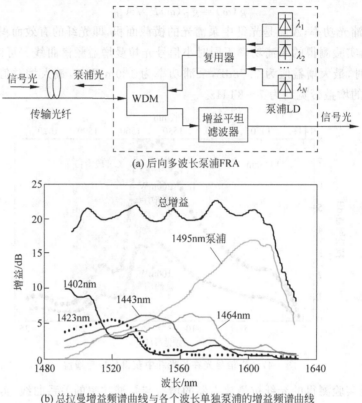

(a) 后向多波长泵浦FRA

(b) 总拉曼增益频谱曲线与各个波长单独泵浦的增益频谱曲线

图 4-49　后向多波长泵浦 FRA 及其增益频谱曲线

3. FRA 的应用

分布式 FRA 已成功应用于 1300nm 和 1400nm 波段。实验表明,其增益可达 40dB,噪声指数只有 4.2dB,输出功率超过 20dBm,完全可以用于 1300nm 的 CATV 系统。使用分布式 FRA 在 1400nm 波段用 1400km 的全波光纤也成功进行了 DWDM 系统的演示。

由于 FRA 采用分布式光纤增益放大技术,其噪声指数小,一般为 $-1 \sim 0.47$dB。因此 FRA 与 EDFA 的组合使用,可明显提高长距离光纤通信系统的总增益,降低系统的总噪声指数,提高系统的 Q 值,从而可扩大系统所能传输的最远距离。

视频

4.6　光波长转换器

光波长转换器是光网络中的一个重要器件,其功能是将信号从一个波长转换到另一个波长。波长转换的优点是节约资源(光纤、节点规模和波长)、简化网络管理并降低网络互联的复杂性。

4.6.1　光-电-光再生型光波长转换器

如图 4-50 所示,在光-电-光再生型光波长转换器中,接收机首先把波长为 λ_1 的输入信号转换为电信号,然后再用该电信号直接调制另一个 LD 或外调制器,产生所需要波长的信号。这种方法很容易实现,其优点是与偏振无关,其缺点是对传输速率和数据格式不透明,速度由电子器件所限制,成本较高。近年来,全光波长变换技术成为研究热点,下面介绍几种常见的全光波长变换方法。

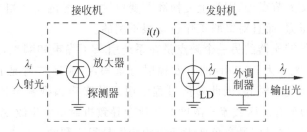

图 4-50　光-电-光再生型波长转换器

4.6.2　全光光波长转换器

全光光波长变换是指不经过 O/E 转换,在光域内把某一波长的光信号转换到所需的波长上。基于 SOA 的交叉增益调制(XGM)、交叉相位调制(XPM)和四波混频(FWM)效应来进行波长变换的方法最为常用。前两种都是基于脉冲光信号(又称为控制光或信号光)和连续光(探测光)信号的交叉调制效应,把输入信号所携带的信息"转移"到另一个波长上再输出;FWM 产生新的频率分量,输入信号的信息转移到新产生频率的光波上。

1. 基于 SOA 的交叉增益调制波长转换器

图 4-51 给出了基于半导体光放大器交叉增益调制(SOA-XGM)的波长转换器的工作原理。半导体光放大器工作于饱和状态,输入信号是强度调制的光信号(波长为 λ_s)和连续探测光(波长为 λ_c),光信号 λ_s 的光强对 SOA 的饱和增益 G 进行调制,从而对连续光 λ_c 实现了增益调制,在 SOA 的输出端可以得到携带有信息波长为 λ_c 的光信号,从而实现全光波长转换。由于增益饱和效应,信号经过波长转换后相位会反转 180°。探测光和信号光可以同向输入 SOA 中,也可以反向输入 SOA 中,后者可以省去光滤波器。

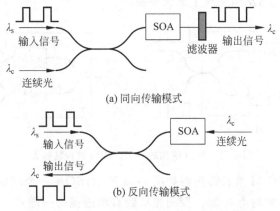

图 4-51　基于 SOA-XGM 的全光波长转换器

SOA-XGM 波长转换器具有结构简单、转换效率高、波长转换范围宽、工作速率高、输出信号功率较大等优点,但也存在许多不足。SOA-XGM 波长转换器的消光比劣化比较严重,尤其是在进行级联使用时,消光比劣化会导致信噪比下降、误码率变大,严重影响系统性能。另外,理想波长转换器在进行上变换(从短波长向长波长转换)和下变换(从长波长向短波长转换)时性能应该相差无几,输出光波的幅度应该基本相同。但是,SOA-XGM波长转换器在上变换时消光比与下变换相比严重退化,从而会产生很不利的后果。比如,在拥有多个波长转换器的光交叉节点处,因为上变换和下变换输出信号的功率相差较大,所以增加了网络中功率均衡的压力,而且对级联工作也是很不利的。

SOA-XGM波长转换器的另一个缺点是在系统引入了噪声和啁啾,从而导致信噪比降低。由于SOA存在大小为5~8dB的自发辐射背景噪声,而通常情况下,SOA-XGM波长转换器的变换效率比增益要低,因此转换过程中引入的噪声指数甚至比SOA内部噪声指数还要高。另外,SOA有源区载流子浓度的变化会导致折射率发生改变,引起相位变化,导致频率改变形成啁啾,这对信号在色散光纤中的传输是很不利的。

2. 基于SOA的交叉相位调制波长转换器

SOA-XPM波长转换器是基于SOA有源区折射率随着载流子浓度变化而变化的原理而实现波长转换的。强度调制的信号光进入SOA中,会对有源区载流子浓度进行调制,同时SOA的折射率也会受到相应调制,并引起同时注入SOA中的连续光探测光相位的调制,通过某种结构将相位调制转变为强度的变化,实现波长转换。采用MZI或者MI结构可实现将相位变化变成强度的变化。

MZI结构的SOA-XPM波长转换器如图4-52所示。在如图4-52(a)所示的结构中,MZI的两臂上放置有两个SOA,入射信号光λ_s(控制光)分成两束功率不相等的光分别进入两个SOA,功率的不等会导致两个SOA有源区折射率的不同,从而对入射的连续探测光λ_c进行了不同程度的相位调制。当波长为λ_c的两束光相位满足一定条件时,会在SOA输出端产生干涉叠加,形成稳定的干涉光,信号光λ_s携带的信息就转移到了λ_c上,从而实现了波长转换。在图4-52(b)中,两个SOA的结构是对称的,控制光λ_s只输入到其中一个SOA中,另一个SOA中无控制光注入。这样两个SOA有源区折射率不同,连续光进入SOA中传输会引起相位差,符合一定条件时就会在输出端产生干涉。同样,信号光λ_s携带的信息就转移到了λ_c上,从而实现了波长转换。

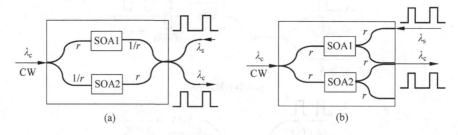

图 4-52 MZI 结构的 SOA-XPM 波长转换器

MI结构的SOA-XPM波长转换器如图4-53所示,SOA一个端面镀上增透膜,另一个端面反射较大,反射系数约为0.36。探测光从镀有增透膜的一端注入SOA,控制光从反射较大的一端注入其中一个SOA。因为只有一个SOA有控制光注入,故两个SOA有源区的折射率不同,导致两路探测光产生相位差,探测光在输出端产生干涉现象,从而实现波长转换。

XPM波长转换器的传输曲线比较陡峭、斜率较大,这意味着输入光功率很小的变化可以引起输出光功率较大的变化。SOA-XPM波长转换器具有许多优点:变换输出信号的消

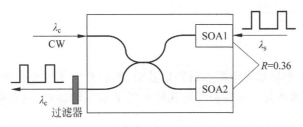

图 4-53 MI 结构的 SOA-XPM 波长转换器

光比高,可以实现正码和反码输出;对输入光信号的功率要求低,输出光波的啁啾小;输出光波的谱宽窄,能够使信号在非色散位移光纤中传输更长的距离;可以进行同波长转换。然而,SOA-XPM 波长转换器也有不足之处:输入信号功率动态范围较小,封装有一定难度;SOA 的自发辐射噪声比较大,载流子的恢复时间限制了其转换效率。

3. 基于 SOA 的四波混频(FWM)波长转换器

当多光束在非线性介质中传输时,由于介质的非线性作用会发生混频现象,即不同频率的光波之间相互作用,产生新的频率分量。经混频产生的新光波的强度、频率和相位都与混频的光波有密切关系,即新光波的强度与混频波的强度成正比,新光波的相位和频率与混频波的相位和频率呈线性关系。因此,新产生的光波就携带了相互作用混频波的强度、相位和频率信息,从而可实现波长转换。基于混频的波长转换速率很高,可以超过 100Gb/s,它是唯一的一种可以实现严格透明波长转换的方式,同时也是唯一可以同时实现一组波长转换到另一组波长上的转换方式。基于混频的波长转换可基于四波混频和差频等方式来实现,其中利用四波混频实现波长转换是研究的热点。

四波混频型波长转换器是利用 SOA 的三阶非线性效应实现波长转换。SOA 的增益特性使得在 SOA 中产生 FWH 的效率要高于无源波导,其中至少有 3 种机制对形成载流子光栅有贡献,它们分别是载流子浓度脉动、动态载流子加热和光谱烧孔过程。SOA 中的 FWH 是这 3 方面共同作用的结果。

如图 4-54 所示,在基于 SOA-FWM 的波长转换器中,输入 SOA 的是两路信号:一路是连续的探测光(泵浦光)λ_p,另一路是信号光 λ_s。当这两束光同时进入 SOA 时会对 SOA 有源区的载流子浓度进行调制,形成与光强分布有关的载流子光栅。由于 SOA 的三阶非线性作用,当满足相位匹配条件时就会产生四波混频,生成新的频率分量,新波波长 $\lambda_c = 2\lambda_p - \lambda_s$,新波长光波包含有信号光的强度和相位信息。

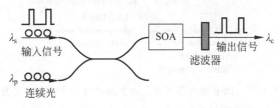

图 4-54 基于 SOA-FWH 的全光波长转换器

利用 SOA 的四波混频进行波长转换也有不足之处:一是转换效率很低,所以要求输入的泵浦光的功率较高;二是转换输出的光波波长与信号光和泵浦光都有关,要使输出转换光波长固定,要求泵浦光源波长可调;三是器件对偏振十分敏感,所以在一般情况下需要两个垂直偏振的泵浦光源来保证进行波长转换时与偏振无关。

本章小结

本章首先讲述了半导体光电器件的物理基础,然后介绍了发光二极管、半导体激光器、光电探测器、光放大器和光波长转换器等几种光纤通信有源器件,重点需掌握器件的结构、工作机理及其特性。

光发射机中主要采用半导体激光器作为光源,发光二极管主要应用于低速率、短距离光波系统中;光接收机中最常用的光探测器是 PIN 光电二极管和雪崩光电二极管,在光速光接收机中还用到单向载流子光探测器、波导光探测器和行波光探测器;光放大器是光纤通信系统中能直接对光信号进行放大的一种子系统产品,目前商用的光放大器主要有半导体光放大器、掺铒光纤放大器以及分布式光纤拉曼放大器;光波长转换器是光网络中的一个重要器件,其功能是将信号从一个波长转换到另一个波长,基于 SOA 的交叉增益调制、交叉相位调制和四波混频效应来进行全光波长变换的方法最为常用。

思考题与习题

4.1 已知 InGaAsP 的折射率为 3.5,计算波长为 $1.55\mu m$ 的 InGaAsP DFB 激光器的光栅节距。

4.2 图 4-55 为一文献中报道的 DFB 激光器与 EA 调制器集成芯片结构示意图。

(1) 根据图 4-55 中各部分的英文标识写出其对应的中文名称。

(2) DFB 激光器和 EA 调制器都采用 QW 结构,简述这种结构的主要优点。

(3) 画出 DFB 激光器的结构示意图,简述其工作原理。

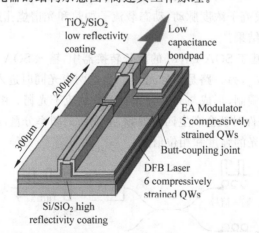

图 4-55 DFB 激光器与 EA 调制器集成芯片结构示意图

4.3 光纤通信系统对光检测器有什么要求?比较 PIN 和 APD 各自的特点。

4.4 单行载流子光电探测器(UTC-PD)为什么能够在高速系统中使用?

4.5 一个光放大器输入信号功率为 $300\mu W$,在 1nm 带宽内的输入噪声功率是 30nW,输出信号功率是 60mW,在 1nm 带宽内的输出噪声功率增大到 $20\mu W$,计算光放大器的噪声指数。

4.6　一个光放大器的噪声指数是 6,增益为 100,输入信噪比为 30dB,输入信号功率为 $10\mu\mathrm{W}$。

(1) 放大器输出信噪比是多少?

(2) 放大器输出功率是多少?

4.7　分别叙述光放大器在 4 种应用场合时各自的要求是什么。

4.8　通常情况下,为什么半导体光放大器增益对偏振态有依赖关系? 如何消除这种依赖关系?

4.9　简述半导体光放大器、掺铒光纤放大器和光纤拉曼放大器的原理及特点。

4.10　画出 EDFA 的构成原理图并简述各部分的功能,列举一种 EDFA 增益平坦技术方案并做简要说明。

4.11　EDFA 的泵浦方式有哪些? 各有什么优缺点?

4.12　解释 EDFA 可以放大短至皮秒级的光脉冲而无畸变的原因。

4.13　在光纤拉曼放大器中,通过什么方法可以实现宽带平坦的放大器? 为什么?

4.14　简要比较各种波长变换实现技术的异同。

4.15　图 4-56 为一商用 PIC 芯片结构示意图,它集成了波长可调谐激光器、放大器(SOA)和调制器。叙述芯片中取样光栅 DBR(Sampled Grating DBR,SG-DBR)激光器的波长锁定及调谐原理。

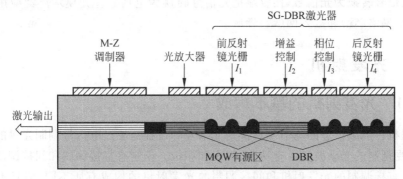

图 4-56　商用 PIC 芯片结构示意图

第 5 章

光端机与光模块

光端机是光纤通信系统中光纤传输终端设备,它们位于电端机和光纤传输线路之间,包括光发射机和光接收机。在光纤通信系统中,光发射机的作用是将来自电端机的电信号转换为相应的光信号,并通过耦合器将光信号注入作为通信信道的光纤,光接收机的作用是将光信号转换回电信号,恢复光载波所携带的原信号。

随着光纤的普及应用,交换机、路由器、光线路终端、光网络单元等设备中常嵌入光模块进行光/电和电/光转换。光模块主要由光纤接口、信号处理单元、电路接口 3 部分组成,其发射端把电信号转换为光信号,接收端把光信号转换为电信号。光模块广泛应用于数据中心(云)、电信网络(管)和接入网(端)领域。

5.1 光发射机

5.1.1 光发射机的基本构成

光发射机将承载信息的电信号转换为光信号的过程是通过电信号调制光源的光载波而实现的,而受调制的光载波参数有功率、频率和相位。调制有直接调制和间接调制(外调制)两种方案。直接调制的光发射机和间接调制的光发射机的构成有所不同,而且不同厂家生产的光发射机的结构也有所差异。目前,大多数光波通信系统采用数字信号格式。下面以数字光发射机为例,介绍光发射机的基本构成。

如图 5-1 所示,光发射机主要由光源(如激光器)、驱动电路、光源控制电路(APC 和ATC)以及光源监测与保护电路等组成,其中数字光发射机还需输入接口,包括均衡放大、码型变换、扰码、编码、时钟提取等。

1. 均衡放大电路

PCM 端机与光发射机之间传输电缆的衰减与信号频率平方成正比,因此,PCM 端机送来的信码经过电缆传输后会产生衰减和畸变。均衡放大电路实际上是利用 RC 均衡网络和放大器来补偿衰减的电平并均衡畸变的波形。

2. 码型变换

PCM 端机输出端口的接口码型为 HDB_3 码, HDB_3 码的全称是三阶高密度双极性码,而光纤通信系统中光源不可能发射负脉冲,因此光发射机输入接口需要将 HDB_3 这种双极性码变换为单极性的 0、1 二电平码,这就要由码型变换电路来完成。

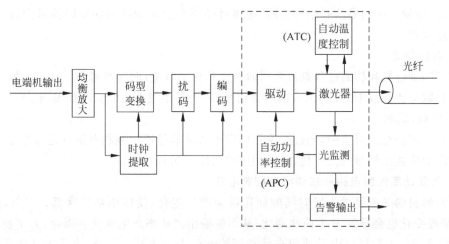

(a) 直接调制光发射机

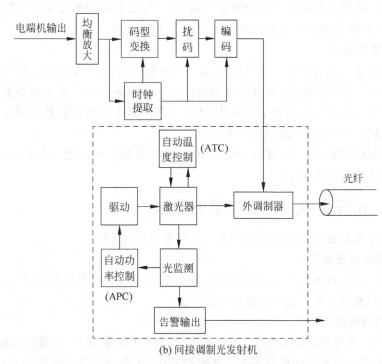

(b) 间接调制光发射机

图 5-1　数字光发射机构成框图

3. 扰码

若信码流中出现长连 0 和长连 1 时将会给提取时钟信号带来困难,因此为了避免出现这种长连 0 和长连 1 的情况,就要在码型变换之后加一个扰码电路,以达到有规律地破坏长连 0 和长连 1 码流。当然,经过光纤传输后,在接收端则加一个与扰码相反的解扰码电路以恢复码流原来的状态。

4. 线路编码

理论上,经过码型变换和扰码的信码流对光载波进行调制后所形成的光脉冲信号可以在光纤上传输。但在实际的光纤通信系统中,为了便于不间断地进行误码监测,克服直流分量的波动,以便于区间通信联络等功能,还要对经码型变换和扰码的信码流再进行编码,以满足上述要求。

5. 时钟提取

由于码型变换和扰码过程都需要以时钟信号作为基准(时间参考),故在均衡放大之后,由时钟提取电路提取 PCM 码流中的时钟信号,用于码型变换、扰码、线路编码。

6. 调制(驱动)

在直接调制光发射机中,经过线路编码后的数字信号通过调制电路对光源进行调制,让光源发出的光强随信号码流变化,形成相应的光脉冲送入光纤。

7. 自动功率控制电路和自动温度控制电路

光发射机的光源经过一段时间的使用后会产生老化,使输出功率降低。另外,激光器 PN 结结温变化也会导致 $P\text{-}I$ 曲线变化,从而使输出光功率产生变化。因此,为了使光源的输出功率稳定,光发射机中常使用自动功率控制(APC)电路。另外,由于半导体激光器的 $P\text{-}I$ 特性曲线对环境温度的变化反应非常灵敏,为了保证在环境温度变化时输出特性的稳定,一般在激光器的发射盘上装有自动温度控制(ATC)电路。

材料

8. 保护、监测电路

光发射机除了上述各部分电路组成外,还有 LD 保护电路、无光告警电路等辅助电路。

LD 保护电路的功能是使半导体激光器的偏置电流慢速启动以及限制偏置电流不要过大。由于激光器老化以后输出功率将降低,自动功率控制电路将使激光器偏置电流不断增加,如果不限制偏置电流就可能烧毁激光器。

当光发射机电路出现故障,或输入信号中断,或激光器失效使激光器长时间不发光时,延迟告警电路将发出告警指示。

5.1.2 光纤通信对光发射机的要求

光纤通信系统对数字光发射机的要求主要体现在如下方面。

1. 光源的发光波长要合适

由于目前使用的石英光纤有 850nm、1310nm 和 1550nm 三个低损耗窗口,因此光发射机光源发出的光波波长要与这 3 个波长相适应。

2. 合适的输出光功率

从理论上讲,在光纤通信系统中,光源送入光纤的光功率越大,可通信的距离就越长。然而,光源的入纤功率太大会使光纤产生非线性效应,从而对信号传输产生不良影响,因此光发射机要有合适的输出光功率。此外,光发射机的输出光功率稳定度要求为 5%~10%。

3. 较好的消光比

消光比(EXT)就是在全 0 码时的平均输出光功率与全 1 码时的平均光功率之比。一个具有良好调制特性的光源,希望在 0 码时没有光功率输出,否则它将使光纤系统产生噪声,从而使接收机灵敏度降低。一般光发射机消光比应小于 0.1。

4. 响应速度快

响应速度快即要求光脉冲上升时间、下降时间和发光延迟时间应尽量短。

除此之外,还希望光发射机电路简单、功耗低,光源调制特性好、寿命长等。要满足这些要求,就需要合理选择光源以及光源的驱动方法,并设计相应的激光器过流保护电路和告警电路。

5.2　光接收机

在光纤通信系统中,光接收机的作用是将通过光纤传输的光信号转换成电信号,恢复光载波所携带的原始信号。光接收机的主要性能指标包括接收灵敏度、误码率(或信噪比)、带宽和动态范围。光接收机的设计主要取决于发送端所采用的调制方式,特别是与传输信号的类型(模拟信号或数字信号)有关。下面以直接检测的数字光接收机为例,介绍光接收机的构成及特性。

5.2.1　数字光接收机的构成

视频

直接检测的数字光接收机通常由光电探测器、前置放大器、主放大器、均衡滤波器以及判决、时钟恢复和自动增益控制(AGC)等电路组成,如图 5-2 所示。

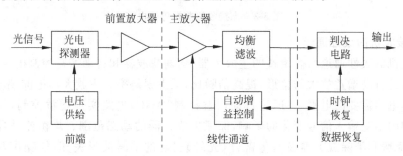

图 5-2　数字光接收机构成框图

1. 光接收机的前端

在光接收机中,首先由光电检测器将光信号转换为电信号,由于光电检测器的输出电流信号很小,必须由低噪声前置放大器进行放大。光电探测器和前置放大器构成光接收机前端,其性能是决定接收灵敏度的主要因素。光电探测器通常采用 PIN 光电二极管或 APD,它是实现光电转换的关键器件,直接影响光接收机的灵敏度。低噪声前置放大器的作用是放大光电二极管产生的微弱电信号,以便后级电路进一步处理。

前置放大器在减弱或防止电磁干扰和抑制噪声方面起着特别重要的作用,所以精心设计前置放大器就显得特别重要。光接收机前置放大器的设计应折中考虑带宽和灵敏度这两个指标。如图 5-3(a)所示,光电二极管产生的信号电流流经负载阻抗 R_L 时产生光信号电压。如果采用较大的负载阻抗,那么一方面可以提高输入到前置放大器的电压,另一方面可以降低热噪声,提高接收机灵敏度。但高阻抗前端的主要缺点在于其带宽窄,因为带宽 $\Delta f = (2\pi R_L C_T)^{-1}$,其中,$C_T$ 是总的输入电容,包括光电二极管结电容和用于放大的晶体管输入电容,即负载电阻越大,带宽越小。光接收机的带宽受它的低频分量所限制,如果带宽 Δf 小于信号的传输速率 B,则高阻抗的前端就不能被采用。为了扩大带宽,有时采用均衡技术,均衡器对低频分量的衰减高于高频分量,因而可以有效地提高前置放大器的带宽。假如光接收机的灵敏度不是主要关心的问题,则可以简单地采用减小 R_L 的方法来增加接收机前端的带宽,这种小负载阻抗的前端称为低阻抗前端。

采用跨阻放大器(Trans-Impedance Amplifier, TIA)的前端能同时具备以上两种前端的优点,它具有高灵敏度和宽频带的特性。如图 5-3(b)所示,这种前端将负载电阻跨接到反相放大器输出和输入端,因而又称互阻抗前端,它是一个性能优良的电流-电压转换器。如果前置放大器的增益为 G,负反馈使有效输入阻抗降低为原来的 $\frac{1}{G}$,即 $R_{in} = R_L/G$。因此,TIA 前端的带宽是高阻抗前端的 G 倍,具有频带宽、噪声小、灵敏度高、动态范围大等优点,在光纤通信系统中被广泛采用。

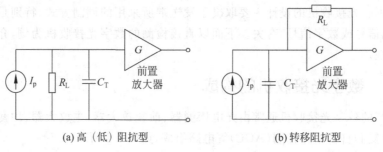

(a) 高（低）阻抗型　　　　　　　　(b) 转移阻抗型

图 5-3　光接收机前端等效电路

2. 光接收机的线性通道

光接收机的线性通道由高增益的主放大器、均衡滤波器和自动增益控制电路组成,其功能是对信号进行高增益放大与整形,提高信噪比,减少误码率。主放大器把前端输出的信号放大到后继电路需要的电平,并通过自动增益控制(AGC)电路实现增益控制,使输出信号在一定范围内不受输入信号变化的影响,保证主放大器的动态范围。均衡滤波器的作用是减小噪声,克服和消除放大器及其他部件(光纤)引起的信号波形失真,使噪声及码间串扰(ISI)降到最低,对失真的信号进行补偿,使输出信号波形能够用于正确判决。

3. 数据恢复

光接收机的数据恢复部分由判决电路和时钟恢复电路组成,它的作用是把线性通道输出的升余弦波形恢复成数字信号。时钟恢复电路是从接收到的信号中提取出 $f=B$ 的分量,用来提供给判决电路作时隙($T_B = 1/B$)信息,帮助同步判决过程。在归零码(RZ)格式中,$f=B$ 的频谱分量就存在于接收信号中,用窄带滤波器(如表面声波滤波器)即可简单地滤出该频谱分量。对于非归零格式,由于接收信号中本身不存在 $f=B$ 的频谱分量,所以一般需要利用高通滤波器先得到 $f=B/2$ 的频谱分量,再经平方律检波后得到 $f=B$ 的分量。

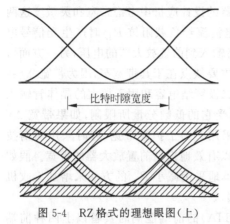

图 5-4　RZ 格式的理想眼图(上)
和退化眼图(下)

判决电路在时钟恢复电路决定的取样时间对将线性通道输出的信号进行取样,然后与一个阈值电平相比较,确定码元是 0 还是 1,从而将升余弦波形恢复再生成原传输的数字信号。最佳取样时间对应 0 和 1 信号电平相差最大的位置,该位置可根据眼图来判定。眼图是比特流中 2 或 3 个比特长的电信号相互叠加形成的,如图 5-4 所示,上图为理想眼图,下图为噪声和时间抖动导致的半张半闭的退化眼图,最佳取样时间对应眼睛睁开最大状态的时刻。任何光接收机都存在固有噪声,带有噪声的判决电路对带有噪声的信号进行判决时总存在错误的可能,数字光接收机设计的目的就是使这种误码减到最小。

视频

5.2.2 光接收机的信噪比

光接收机通过光电二极管将入射光功率 P_{in} 转换为电流信号,关系式 $I_p=RP_{in}$ 是在没有考虑噪声的情况下得到的。然而,即使是设计十分完美的光接收机,当入射光功率不变时,散粒噪声和热噪声也会引起输出电流的起伏。这种电流起伏引起的噪声将影响接收机的性能。

1. 散粒噪声和热噪声

散粒噪声是电子数目的随机涨落引起电流的随机起伏。当考虑散粒噪声时,由恒定光信号功率产生的光电二极管电流可表示为

$$I(t)=I_p+i_s(t) \tag{5-1}$$

式中,$I_p=RP_{in}$ 是平均信号电流;$i_s(t)$ 是散粒噪声引起的电流起伏,与之有关的均方散粒噪声电流为

$$\sigma_s^2=<i_s^2(t)>=2q(I_p+I_d)\Delta f \tag{5-2}$$

式中,Δf 是接收机的带宽;q 是电子电荷;I_d 是暗电流。

热噪声是在有限温度下,导电介质内自由电子和振动离子间的热相互作用而引起的一种随机脉动。一个电阻中的这种随机脉动,即使在没有外加电压时也表现为一种电流波动。在光接收机中,将前端负载电阻中产生的这种电流波动记作 $i_T(t)$,与之有关的均方热噪声电流为

$$\sigma_T^2=<i_T^2(t)>=(4k_BT/R_L)\Delta f \tag{5-3}$$

该噪声电流经放大器放大后要扩大 F_n 倍,这里 F_n 为放大器的噪声指数,于是式(5-3)变为

$$\sigma_T^2=(4k_BT/R_L)F_n\Delta f \tag{5-4}$$

将散粒噪声和热噪声的影响相加,总的均方噪声电流为

$$\sigma^2=\sigma_s^2+\sigma_T^2=2q(I_p+I_d)\Delta f+(4k_BT/R_L)F_n\Delta f \tag{5-5}$$

2. PIN 光接收的信噪比

信噪比(SNR)是评价光接收机的一个重要性能指标,其定义为平均信号功率与噪声功率之比。考虑到电功率与电流的平方成正比,SNR 可表示为

$$\text{SNR}=I_p^2/\sigma^2 \tag{5-6}$$

将 $I_p=RP_{in}$ 以及式(5-5)代入式(5-6),可得 PIN 光接收的信噪比为

$$\text{SNR}=\frac{R^2P_{in}^2}{2q(I_p+I_d)\Delta f+(4k_BT/R_L)F_n\Delta f} \tag{5-7}$$

1) 热噪声受限

当均方根噪声 $\sigma_T\gg\sigma_s$ 时,接收机性能受限于热噪声,在式(5-7)中,忽略散粒噪声,SNR 可表示为

$$\text{SNR}=\frac{R_LR^2P_{in}^2}{4k_BTF_n\Delta f} \tag{5-8}$$

式(5-8)表明,在热噪声占支配地位时,SNR 与 P_{in}^2 成正比,且可以通过增加负载电阻 R_L 来提高 SNR,这就是大多数光接收机采用高阻抗或转移阻抗前端的原因。

噪声的影响通常用噪声等效功率(NEP)来表示,它定义为产生 SNR=1 所要求的单位带宽内的最小光功率。热噪声受限时的等效噪声功率表示为

$$\text{NEP} = \frac{P_{\text{in}}}{\sqrt{\Delta f}} = \left(\frac{4k_{\text{B}}TF_{\text{n}}}{R_{\text{L}}R^2}\right)^{1/2} = \frac{h\nu}{\eta q}\left(\frac{4k_{\text{B}}TF_{\text{n}}}{R_{\text{L}}}\right)^{1/2} \tag{5-9}$$

利用指定的 NEP 就可以在已知 Δf 时估算得到特定 SNR 值所需要的功率,NEP 的典型值在 $1 \sim 10\text{pW}/\sqrt{\text{Hz}}$ 范围内。

2) 散粒噪声受限

当 P_{in} 很大时,由于 σ_{s}^2 随 P_{in} 线性增加,接收机性能将受限于散粒噪声,此时可忽略暗电流 I_{d} 的影响,式(5-7)可变为

$$\text{SNR} = \frac{RP_{\text{in}}}{2q\Delta f} = \frac{\eta P_{\text{in}}}{2h\nu\Delta f} \tag{5-10}$$

式中,η 为量子效率;$h\nu$ 为光子能量。可见,在散粒噪声受限的情况下,SNR 随 P_{in} 线性增加,并与 η、Δf 和 $h\nu$ 有关。

另外,SNR 也可用 1 码中包含的光子数 N_{p} 来表示。对于速率为 B 的比特流,每个比特持续时间为 $1/B$,假定脉冲形状具有归一化函数特性,则一个比特脉冲持续时间内的脉冲能量为 $E_{\text{p}} = P_{\text{in}}/B$,由此可得一个比特脉冲所含的光子数 $N_{\text{p}} = E_{\text{p}}/h\nu = P_{\text{in}}/h\nu B$,则 SNR 可表示为 $\eta N_{\text{p}}B/(2\Delta f)$。典型的带宽值 Δf 为 $B/2$,则有 $\text{SNR} = \eta N_{\text{p}}$。

在散粒噪声受限情况下,$N_{\text{p}} = 100$ 即可使得 $\text{SNR} = 20\text{dB}$,而在热噪声受限情况下,却需要数千光子数。对于工作于 $1.55\mu\text{m}$ 的 10Gb/s 的光接收机,当输入光功率为 130nW 时,$N_{\text{p}} = 100$,即信噪比达到 20dB。

3. APD 光接收的信噪比

APD 光接收机的热噪声与 PIN 光接收机的热噪声相同,但散粒噪声受到雪崩倍增过程的影响,其值为

$$\sigma_{\text{s}}^2 = 2qM^2F_{\text{A}}(RP_{\text{in}} + I_{\text{d}})\Delta f \tag{5-11}$$

其中,F_{A} 是 APD 的过剩噪声指数,由下式给出

$$F_{\text{A}}(M) = k_{\text{A}}M + (1 - k_{\text{A}})(2 - 1/M) \tag{5-12}$$

式中,电离系数 k_{A} 是无量纲参数。当 $\alpha_{\text{e}} > \alpha_{\text{h}}$ 时,$k_{\text{A}} = \alpha_{\text{h}}/\alpha_{\text{e}}$;当 $\alpha_{\text{e}} < \alpha_{\text{h}}$ 时,$k_{\text{A}} = \alpha_{\text{e}}/\alpha_{\text{h}}$,即 k_{A} 在 $0 \sim 1$ 范围内变化。图 5-5 为电离系数比 k_{A} 不同时过剩噪声因子 F_{A} 与增益的关系,可见,对于 APD 来说要获得很好的性能,k_{A} 应尽可能小。

当热噪声和散粒噪声都存在时,APD 光接收机的信噪比为

$$\text{SNR} = \frac{(MRP_{\text{in}})^2}{2qM^2F_{\text{A}}(RP_{\text{in}} + I_{\text{d}})\Delta f + (4k_{\text{B}}T/R_{\text{L}})F_{\text{n}}\Delta f} \tag{5-13}$$

1) 热噪声受限

在热噪声受限时,SNR 可表示为

$$\text{SNR} = \frac{R_{\text{L}}R^2M^2P_{\text{in}}^2}{4k_{\text{B}}TF_{\text{n}}\Delta f} \tag{5-14}$$

与式(5-8)相比,说明在相同条件下 APD 光接收机的 SNR 是 PIN 光接收机的 M^2 倍。

2) 散粒噪声受限

在散粒噪声受限时,SNR 可表示为

$$\text{SNR} = \frac{RP_{\text{in}}}{2qF_{\text{A}}\Delta f} = \frac{\eta P_{\text{in}}}{2h\nu F_{\text{A}}\Delta f} \tag{5-15}$$

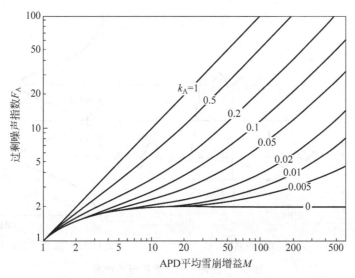

图 5-5 过剩噪声指数 F_A 与 APD 平均雪崩增益 M 的关系

与式(5-10)相比,说明在相同条件下 APD 光接收机的 SNR 是 PIN 光接收机的 $1/F_A$ 倍。

在式(5-13)中,对于给定的 P_{in},存在一个最佳平均雪崩增益 M_{opt} 使 SNR 最大,其值可近似表示为

$$M_{opt} = \left[\frac{4k_B T F_n}{k_A q R_L (R P_{in} + I_d)}\right]^{1/3} \tag{5-16}$$

5.2.3 光接收机的灵敏度

视频

数字光接收机的性能指标由比特误码率(BER)决定。BER 定义为接收机判决电路误判比特的概率,工程上常用一段时间内出现误码的码元数与传输的总码元数之比来表示。对于数字光接收机,灵敏度定义为接收机工作于指定误码率时所要求的最小平均接收光功率 $\bar{P}_{rec}$。通常,数字光接收机要求 $BER \leqslant 1 \times 10^{-9}$。而对于模拟光接收机,灵敏度则定义为接收机工作于指定信噪比所要求的最小平均接收光功率。下面只讨论数字光接收机的灵敏度。

1. 误码率

数字光接收机中判决电路接收到的波动信号如图 5-6(a)所示。判决电路首先在由时钟恢复电路决定的判决时刻 t_D 对信号取样,根据接收到的比特是 1 还是 0,取样值围绕其平均值 I_1 或 I_0 波动。然后将取样值与一个阈值 I_D 比较,若取样值大于 I_D,则判定为 1;若小于 I_D,则判定为 0。由于噪声的影响,如果比特 1 的取样值小于 I_D,则会发生判决错误,被判定为 0。同样,当比特 0 的取样值大于 I_D,则会错误地将 0 判定为 1。

设 $P(1)$ 和 $P(0)$ 分别为接到的比特流中 1 和 0 的概率,$P(0/1)$ 是将 1 错判定为 0 的概率,而 $P(1/0)$ 是将 0 错判定为 1 的概率,则总的误码率为

$$BER = P(1)P(0/1) + P(0)P(1/0) \tag{5-17}$$

对于脉冲编码调制(PCM)比特流,1 和 0 出现的概率相等,即 $P(1) = P(0) = 1/2$,则误码率为

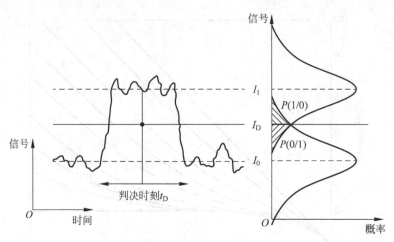

(a) 判决电路接收到的信号　　　(b) 1和0的高斯概率密度分布

图 5-6　误码率的计算原理示意图

$$BER = \frac{1}{2}\big[P(0/1) + P(1/0)\big] \tag{5-18}$$

图 5-6(b)表示 1 和 0 时取样值 I 的概率分布 $P(I)$,概率密度分布的具体形式取决于引起电流波动的噪声源的统计特征。由于光电检测过程,尤其是雪崩光电检测过程是非常复杂的随机过程,因此精确地求解噪声概率密度函数是很困难的。而在高斯近似法中,假定 PIN 和 APD 的光电检测都是高斯随机过程,这样计算就大为简化。因为两个高斯随机变量之和也是高斯随机变量,因此取样值 I 也具有高斯概率分布。在高斯近似下,均方热噪声电流和均方散粒噪声电流之和的概率密度仍为高斯函数,并且总均方噪声电流等于均方热噪声电流与均方散粒噪声电流之和。然而,码元 1 和 0 的平均值和方差不同,因为光生电流 I_p 对于不同码元取值不同,1 码时为 I_1,0 码时为 I_0。设 σ_1^2 表示接收 1 时的均方噪声电流,σ_0^2 表示接收 0 时的均方噪声电流,那么把 1 误判为 0 的概率和把 0 误判为 1 的概率分别为

$$P(0/1) = \frac{1}{\sigma_1\sqrt{2\pi}} \int_{-\infty}^{I_D} \exp\left[-\frac{(I-I_1)^2}{2\sigma_1^2}\right] dI = \frac{1}{2}\mathrm{erfc}\left(\frac{I_1-I_D}{\sigma_1\sqrt{2}}\right) \tag{5-19}$$

$$P(1/0) = \frac{1}{\sigma_0\sqrt{2\pi}} \int_{I_D}^{\infty} \exp\left[-\frac{(I-I_0)^2}{2\sigma_0^2}\right] dI = \frac{1}{2}\mathrm{erfc}\left(\frac{I_D-I_0}{\sigma_0\sqrt{2}}\right) \tag{5-20}$$

式中,erfc 代表补余误差函数,定义为

$$\mathrm{erfc}(x) = \frac{2}{\sqrt{\pi}} \int_x^{\infty} \exp(-y^2) dy \tag{5-21}$$

将式(5-19)和式(5-20)代入式(5-18),可得 BER 为

$$BER = \frac{1}{4}\left[\mathrm{erfc}\left(\frac{I_1-I_D}{\sigma_1\sqrt{2}}\right) + \mathrm{erfc}\left(\frac{I_D-I_0}{\sigma_0\sqrt{2}}\right)\right] \tag{5-22}$$

由式(5-22)可见,BER 主要取决于判决门限电平 I_D。实际上,当 I_D 满足关系

$$\frac{I_1-I_D}{\sigma_1\sqrt{2}} = \frac{I_D-I_0}{\sigma_0\sqrt{2}} = Q \tag{5-23}$$

时,BER 最小,则最佳 I_D 值为

$$I_D = \frac{\sigma_0 I_1 + \sigma_1 I_0}{\sigma_0 + \sigma_1} \tag{5-24}$$

当 $\sigma_0 = \sigma_1$ 时，$I_D = (I_0 + I_1)/2$，此时判决门限电平取值在中点处。对于大多数 PIN 光接收机，热噪声占支配地位，而热噪声与平均光生电流大小无关，判决门限电平多取在中点处。而对于 APD 光接收机，散粒噪声和热噪声均有影响，且 σ_s^2 随平均电流线性变化，1 码时的散粒噪声要比 0 码时的大，因而需要根据式(5-24)来确定判决门限电平，以便使 BER 最小。

根据式(5-22)和式(5-24)可获得最佳判决条件下的 BER，利用 $\mathrm{erfc}(Q/\sqrt{2})$ 的渐近展开式，可得 BER 的近似表达式为

$$\mathrm{BER} = \frac{1}{2}\mathrm{erfc}\left(\frac{Q}{\sqrt{2}}\right) \approx \frac{\exp(-Q^2/2)}{Q\sqrt{2\pi}} \tag{5-25}$$

式中，Q 称为接收机的 Q 因子，由式(5-23)决定，并可表示

$$Q = \frac{I_1 - I_0}{\sigma_0 + \sigma_1} \tag{5-26}$$

在 $Q > 3$ 的情况下，近似表达式(5-25)有合理的精度，图 5-7 表示 BER 随 Q 因子的变化，当 Q 增大时，BER 降低，接收机性能提高。当 $Q > 7$ 时，BER $< 10^{-12}$。而当 $Q = 6$ 时，BER $\approx 10^{-9}$，因此接收机灵敏度相应于 $Q = 6$ 时的平均接收光功率。

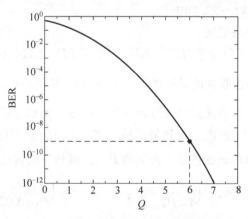

图 5-7　比特误码率随 Q 因子的变化

2. 最小平均接收光功率

当规定 BER 小于某一定值时，可用公式(5-25)来计算一个接收机可靠工作所需的最小入射光功率，为此，应建立 Q 因子与输入光功率的对应关系。为简单起见，假定 0 码时不发射光功率，即 $P_0 = 0$，$I_0 = 0$。1 码时的光功率为 P_1，电流 I_1 与 P_1 的关系为

$$I_1 = MRP_1 = 2MR\overline{P}_{rec} \tag{5-27}$$

式中，$\overline{P}_{rec}$ 是平均接收光功率，定义为 $\overline{P}_{rec} = (P_0 + P_1)/2$，$M$ 为 APD 增益，$M = 1$ 即对应 PIN 光接收机。

0 码时的均方根噪声电流 σ_0 和 1 码时的均方根噪声电流 σ_1 可表示为

$$\sigma_1 = (\sigma_s^2 + \sigma_T^2)^{1/2}, \quad \sigma_0 = \sigma_T \tag{5-28}$$

在忽略暗电流影响的情况下，式中 σ_s^2 和 σ_T^2 分别表示为

$$\sigma_T^2 = (4k_B T/R_L)F_n \Delta f \tag{5-29}$$

$$\sigma_s^2 = 2qM^2 F_A R(2\overline{P}_{rec})\Delta f \tag{5-30}$$

将式(5-27)和式(5-28)代入式(5-26),可得 Q 因子为

$$Q = \frac{I_1}{\sigma_1 + \sigma_0} = \frac{2MR\overline{P}_{rec}}{(\sigma_s^2 + \sigma_T^2)^{1/2} + \sigma_T} \tag{5-31}$$

对某一特定的 BER 值,由式(5-25)可求得 Q 值,而由所得 Q 值即可利用式(5-31)可求得接收机的最小平均接收光功率,即光接收机的灵敏度,其解析式为

$$\overline{P}_{rec} = \frac{Q}{R}\left(q\Delta f F_A Q + \frac{\sigma_T}{M}\right) \tag{5-32}$$

1) PIN 光接收机的灵敏度

对于 $M=1$ 的 PIN 光接收机,热噪声占支配地位,忽略散粒噪声,因此其灵敏度可表示为

$$(\overline{P}_{rec})_{PIN} = Q\sigma_T/R \tag{5-33}$$

由式(5-29)可知,σ_T^2 不仅与接收机的 R_L 和 F_n 有关,而且还与 Δf 有关,而 Δf 的典型值为 $B/2$,因此在热噪声受限的光接收机中,$\overline{P}_{rec}$ 随 $\sqrt{B}$ 的增加而增大。例如,对于 $R=1A/W$ 的 $1.55\mu m$ PIN 光接收机,典型的均方根热噪声 $\sigma_T = 0.1\mu A$,当 BER $= 10^{-9}$ 时,$Q=6$,则光接收机灵敏度 $\overline{P}_{rec} = 0.6\mu W(-32.2dBm)$。

2) APD 光接收机的灵敏度

由式(5-32)可知,如果热噪声占支配地位,相对于 PIN 光接收机而言,APD 光接收机的 $\overline{P}_{rec}$ 降低为原来的 $\frac{1}{M}$,即接收机的灵敏度扩大了 M 倍。然而,对于 APD 光接收机而言,必须考虑散粒噪声的影响,需根据式(5-32)计算其灵敏度。类似于前面对 SNR 的分析,也可通过调节 APD 的增益 M,使 $\overline{P}_{rec}$ 达到最低值。将式(5-12)表示的 F_A 和式(5-29)表示的 σ_T 代入式(5-32),就可求得最佳倍增条件下的 $\overline{P}_{rec}$。最佳平均雪崩增益可表示为

$$M_{opt} = k_A^{-1/2}\left(\frac{\sigma_T}{q\Delta f Q} + k_A - 1\right)^{1/2} \approx \left(\frac{\sigma_T}{k_A q\Delta f Q}\right)^{1/2} \tag{5-34}$$

而要求的最小平均接收光功率 $\overline{P}_{rec}$ 为

$$(\overline{P}_{rec})_{APD} = (2q\Delta f/R)Q^2(k_A M_{opt} + 1 - k_A) \tag{5-35}$$

需要注意的是,式(5-17)给出的最佳平均雪崩增益 M_{opt} 与式(5-34)中的 M_{opt} 是不同的,前者是光接收机在给定输入光功率时为得到最大信噪比所要求的 APD 增益,而后者是光接收机在给定误码率时为使接收光功率最小所要求的 APD 增益。

将式(5-33)与式(5-35)进行比较,可得出 APD 光接收机比 PIN 光接收机灵敏度提高的程度。APD 光接收机的 $\overline{P}_{rec}$ 与碰撞电离系数 k_A 有关,小的 k_A 可以得到大的 $\overline{P}_{rec}$。对于 InGaAs 的 APD 光接收机,其灵敏度比 PIN 光接收机高 6~8dB。此外,两种光接收机的灵敏度 $\overline{P}_{rec}$ 与传输速率 B 的对应关系也不同,对 APD 光接收机,$(\overline{P}_{rec})_{APD}$ 随 B 线性增加,而 $(\overline{P}_{rec})_{PIN}$ 随 $\sqrt{B}$ 线性增加。APD 光接收机 $\overline{P}_{rec}$ 与 B 的这种线性关系,通常是散粒噪声限制光接收机性能的结果。对 $\sigma_T = 0$ 的理想 PIN 光接收机,根据式(5-32)可得其灵敏度为

$$(\bar{P}_{\mathrm{rec}})_{\mathrm{ideal}}=(q\Delta f/R)Q^2 \tag{5-36}$$

比较式(5-35)和式(5-36)可知,APD光接收机灵敏度降低是过剩噪声引起的。

光接收机的灵敏度除了可以用要求的最小平均接收光功率度量外,还可以用满足一定误码率条件下比特1包含的平均光子数 N_p 来度量。

在热噪声受限条件下,$\sigma_0\approx\sigma_1$,利用 $I_0=0$,式(5-36)可得 $Q=I_1/2\sigma_1$。由于 $\mathrm{SNR}=I_1^2/\sigma_1^2$,因而得到 SNR 与 Q 的关系可简单表示为 $\mathrm{SNR}=4Q^2$。若要求 $\mathrm{BER}\leqslant10^{-9}$,即 $Q\geqslant6$,则应使 $\mathrm{SNR}\geqslant144(21.6\mathrm{dB})$。在散粒噪声受限条件下,忽略热噪声和暗电流的影响,在 0 比特时散粒噪声很小,可以忽略,$\sigma_0\approx0$,则 $\mathrm{SNR}=I_1^2/\sigma_1^2=Q^2$。因而在散粒噪声受限情况下若要求 $\mathrm{BER}=10^{-9}$,则 SNR 为 36 即可。

由前面的讨论可知,在散粒噪声受限情况下,$\mathrm{SNR}\approx\eta N_\mathrm{p}$,将 $Q=(\eta N_\mathrm{p})^2$ 代入式(5-25)可得

$$\mathrm{BER}=\frac{1}{2}\mathrm{erfc}(\sqrt{\eta N_\mathrm{p}/2}) \tag{5-37}$$

对于 $\eta=100\%$ 的光接收机,若要求 $\mathrm{BER}\leqslant10^{-9}$,则 1 比特中所含的光子数 N_p 只需大于 36。但由于实际上大多数光接收机的性能均受到严重热噪声的限制,为使 $\mathrm{BER}\leqslant10^{-9}$,一般要求 N_p 大于 1000。

材料

5.3 光模块

光模块(Optical Module)是多种模块类别的统称,具体包括光发射模块(Transmitter)、光接收模块(Receiver)、光收发一体模块(Transceiver)和光转发模块(Transponder)等。在业内所说的光模块,特指可热插拔的小型封装光收发一体模块,它具有标准的光接口和电接口。

5.3.1 光模块的基本构成

常规光模块是采用两根光纤进行收发(双纤双向)的单通道光模块,它有两个光纤端口:一个为发射端口,另一个为接收端口,其基本构成包括光发射器件(含激光器)、光接收器件(含光探测器)、功能电路和光(电)接口等,如图 5-8 所示。设备单板信号输入光模块,光模块将电信号转换为光信号发送出去,而接收是发送的逆过程。

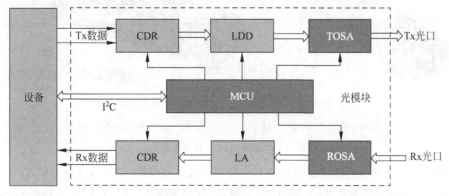

图 5-8 光模块构成原理框图

下面对双纤双向单通道光模块的主要器件进行简单介绍。

1. 时钟数据恢复芯片(Clock and Data Recovery,CDR)

CDR 的作用是在输入信号中提取时钟信号,并找出时钟信号和数据之间的相位关系,简单说就是恢复时钟。另外,CDR 还可以补偿信号在走线、连接器上的损失。

2. 激光器驱动器(Laser Diode Driver,LDD)

LDD 将 CDR 的输出信号转换成对应的调制信号,驱动激光器发光。不同类型的激光器需要选择不同类型的 LDD 芯片。在短距的多模光模块中,一般来说,CDR 和 LDD 是集成在同一个芯片上的。

3. 光发射次模块(Transmitter Optical Sub-Assembly,TOSA)

光发射次模块也称为光发射组件,主要作用是实现电信号转光信号,其构成中除 LD 管芯外,一般还包括控制温度的半导体制冷器、监测温度的热敏电阻、检测光功率的 PIN 管、准直透镜、光隔离器、光纤耦合透镜及光纤固定支架等许多辅助部件。这些部件对稳定激光器的输出功率和输出波长、提高芯片与光纤的耦合效率都有着至关重要的作用。

4. 光接收次模块(Receiver Optical Sub-Assembly,ROSA)

光接收次模块也称为光接收组件,它是将光电二极管和互阻放大器(Trans-Impedance Amplifier,TIA)封装在一起,即 PIN ROSA 或 APD ROSA。

5. 限幅放大器(Limiting Amplifier,LA)

TIA 输出幅值会随着接收光功率的变化而改变,LA 的作用就是将变化的输出幅值处理成等幅的电信号,给 CDR 和判决电路提供稳定的电压信号。在高速模块中,LA 通常和 TIA 或 CDR 集成在一起。

6. 微控制单元(Microcontroller Unit/Single Chip Microcomputer,MCU)

MCU 负责底层软件的运行、光模块相关的数字诊断监控(Digital Diagnostic Monitoring,DDM)及一些特定的功能。DDM 主要实现对工作温度、工作电压、工作电流、发射和接收光功率等信号进行实时监测,通过这些参数判断光模块的工作状况,便于光通信链路的维护。

图 5-9(a)为一种双纤双向光模块实物图片,图 5-9(b)为光模块结构示意图。

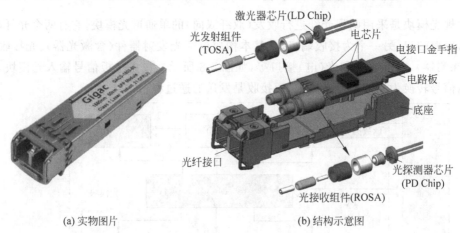

(a) 实物图片　　　　　　　　(b) 结构示意图

图 5-9　双纤双向单通道光模块

与双纤双向单通道光模块对应的还有一种单纤双向光模块,它只有一个光纤端口,通过一根光纤就可以实现信号的收发,如图 5-10(a)所示,这种光模块也称为 BiDi(Bi-Directional)光模块。BiDi 光模块中的发射器和接收器是一个整体,称为双向收发组件(Bi-directional Optical Sub-Assembly,BOSA),如图 5-10(b)所示。通过双向收发组件中的滤波器进行滤波,单纤双向光模块同时完成一个波长光信号的发射和另一个波长光信号的接收,或者相反。

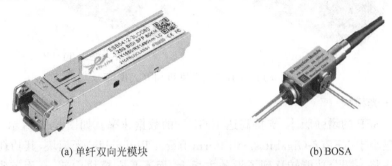

(a) 单纤双向光模块　　　　　　　　　　　　(b) BOSA

图 5-10　光双向收发组件及单纤双向光模块

单纤双向的光模块成本相对较高,但其最为明显的优势在于它可以减少光纤跳线面板上的端口数量,节约光纤布线基础设施的成本,还可以缩小布线空间,有助于光纤管理,并且减少了所需使用的光纤数量。单纤双向光模块通常用于用户接入网,以低成本完成图像与数据、语音等通信。

上面介绍的双纤双向光模块和单纤双向光模块都是单通道光模块,即一个光模块里面装一个激光器和一个接收器,一收一发。除此以外,有些光模块采用多通道设计方案,即用多个激光器和多个接收器形成多通道并行传输。多通道光模块设计有单纤和多纤两种方案,基于多纤方案的光模块采用 MPO 光纤接口,即每个激光器和接收器分别连一根光纤,实现光信号的发送和接收;基于单纤方案的光模块有两个光纤接口,它是采用粗波分复用(CWDM)技术,利用合波器件(MUX)将不同波长激光器发送的光信号复用到一根光纤进行传输,同样,用分波器件(DeMUX)分离出不同的波长分别检测。

5.3.2　光模块的封装

光模块的尺寸由封装形式决定,为使不同电信设备供应商使用相同的接口和相同尺寸的光模块,光通信标准化组织制定了光模块封装的相关标准。多源协议(Multi Source Agreement,MSA)行业联盟定义光模块封装的协议主要有 SFP MSA、XFP MSA、CXP MSA、QSFP MSA、CFP MSA、OSFP MSA、QSFP-DD MSA 等,这也是目前市场上的几种主要的封装形式。

1. SFP 系列

SFP 全称 Small Form-factor Pluggable,即小型可热插拔光模块,根据速率的不同,有 SFP、SFP+、SFP28、SFP56 这几种,其尺寸是相同的。

1) SFP 光模块

SFP 的小型是相对 GBIC(GigaBitrate Interface Converter)封装而言的。GBIC 是将千兆位电信号转换为光信号的接口器件,采用 SC 光纤接口。图 5-11 是 GBIC 光模块和 SFP 光模块的实物图片,两种光模块功能上相差不大,SFP 光模块继承了 GBIC 光模块的热插拔特性,采用 LC 光纤接口,通常支持 1.25~4.25Gb/s 的数据速率,其体积仅为 GBIC 模块的 1/3~1/2,这样极大地增加了网络设备的端口密度。

(a) GBIC   (b) SFP

图 5-11　GBIC 光模块和 SFP 光模块

2) SFP+光模块

SFP+是 SFP 的增强版本,支持高达 10Gb/s 的数据速率。如图 5-12 所示,SFP+光模块的体积明显小于 XFP(8-Gigabit small Form-factor Pluggable)光模块,其功耗也更小,这是因为 SFP+将一部分功能转移到了设备主板上,而不是在模块内部,从而节省了 PCB 面积。XFP 基于 XFP MSA 标准,而 SFP+符合 IEEE 802.3ae、SFF-8431、SFF-8432 协议。

(a) XFP   (b) SFP+

图 5-12　XFP 光模块和 SFP+光模块

3) SFP28 和 SFP56 光模块

SFP28 光模块支持 25Gb/s 的数据速率,它功耗较低、端口密度较高且能节省网络部署成本,因此被广泛应用于 25Gb/s 以太网和 100Gb/s(4×25Gb/s)的以太网中。相对于 SFP28 光模块,SFP56 光模块采用四电平脉冲幅度调制,即 PAM4(4-Level Pulse Amplitude Modulation)信号格式实现速率倍增,能支持 50Gb/s 的数据速率。

2. QSFP 系列

对于光模块来说,想要实现速率提升,要么提高单通道速率,要么增加数据通道。QSFP 全称 Quad(4-channel) Small Form-factor Pluggable,是四通道小型可插拔模块的简称。QSFP 系列主要有 QSFP+、QSFP28、QSFP56,速率越来越高,但是尺寸是相同的。QSFP 系列由于其高速、高密度、可热插拔的特点,越来越获得市场的欢迎,是数据通信光模块主要的封装形式。

1) QSFP/QSFP+光模块

QSFP 和 QSFP+光模块支持 40Gb/s 的数据速率。QSFP+是 QSFP 的加强版,相对于 QSFP 具有更高的带宽。

40Gb/s QSFP+光模块有 QSFP+SR4、QSFP+LR4 和 QSFP+PSM LR4 三种常见类型。QSFP+ SR4 光模块采用 4×10Gb/s 并行通道,与 MPO/MTP 接头一起使用,用多模光纤的传输,在搭配 OM3 跳线时能支持 100m 传输距离,搭配 OM4 跳线时支持 150m 传输距离;QSFP+LR4 光模块基于四波长的波分复用,与 LC 接头连接,热插拔电接口,更低的能耗,支持的单模光纤最大传输距离可达 10km;QSFP+PSM LR4 中的光模块利用 4 个全双工通道并行设计的 MPO/MTP 接口,在通过 8 根单独光缆用单模光纤可实现 2km 的传输距离。

　　2) QSFP28 光模块

　　QSFP28 是为 100Gb/s 应用而设计的高密度、高速产品,它具有与 QSFP＋收发器相同的外形,现已经成为 100Gb/s 光模块的主流封装。100Gb/s QSFP28 光模块提供四通道高速信号,每个通道的数据速率为 25Gb/s。

　　100Gb/s 网络问世后,IEEE 和 MSA 行业联盟都针对 100Gb/s 光模块制定了多个标准,两者之间互补而又互相借鉴。表 5-1 列出了 100Gb/s 光模块的 6 种主流标准,以 100GBASE 开头的标准都是 IEEE 802.3 提出的,其命名为 xxxGBASE-mRn,其中,xxx 代表速率,m 代表传输距离,n 代表通道数。如 100GBASE-LR4 名称中,LR 表示 long reach,即 10km;4 表示四通道,即 4×25Gb/s(四波长的波分复用),组合在一起为可以传输 10km 的 100Gb/s 光模块。

表 5-1　100Gb/s 光模块的 6 种主流标准

标　　　准	制定机构	光纤类型/连接器类型	中心波长	传输距离
100GBASE-SR10	IEEE 802.3	MMF/MPO-24 (10×10Gb/s,10 收 10 发)	850nm	100m(OM3) 150m(OM4)
100GBASE-SR4	IEEE 802.3	MMF/MPO-12 (4×25Gb/s,4 收 4 发)	850nm	100m(OM4)
100GBASE-LR4	IEEE 802.3	SMF/Dual LC (4×25Gb/s LAN-WDM)	LO:1295.56nm LO:1300.05nm LO:1304.58nm LO:1309.14nm	10km
100GBASE-ER4	IEEE 802.3	SMF/Dual LC (4×25Gb/s LAN-WDM)	LO:1295.56nm LO:1300.05nm LO:1304.58nm LO:1309.14nm	40km
100Gb/s PSM4	MSA	SMF/MPO-12 (4×25Gb/s,4 收 4 发)	1310nm	500m
100Gb/s CWDM4	MSA	SMF/Dual LC (4×25Gb/s CWDM)	LO:1271nm LO:1291nm LO:1311nm LO:1331nm	2km

　　100GBASE-SR10 标准使用 10×10Gb/s 并行通道实现 100Gb/s 点对点传输,而 100GBASE-SR4 采用 4×25Gb/s 并行通道,这样光模块的器件个数得以减少、成本得以降低、模块尺寸得以缩小、功耗得以降低。基于以上的优势,100GBASE-SR4 已经取代 100GBASE-SR10 成为目前主流的 100Gb/s 短距光模块标准。

　　100GBASE-SR4 和 100GBASE-LR4 是 IEEE 定义的最常用的 100Gb/s 接口规范。但是对于大型数据中心内部互联场景,100GBASE-SR4 支持的距离太短,不能满足所有的互联需求,而 100GBASE-LR4 成本太高。为此,MSA 提出了并行单模四通道(Parallel Single Mode 4 lanes,PSM4)和四通道粗波分复用(Coarse Wavelength Division Multiplexer 4 lanes,CWDM4)的中距离互联解决方案。

100GBASE-LR4 和 100Gb/s CWDM4 在原理上是类似的,都是通过光学器件 MUX 以及 DeMUX 实现 4 条 25Gb/s 并行通道的复用和解复用。虽然 100GBASE-LR4 的能力完全覆盖了 CWDM4,但在 2km 传输的场景下,CWDM4 方案成本更低,更具竞争力。两者存在几点区别:

(1) 100GBASE-LR4 使用的光学 MUX/DeMUX 器件成本更高。100Gb/s CWDM4 定义的是 20nm 间隔的 CWDM,而 100GBASE-LR4 则定义的是 4.5nm 间隔的 LAN-WDM。在波分复用系统中,通道间隔越小,对光学 MUX/DeMUX 器件的要求越严格,其成本就越高。

(2) 100GBASE-LR4 使用的激光器成本更高,功耗更大。CWDM4 使用直接调制激光器(DML),而 LR4 使用电吸收调制激光器(EML)。因为波长漂移(啁啾)使得 DML 进行高速调制较为困难,传输距离也受到限制,因此要实现 25Gb/s 速率的 10km 传输,只能使用 EML。

(3) 100GBASE-LR4 所用的激光器需要额外增加半导体热电制冷器(Thermo Electric Cooler,TEC)。LD 的波长温漂特性大约是 0.08nm/℃,在 0~70℃工作范围内的波长变化大约是 5.6nm,此外通道本身也要留一些隔离带,而 100GBASE-LR4 的相邻通道之间只有 4.5nm 的间隔,因此 100GBASE-LR4 所用的激光器需要采用 TEC 进行控温。这样一来,相比 CWDM4,100GBASE-LR4 的成本又有所增加。

除 CWDM4 之外,PSM4 也是一种中距离的传输方案。100Gb/s PSM4 规范定义了 8 根单模光纤(4 个发送和 4 个接收)的点对点 100Gb/s 链路,每个通道以 25Gb/s 的速率发送。每个信号方向使用四个相同波长且独立的通道。因此,两个收发器通常通过 8 光纤 MTP/MPO 单模跳线进行通信。PSM4 的传输距离最大为 500m。

图 5-13 为 3 种标准的 100Gb/s QSFP28 光模块。

(a) 100Gb/s QSFP28 PSM4   (b) 100Gb/s QSFP28 CWDM4   (c) 100Gb/s QSFP28 LR4

图 5-13   100Gb/s QSFP28 光模块

3. CFP 系列

CFP 的全称是 C Form-factor Pluggable,即 C 形可插拔模块,C 代表用于表示数字 100 (centum)的拉丁字母 C,因为该标准主要是为 100Gb/s 以太网系统开发的。如图 5-14 所示,CFP 光模块是在 SFP 接口基础上设计的,但是其尺寸更大。CFP 光模块用的电接口在每个方向上(Rx、Tx)使用 10×10Gb/s 通道进行传输,因此支持 10×10Gb/s 和 4×25Gb/s 的互转。虽然 CFP 光模块可以实现 100Gb/s 数据应用,介于其尺寸较大(宽度为 82mm),不能满足高密度数据中心的需求,在这

图 5-14   CFP 光模块

种情况下,CFP-MSA 委员会又定义了 CFP2 和 CFP4 两种形式的光模块。CFP2 光模块宽度是 CFP 光模块的一半,而 100Gb/s CFP4 光模块通过 4 个 25Gb/s 通道,实现 100Gb/s 传输,其宽度是 CFP 光模块宽度的 1/4,传输稳定性更强,更适用于高密度网络应用。

CFP 系列中的 CFP、CFP2 和 CFP4 主要速率都是 100Gb/s,而 CFP8 是专门针对 400Gb/s 提出的封装形式,其尺寸与 CFP2 相当。支持 25Gb/s 和 50Gb/s 的通道速率,通过 16×25Gb/s 或 8×50Gb/s 电接口实现 400Gb/s 模块速率。

4. CXP 系列

对于 CXP 光模块,C 代表十六进制中的 12,罗马数 X 代表每个通道具有 10Gb/s 的传输速率,P 是指支持热插拔的可插拔器,即模块传输速率高达 12×10Gb/s,支持热插拔。CXP 光模块主要针对高速计算机市场,与多模光纤一起应用于短距离数据传输,是 CFP 光模块在以太网数据中心的补充。CXP 光模块长 45mm、宽 27mm,尺寸比 CFP 光模块小,因此可提供更高密度的网络接口。图 5-15 为 100Gb/s 光模块的几种封装结构对比。

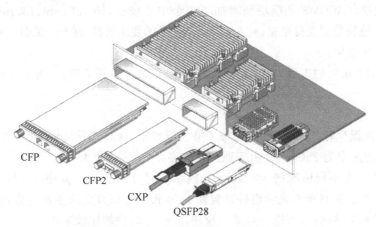

图 5-15 100Gb/s 光模块的结构封装

CXP 系列有 CXP 和 CXP2 两种,前者速率为 120Gb/s,后者为 300Gb/s。

5. 400Gb/s 光模块的封装

目前 100Gb/s 光模块主要采用 NRZ 编码方式,以四通道形式实现,单通道速率为 25Gb/s。将 100Gb/s 提高到 400Gb/s,如果仍然采用四通道的形式,每个通道的速率需要提高到 100Gb/s,即便采用 PAM4(4 Pulse Amplitude Modulation)的编码方式,单通道的调制速率也需要达到 50Gb/s,这在目前还存在一定的挑战。如果采用八通道的形式,单通道的速率为 50Gb/s,采用 PAM4 编码方式,单通道速率和 100Gb/s 的要求一样,也是 25Gb/s。相比较而言,八通道方案的难度稍低,可实现性增大,只不过需要采用 PAM4 方案。PAM4 方案对信号的产生、探测等都提出了新的要求。

1) QSFP-DD 光模块

QSFP-DD 的全称是 Quad Small Form-factor Pluggable-Double Density,该方案是对 QSFP 的拓展,将原先的四通道接口增加一行,变为八通道,也就是所谓的双倍密度(double density)。该方案与 QSFP 方案兼容,这是该方案的主要优势之一。原先的 QSFP28 模块仍可以使用,只需再插入一个模块即可,其示意图如图 5-16 所示。

图 5-16　QSFP-DD 光模块

2) OSFP 光模块

OSFP 的英文全称是 Octal Small Form-factor Pluggable,Octal 表示八通道。该标准为新的接口标准,与现有的光电接口不兼容。OSFP 光模块的尺寸为 100.4mm×22.58mm×13mm,比 QSFP-DD 的尺寸略大,因而需要更大面积的 PCB。

3) CWDM8 光模块

该标准是对 CWDM4 标准的扩展,采用 8 个波长,每个波长的速率为 50Gb/s。相对于CWDM4 光模块,CWDM8 光模块新增加了 4 个中心波长,即 1351nm、1371nm、1391nm 和1411nm。由于波长范围变得更宽,对 MUX/DeMUX 的要求更高,激光器的数目也增加一倍。

4) CFP8 光模块

CFP8 是对 CFP4 的扩展,通道数增加为八通道,尺寸也相应增大,为 40mm×102mm×9.5mm。

5) CDFP 光模块

CDFP 标准诞生较早,目前已经发布了第三版规范。CD 表示 400(罗马数字)。其采用16 通道,单通道速率为 25Gb/s。由于通道数较多,尺寸也比较大。

图 5-17 为几种不同标准的 400Gb/s 光模块的尺寸对比图。其中,OBO 的全称是 OnBoard Optics,也就是将所有光学组件放置在 PCB 板上。该方案的主要优势是散热好、尺寸小。但是由于不是热插拔,所以一旦某个模块出现故障,检修比较麻烦。

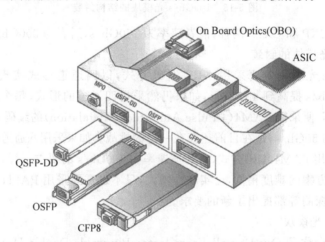

图 5-17　几种不同标准的 400Gb/s 光模块尺寸对比图

5.3.3　光模块的设计

光模块的应用场景主要分为互联网数据中心网络、城域网光传送网络和以 5G 承载网为代表的电信网络。光模块的具体应用场景及需求,决定了光模块设计生产上每一个细节的选择,如光次模块封装方式及工艺路线(气密性封装、非气密性封装)、设计路线(单通道、多通道)和调制方式(NRZ、PAM4、相干)等。例如,应用于数据中心 500m 传输距离、100Gb/s 传输速率的光模块,采用 QSFP28 接口,需考虑整体系统成本;应用于 5G 前传 10km 25Gb/s 灰光 BiDi 光模块,采用 SFP28 接口,需考虑稳定性、互通性和成本;应用于骨干网 100km 传输距离的 100Gb/s DWDM 系统光模块,采用 CFP/CFP2 接口,其误码率等性能指标则要求很高。

光模块行业的竞争,体现为多个参数组合优化的过程,追求性能(速率、小型化、传输距离)的同时,会带来很大的功耗、散热压力;为解决散热等问题,又会带来成本压力;控制成本又会带来稳定性可靠性等风险。光模块的外观和电气接口都是标准化的,但是光模块包含了大量设计和工艺的经验,理解客户需求,权衡性能、功耗、成本、可靠性等指标是光模块设计生产的基本准则。

1. 光次模块封装方式的选择

根据应用需求,在室外、温湿度变化较大等情况下,由于激光器芯片受水蒸气腐蚀以及温度对工作波长的影响很大,需考虑采用气密封装的路线,将激光器芯片密封在充满惰性气体的金属＋密封窗的管壳中。而根据具体的传输距离、芯片发热量、成本需求、通道数等,还可以具体选择不同的气密封装方式,如 TO-CAN 同轴封装、蝶形封装和 BOX 封装。另外,自从数据中心市场开始大规模使用光模块之后,由于数据中心配置了空调、环境监控等设备,整体的工作环境比在室外风吹日晒的电信市场优化了很多,同时光模块用量又很大,对成本控制提出了更高要求,因此逐步发展出非气密封装,如 COB 封装。

1) TO-CAN 同轴封装

TO-CAN 同轴封装的壳体通常为圆柱形,TO 是 Transistor-Outline 的缩写,即晶体管外形。图 5-18(a)和图 5-18(b)是 LD TO-CAN 同轴封装示意图,激光器安装于小型热沉(散热片),通过金丝与电气引脚连接,其上再封装金属管帽和用于透出激光的密封窗,这样就具备了基本的激光器封装。由于激光器发射的光斑直径和光纤还是不一样,还要进一步和透镜、光纤进行耦合对准,把绝大部分能量聚焦到光纤里,全部封装好后就做成了TOSA,如图 5-18(c)所示。

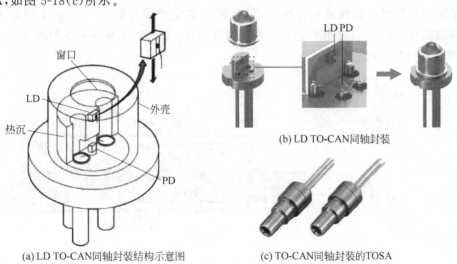

(a) LD TO-CAN同轴封装结构示意图   (c) TO-CAN同轴封装的TOSA

(b) LD TO-CAN同轴封装

图 5-18 采用 TO-CAN 同轴封装工艺制作 TOSA

TO-CAN 封装成本低廉,工艺简单,但由于其体积小,难以内置制冷,散热困难,难以用于大电流下的高功率输出,故而难以用于长距离传输。目前最主要的用于 2.5Gb/s 及 10Gb/s 短距离传输。

图 5-19 是一种采用 PD TO-CAN 同轴封装工艺制作的 ROSA。

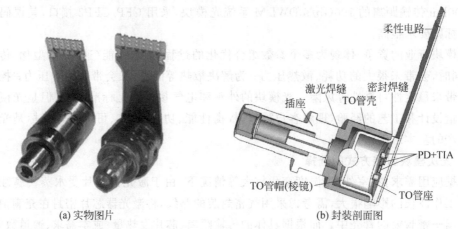

(a) 实物图片　　　　(b) 封装剖面图

图 5-19　采用 TO-CAN 同轴封装工艺制作的 ROSA

2) 蝶形封装

为了解决大功率需求,可以采用蝶形封装,在更大的热沉(有更高温控需求的还可以选

图 5-20　蝶形封装 DFB LD(TOSA)

配 TEC 温控)上安装激光器,透镜、隔离器等光学器件也安装在金属外壳内。蝶形封装壳体通常为长方体,结构及实现功能通常比较复杂,可以内置制冷器、热沉、陶瓷基块、芯片、热敏电阻、背光监控,并且可以支持所有以上部件的键合引线,壳体面积大,散热好,可以用于各种速率及 80km 长距离传输。图 5-20 为一带有尾纤的 14 针蝶形封装 DFB LD。

3) BOX 封装

BOX 封装是蝶形封装的一种特殊形式,用于多通道并行封装。图 5-21 所示为一个 BOX 封装的接收器,有 4 个并行通道。在对温度控制、气密性、可靠性等有较高要求的情况下,常用这种封装形式。

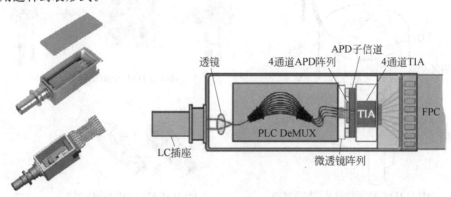

图 5-21　BOX 封装的接收器

4) COB 封装

COB 封装即板上芯片封装(Chip On Board,COB),将激光芯片黏附在 PCB 基板上,可以做到小型化、轻量化、高可靠、低成本。传统的单路 10Gb/s 或 25Gb/s 速率的光模块采用 SFP 封装将电芯片和 TO 封装的光收发组件焊接到 PCB 板上组成光模块。而 100Gb/s 光模块在采用 25Gb/s 芯片时,需要 4 组组件,若采用 SFP 封装,则需要 4 倍空间。COB 封装可以将 TIA/LA 芯片、激光阵列和接收器阵列集成封装在一个小空间内,以实现小型化。技术难点在于对光芯片贴片的定位精度(影响光耦合效果)和打线质量(影响信号质量、误码率)。图 5-22 为 COB 封装的收发器结构示意图。

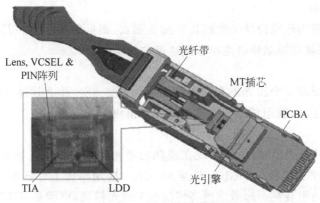

图 5-22 COB 封装的收发器

总而言之,气密封装使用金属+玻璃为脆弱的光芯片构建了严密的保护,能够应对各种使用环境。根据不同的器件设计需求有几种具体封装方式,但整体器件较多、需要成本较高的柔性线路板 FPC(俗称"软板")将高频信号从气密壳中引出,导致成本相对较高。工作环境相对可控、可靠性能够达到要求的情况下,采用非气密封装能够优化成本。

2. 光芯片的选择

根据传输距离、调制方式、成本等综合考虑,有多种激光器芯片可供选择。

1) VCSEL

VCSEL 芯片是成本最低的激光器芯片种类,代价是发光的角度较大,一般配合比较粗的多模光纤使用,但是多模光纤价格较高,考虑系统总成本,一般在短距离(几米的 AOC 和 100m 左右的 SR 光模块)场景下应用。

2) DFB

DFB 芯片输出波长精度较高,发光角较小,能够实现更高效的光路耦合,因此在中长距离应用较多(500m、2km 等),成本相对适中。

3) EML

虽然直接调制激光器(DML)具有低成本、低功耗的优势,但其调制带宽和传输距离受到张弛振荡频率和频率啁啾的限制。而使用 EML 的优势在于激光器芯片处于稳定工作状态,克服了内调制方式引起的激光器频率啁啾,可实现信号长距离传输,即 EML 适合长距离(10km、20km、40km 甚至更高)传输应用。此外,外调制器的响应速度比 DFB 直接调制更高,在某些调制技术领域(如 PAM4)更加适合使用。但由于增加了外电致吸收调制器,且面向长距离场景芯片整体质量要求也更高,因此同速率的 EML 芯片成本比 DFB 芯片高

50%甚至高几倍。

4) 可调谐窄线宽激光器

虽然 EML 能够解决啁啾带来的问题,但由于激光器固有的发射波长范围(即"线宽"),在超长距离(80km、100km 甚至更长)等应用中色散问题依然突出,需要采用窄线宽激光器。此外,在长途干线传输中引入 DWDM(密集波分复用)技术也需要采用可调谐窄线宽激光器。

综上所述,低成本短距离传输选用 VCSEL 芯片,中距离选择 DFB 芯片,中长距离以及特殊调制需求下选择 EML 芯片,超长距离以及某些特殊应用选择可调谐窄线宽激光器。

3. 通道数的选择

根据光模块的使用环境选择光次模块的封装形式,根据传输距离和其他性能要求选择激光器种类,接下来就要根据传输速率选择通道数和调制方式。

1) 单通道

一个光模块里面装一个激光器和一个接收器,一收一发,加上其他一些光学组件以及 PCB 板上有各种电芯片,就组成了一个单通道的光模块。

2) 多通道

由于激光器芯片升级的难度很大,现在成熟的激光器芯片最高速率是单波 50Gb/s,然而用户对带宽需求增长很快,400Gb/s 甚至 800Gb/s 应用都提上了日程,这就需要用多个激光器和多个接收器拼装在一起做成更高传输速率的光模块,也就是多通道设计方案。

多通道设计中有单纤和多纤两种方案。多纤方案就是每个激光器连一根光纤直接对外传输。这样做好处是光模块内部结构简单,器件相对较少,成本较低。但当传输距离比较长时,光纤用量大就增加了成本。所以多纤方案大多用在中短距离场景,比如 500m 的 100Gb/s PSM4、几米到几十米短距离的 AOC/SR4 等。单纤方案就是基于粗波分复用(CWDM)原理,通过不同波长的激光器,用合波器件(MUX)合并到一根光纤进行传输,再用分波器件(DeMUX)分离出不同的波长分别检测。如图 5-23(a)所示的 100Gb/s PSM4 光模块即为多纤方案,图 5-23(b)所示的 100Gb/s CWDM4 光模块即为单纤方案。

4. 调制方式的选择

光模块调制方式的选择和通道数设计是相辅相成的。

1) NRZ 调制

传统光模块调制基于 NRZ 信号(PAM2 信号),即激光器高/低功率分别对应二进制的 1 和 0 信号。NRZ 模式下光模块中只需要基础的驱动芯片、放大器(TIA、LA)、时钟恢复(CDR)及主控芯片(MCU 或 ASIC)等简单的电芯片即可。

2) PAM4 调制

NRZ 信号采用高、低两种信号电平来表示要传输的数字逻辑信号的 1、0 信息,每个信号符号周期可以传输 1 比特的逻辑信息。而 PAM4 信号采用 4 个不同的信号电平来进行信号传输,每个符号周期可以表示 2 个比特的逻辑信息(00、01、10、11)。在相同波特率(每秒发送的符号数,Baud Rate)下,PAM4 传输相当于 NRZ 信号两倍的信息量,从而实现速率的倍增。图 5-24 为典型 NRZ 与 PAM4 的信号波形及眼图对比。

光芯片直接升级难度和成本较高,要实现更高速率可采用 PAM4 调制技术。PAM4 光信号功率的判决分为 4 个阈值,低于最低阈值判定为 00、最低到中间阈值之间判定为 01、中

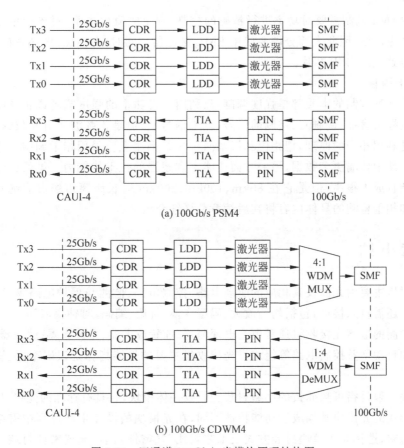

(a) 100Gb/s PSM4

(b) 100Gb/s CDWM4

图 5-23　四通道 100Gb/s 光模块原理结构图

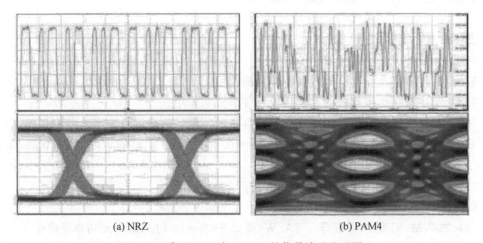

(a) NRZ　　　　　　　　　　　　(b) PAM4

图 5-24　典型 NRZ 与 PAM4 的信号波形及眼图

间到高阈值之间判定为 10，超过高阈值判定为 11。这样通过更密集的功率判定设计，使得相同的时间内能够传输 2 倍的数据量。比如一个 25Gb/s EML 光芯片，其波特率为 25GBaud，即一秒钟能发送 25×10^9 个脉冲（实际更多一些，还有链路开销等），通过 PAM4 调制之后可做成单通道传输速率为 50Gb/s 的光模块，即 50Gb/s PAM4 光模块（传输速率是 50Gb/s，波特率是 25GBaud）。

　　由于 PAM4 调制需要对功率进行精确的控制,判定阈值也更窄,对光纤色散导致的信号干扰要求更严格,因此大部分需要使用 EML 激光器。同时,在 NRZ 电芯片的基础上,还要增加信号处理的 DSP 芯片。

　　3) 相干调制

　　上述的两种调制的本质都是强度调制,只利用了光功率的强度或者说正弦波(载波)的振幅一个指标来表征(调制)二进制的信号(基带信号)。但是正弦波还有相位这个参数,相干调制就是利用相干的原理,把相位和振幅两个参数都用上。采用相干调制一方面可以在一个信号周期中传输更多数据,另一方面还能实现超强的抗干扰能力。虽然相干光模块结构非常复杂且成本很高,但是它在 80km、100km、200km 等长距离市场占据绝对优势。相干光调制和相干检测的具体内容将在后续章节详细介绍。

材料

本章小结

　　光发射机主要由光源及其相应的驱动电路、控制电路、监测与保护电路等组成,其中数字光发射机还需输入接口,包括均衡放大、码型变换、扰码、编码、时钟提取等。

　　直接检测的数字光接收机通常由光电探测器、前置放大器、主放大器、滤波器以及判决、时钟提取和自动增益控制电路等组成。光接收机主要的性能指标是误码率、灵敏度以及动态范围。

　　光模块一般是指可热插拔的小型封装光收发一体模块,它具有标准的光接口和电接口。不同封装形式的光模块其构成和功能特性不同,在光模块的设计生产过程中需根据具体应用场景和需求,选择光次模块封装方式及工艺路线(气密性封装、非气密性封装)、设计路线(单通道、多通道)、调制方式(NRZ、PAM4、相干)等。

思考题与习题

　　5.1　简述数字光发射机构成及各部分的作用。

　　5.2　简述数字光接收机的基本构成及各部分的作用。

　　5.3　光接收机前端的作用是什么?有哪 3 种不同的前端设计方案?各有何特点?

　　5.4　当 InGaAs APD 的 $M=10$ 时,$k_A=0.7$。没有雪崩时的暗电流是 10nA,带宽是 700MHz,请计算:

　　(1) 单位均方根带宽的噪声电流是多少?

　　(2) 700MHz 带宽的噪声电流是多少?

　　(3) 如果 $M=1$ 的响应度是 0.8A/W,那么 SNR=10 时的最小光功率是多少?

　　5.5　简述双纤双向单通道光模块的基本构成及各部件的主要功能。

　　5.6　比较 SFP、SFP+、SFP28、SFP56 光模块速率。

　　5.7　简述 QSFP+、QSFP28、QSFP56 光模块的主要特点及应用。

　　5.8　比较 100GBASE-LR4 和 100Gb/s CWDM4 这两种 100Gb/s 光模块实现方案的异同。

第6章

模拟/数字光纤通信系统

前面介绍了光纤、光无源器件、光有源器件、光端机与光模块等光纤通信系统的主要组成单元,本章介绍由这些单元构成的点到点光纤传输系统。根据传输信号形态,光纤通信系统分为模拟光纤通信系统和数字光纤通信系统。通过光纤信道传输模拟信号的模拟光纤通信系统具有占用带宽较窄、电路简单、价格便宜等优点,目前广泛用于视频信号的短距离传输,如模拟有线电视(CATV)系统、工业与交通监控管理系统等。与模拟通信相比,数字通信有许多优点,其中最主要的是数字通信系统可以恢复因传输损失导致的信号畸变,传输质量高。因此,高速率、大容量、长距离的光纤通信系统均是数字光纤通信系统。

6.1 模拟光纤通信系统

视频

模拟光纤通信系统主要采用直接调制方式,主要有基带信号直接强度调制和微波副载波复用强度调制两种。

6.1.1 模拟基带信号直接强度调制光纤传输系统

1. 系统构成

采用基带信号对光源进行直接强度调制的模拟光纤传输系统主要由光发射机、光纤线路和光接收机组成,如图 6-1 所示。在发送端,模拟基带信号直接对光源进行强度调制(Intensity Modulation,IM),使光源输出光功率随时间变化的波形和输入的模拟基带信号波形成比例;在接收端,光信号由光电二极管直接检测(Direct Detection,DD),从而恢复发射端的电信号。基带信号直接强度调制-直接检测(IM-DD)光纤传输系统不需要任何电的调制和解调,所以发送机和接收机的电路较为简单。

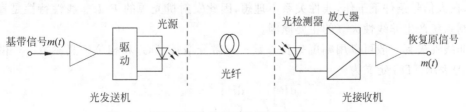

图 6-1　模拟基带信号直接强度调制光纤传输系统

2. 系统的主要性能指标

用于评价模拟基带信号直接强度调制光纤通信系统传输质量最重要的特性参数是信噪比(SNR)和信号失真(信号畸变)。

1) 信噪比

在模拟基带信号直接强度调制光纤通信系统中,由于输出到光接收机的信号较弱,系统的信噪比主要受光接收机性能的影响。因此,系统的信噪比定义为光接收机接收电信号功率和噪声功率的比值,它直观地表示了噪声对信号的干扰程度。

如用模拟电信号 $S(t)$ 对光源进行直接调制,适当选择光源的偏置电流和调制深度,光源输出信号光功率可表示为

$$P_{t}(t) = P_{t}[1 + mS(t)] \tag{6-1}$$

式中,P_t 为光源平均发送光功率(即未调制的载波功率);m 为调制深度。

注意,一般光纤的频带足够宽,因此可以假设信号在传输过程中不存在失真。这样,光接收机接收到的光功率为

$$P_{r}(t) = P_{r}[1 + mS(t)] \tag{6-2}$$

式中,P_r 为光接收机平均接收光功率。

当用 APD 检测器时,输出光电流为

$$i_{s}(t) = MR_{0}P_{r}[1 + mS(t)] \tag{6-3}$$

式中,M 为 APD 的平均雪崩增益;R_0 为光电检测器的响应度。

通常,$S(t)$ 是正弦或余弦信号,则均方信号电流为

$$\langle i_{s}^{2} \rangle = \left(\frac{I_{m}}{\sqrt{2}} \right)^{2} \tag{6-4}$$

式中,$I_m = MR_0 P_r m$,为信号电流的幅度(略去直流项),即

$$\langle i_{s}^{2} \rangle = \left(\frac{MR_{0}P_{r}m}{\sqrt{2}} \right)^{2} = \frac{(MI_{p}m)^{2}}{2} \tag{6-5}$$

式中,$I_p = R_0 P_r$ 为一次平均光生电流。以 APD 作为光电检测器时模拟光接收机的信噪比为

$$\text{SNR} = \frac{\langle i_{s}^{2} \rangle}{\langle i_{n}^{2} \rangle} = \frac{(MI_{p}m)^{2}/2}{2qM^{2}F_{A}(M)(I_{P} + I_{d})\Delta f + 4(k_{B}T/R_{L})F_{n}\Delta f} \tag{6-6}$$

式中,F_n 为前置放大器的噪声系数;R_L 为负载电阻;Δf 为光接收机电带宽。当光接收机采用 PIN 作为光电检测器时,式(6-6)中 $M=1$,$F_A(M)=1$。

2) 非线性失真

为使模拟信号直接光强调制系统输出光信号真实地反映输入电信号,要求系统输出光功率与输入电信号成比例地随时间变化,即不发生信号失真。一般而言,实现电/光转换的光源,在大信号条件下工作,线性关系不理想,因此发射机光源的 $P\text{-}I$ 非线性特性是直接光强调制系统产生非线性失真的主要原因。

非线性失真一般可以用幅度失真参数——微分增益(DG)和相位失真参数——微分相位(DP)表示。DG 定义为

$$\text{DG} = \left[\frac{\left. \dfrac{dP}{dI} \right|_{I_{2}} - \left. \dfrac{dP}{dI} \right|_{I_{1}}}{\left. \dfrac{dP}{dI} \right|_{I_{2}}} \right]_{\max} \times 100\% \tag{6-7}$$

DP 是光源发射光功率 P 和驱动电流 I 的相位延迟差,其定义为

$$\text{DP} = [\varphi(I_2) - \varphi(I_1)] \tag{6-8}$$

式中,I_1 和 I_2 为光源不同数值的驱动电流,一般 $I_2 > I_1$。

虽然 LED 的线性比 LD 好,但仍然不能满足高质量电视信号传输的要求。例如,短波长 GaAlAs-LED 的 DG 可能高达 20%,DP 高达 $8°$,而高质量电视传输要求 DG 和 DP 分别小于 1% 和 $1°$,因此,需要进行非线性补偿。目前主要从电路方面进行非线性补偿,如预失真补偿方式,即在系统中加入预先设计的、与 LED 非线性特性相反的非线性失真电路。这种补偿方式不仅能获得对 LED 的补偿,而且能同时对系统其他器件的非线性进行补偿。

基带信号直接强度调制方式的优点是方法简单,但该调制方案要求光接收机具有高的信噪比(SNR)、良好的幅频特性和较宽的带宽,而对光发射机的具体要求有:

(1) 发射光功率要大,以利于增加传输距离。发射光功率取决于光源,LD 优于 LED。

(2) 非线性失真要小,以利于减小微分相位(DP)和微分增益(DG),或增大调制指数。LED 线性优于 LD。

(3) 调制指数要适当大。m 大,有利于改善 SNR;但 m 太大,不利于减小 DP 和 DG。

(4) 光功率温度稳定性要好。LED 温度稳定性优于 LD,用 LED 作光源一般可以不用自动温度控制和自动功率控制,因而可以简化电路、降低成本。

6.1.2 副载波复用强度调制光纤传输系统

1. 系统构成

副载波复用光纤通信系统是用基带信号对射频电载波进行调制,形成已调信号副载波,然后再将多路已调信号副载波合起来共同对一个光源进行强度调制。而在接收端,先通过光检测器恢复带有信号的射频波,再通过射频检测器恢复原始信号。在这里,为区别光载波,把受模拟基带信号预调制的射频电载波称为副载波。

微波副载波复用(SubCarrier Multiplexing,SCM)光纤传输系统是一种结合现有微波通信和光通信技术的通信系统。在微波频分复用通信系统中,使用同轴电缆传输多信道微波信号,其总带宽限制在 1GHz 以下。如果将多个单独承载基带信号的微波副载波首先在电域复用,然后再对光源进行强度调制,使用光纤来传输信号,则单个光载波上能提供 10GHz 以上的带宽。

图 6-2 给出了一种微波副载波复用光纤传输系统的原理框图。首先,各路基带信号对各自微波频率振荡器的输出信号进行调制,经调制的各路信号送入微波带通滤波器和功率放大器,然后微波信号合成电路将 N 个带有基带信号的副载波组合成多路带宽信号进入光发射机,对半导体激光器 LD 进行强度调制,实现电/光转换。光信号经光纤传输后,最后在接收端经光/电变换和低噪声放大后与微波本振进行混频,解调滤波后还原输出基带信号。

微波副载波复用光纤传输系统具有如下特点:

(1) 采用光纤进行传输,不发送微波信号到空间,避免了微波信号之间的干扰,此外也避免了日益拥塞的微波频道资源分配和批准的问题。

(2) 易于实现模拟与数字信号的混合传输和各种不同业务的综合和分离。

(3) 可以充分利用现有的微波和卫星通信的成熟技术和设备,但又比现有微波传输容量大得多。

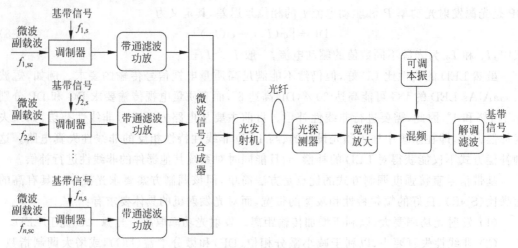

图 6-2　多信道 SCM 光纤传输系统

（4）与时分复用（TDM）相比，副载波复用系统只接收本载波频带内的信号和噪声，因而灵敏度高，也无需复杂的定时同步技术。

因此，微波副载波光纤传输系统从带宽和成本以及应用上的灵活性方面看，都非常适合局部区域的需要及宽带综合业务网（B-ISDN）的发展。虽然该系统受到光源和光纤传输中非线性的影响，传输质量受到限制，但是光电技术的发展为该系统的发展创造了有利条件。实验证明，副载波复用光纤传输系统可用于高速数据、模拟音频和视频信号以及高清电视的传输。

2. 载噪比

在副载波复用强度调制光纤传输系统中，由于信号加载在副载波上，因此不能直接用信噪比来衡量传输质量。评价副载波复用光纤传输系统的主要指标是载噪比（Carrier-to-Noise Ratio，CNR）。CNR 定义为光电检测器输出的均方根载波功率与均方根噪声功率之比，即

$$\text{CNR} = \frac{(MI_p m)^2/2}{\sigma_S^2 + \sigma_T^2 + \sigma_I^2 + \sigma_{IMD}^2} \tag{6-9}$$

式中，σ_s、σ_T、σ_I 和 σ_{IMD} 分别为散粒噪声、热噪声、LD 强度噪声和互调失真（Inter Modulation Distortion，IMD）相关的均方根噪声电流。σ_{IMD} 值由组合二次（Composite Second-Order，CSO）失真和组合三次差拍（Composite Triple-Beat，CTB）的失真值决定。

假设激光器的相对强度噪声 RIN 在接收机带宽内近似均匀，则

$$\sigma_I^2 = (\text{RIN})(R\overline{P})^2 \Delta f \tag{6-10}$$

SCM 要求的 CNR 取决于调制方式。现有的 CATV 网络使用残留边带幅度调制（AM-VSB），分配多路电视信道到多个用户，通常要求 CNR＞50dB，以满足性能要求。此时光接收机的平均接收光功率 $\overline{P}$ 需要增加到较大值（0.1～1mW）。这样高的接收光功率带来了两个问题：一是 AM 模拟系统的功率预算受到了严重限制，除非光发射机功率达到 10mW 以上；二是因为 σ_I^2 与 $\overline{P}^2$ 成正比，而 σ_s^2 仅与 $\overline{P}$ 成正比，当强度噪声占支配地位时，强度噪声决定着系统的性能，此时的 CNR 将变得与接收光功率 $\overline{P}$ 无关，即

$$\text{CNR} \approx \frac{m^2}{2(\text{RIN})\Delta f} \tag{6-11}$$

例如,当 $m = 0.1, \Delta f = 50\text{MHz}$ 时,要实现 $\text{CNR} > 50\text{dB}$,粗略估算激光器的 RIN 值应该小于 -150dB/Hz。一般来说,只有增加调制指数 m 或减小接收机带宽 Δf,才能获得较大的 RIN。为降低光发送机的 RIN,需要专门设计较小 RIN 的 DFB 激光器,并使激光器工作点偏置在阈值以上,以提供大于 5mW 的偏置功率 P_b。因为 RIN 值随 P_b^{-3} 下降,且较大的偏置功率也容许增大调制系数 m,从而提高 CNR 值。

6.2 数字光纤通信系统

6.2.1 数字光纤通信系统的基本构成

数字光纤通信系统如图 6-3 所示,与模拟系统主要区别在于数字系统中有模数转换设备和数字复接设备,即 PCM 电端机。

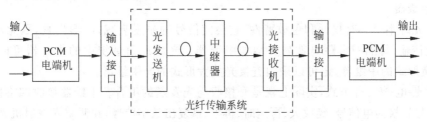

图 6-3 数字光纤通信系统的组成

1. PCM 电端机

PCM 电端机中的模数转换设备将来自用户的模拟信号(包括语音、图像信号等)转换为对应的数字信号,完成 PCM 编码,数字复接设备则将多路低速数字信号按时分复用的方式复接成一路高速数字信号。经过脉冲编码的单极性的二进制码并不适合在线路上传输,因为其中的连 0 和连 1 太多,因此在 PCM 输出之前,还要将它们变成适合线路传输的码型。根据 CCITT 建议,一、二、三次群采用 HDB_3 码(三阶高密度双极性码),而四次群系统采用 CMI 码(传号反转码)。

2. 输入接口

从 PCM 端机输出的 HDB_3 或 CMI 码仍然不适合光发射机的要求,所以要通过接口电路把它们变成适合光发送机要求的单极性 NRZ 码。输入接口电路还可以保证电端机和光端机之间的信号幅度、阻抗匹配。单极性码由于具有随信息随机起伏的直流和低频分量,在接收端对判决不利,因此还需要进行线路编码以适应光纤线路传输的要求。常用的光纤线路码型有分组码(mBnB)和插入码(mB1H/1C)。经过编码的脉冲按系统设计要求整形、变换后以 NRZ 和 RZ 码去调制光源。

3. 光发送机

数字光纤通信系统发送端一般采用强度调制方式实现数字电信号到数字光信号的转换,即通过直接调制或间接调制,使得 1 码出现时发送光脉冲,而 0 码出现时不发光。这种调制方式称为开关键控,即 On-Off Key,简称为 OOK 方式。

4. 光接收机

接收端一般采用直接检测方式将光脉冲信号转换成电流脉冲,即根据电流的振幅大小来判决收到的信号是 1 还是 0。采用强度调制-直接检测方式工作的光纤通信系统称为 IM-DD 光纤通信系统。

为了提高系统的灵敏度,并检测微弱光信号,接收端可以采用相干检测的工作方式,在接收端增加本振光源,使之与接收到的微弱光信号在光电检测器中产生混频,并获得相应的电信号输出。由于本振光源的光功率远大于信号光功率,因此可以获得混频增益,所以相干检测方式可以使系统接收灵敏度显著提高。有关相干光通信技术后面还将讲述。

5. 输出接口和 PCM 电端机

光接收机输出的电信号被送入输出接口电路,它的作用与输入接口电路相对应,即进行输入接口电路进行变换的反变换,并且使光接收机和 PCM 电端机之间实现码型、电平和阻抗的匹配。然后,信号经过输出端的 PCM 端机,把经过编码的信号还原为最初的模拟信号。

6. 中继器

由于光纤本身具有损耗和色散特性,它会使信号的幅度衰减,波形失真,因此对于长距离的干线传输,每隔一定距离就需要增加中继器。光纤通信系统中的中继器可以采用光-电-光转换形式的中继器,也可以采用直接光放大形式的光中继器。

所谓光-电-光工作方式,实际上就是光接收与光发送的组合。中继器接收端将接收到的微弱光信号转换为电信号,经放大、再定时、再生,恢复出数字信号,并调制光发射机光源,再转换为光信号送入光纤再传输。这种中继器可提供电层面上的信号再放大(Re-amplifying)、再整形(Re-shaping)和再定时(Re-timing),也称为 3R 中继器。光-电-光转换形式的中继器的主要优点是可以修复因传输损伤导致的信号失真,但其主要缺点是结构复杂,尤其是对于大容量的波分复用系统,这种中继方式几乎不可行。

直接光放大形式的光中继就是在光层面上直接进行光信号放大的光放大器,它可作为1R(Re-amplifying)中继器来弥补因光纤损耗导致的信号能量损失。直接光放大形式的主要优点是结构简单,可以在放大器的工作带宽以内同时透明放大多路光信号,所以波分复用系统都采用这种中继方式。直接光放大只能解决因损耗导致的信号衰减,无法修复因光纤色散、噪声导致的信号畸变,而且会引入附加的放大器噪声。

6.2.2 数字光纤通信系统的传输体制

光纤大容量数字传输目前都采用同步时分复用技术(Time-Division Multiplexing,TDM)。复用又分若干等级,先后有两种传输体制:准同步数字系列(Plesiochronous Digital Hierarchy,PDH)和同步数字系列(Synchronous Digital Hierarchy,SDH)。本节在介绍时分复用技术的基础上,分别介绍这两种传输体系。

1. 时分复用(TDM)

时分复用是采用交错排列多路低速模拟或数字信道到一个高速信道上的传输的技术。目前 TDM 通信方式的输入信号多为数字比特流,它是利用脉冲编码调制(PCM)方法将语音模拟信号经取样、量化和编码后转变为数字信号。为了实现 TDM 传输,需要将传输时间按帧划分,每帧又分为若干个时隙,在每个时隙内传输一路信号的一个字节(8bit),当每路

视频

信号都传输完一个字节后就构成一帧,然后从头开始传输每一路的另一个字节,构成另外一帧。或者说,它将若干原始的脉冲调制信号在时间上进行交替排列,形成一个复合脉冲串,该脉冲串经光纤信道传输后到达接收端。在接收端,采用一个与发送端同步的类似旋转式开关的器件,完成 TDM 多路脉冲流的分离。

图 6-4(a)为 24 路数字信道(T1)时分复用系统构成的原理图。首先,同步或异步数字比特流送入输入缓存器,在这里被接收并存储。然后采用一个类似于旋转开关的器件以 8000 转/秒(即 $f_s = 8$kHz)轮流读取 N 个输入信道缓存器中的 1 字节的数据,其目的是实现每路数据流与复用器取样速率的同步和定时。同时,帧缓存器按顺序记录并存储每路输入缓存器数据字节通过的时间,从而构成数据帧。N 个信道复用后的帧结构如图 6-4(b)所示。

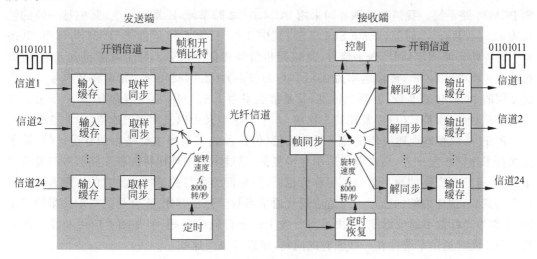

(a) 24个数字信道(T1)复用原理图

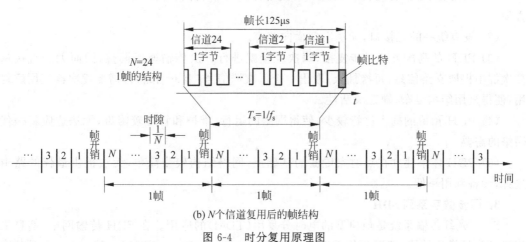

(b) N个信道复用后的帧结构

图 6-4　时分复用原理图

当每个信道的数据(通常是一个字节)依次插入帧时隙时,由于信道速率较低,而复用器取样速率较高,可能会出现无数据字节来填充帧时隙的情况,此时可用一些空隙字节来填充。在接收端再将它们提取出来丢弃。在帧一级,为使解复用器和复用器同步,需要插入一些定时和开销比特。为检测误码及监控系统的需要,也需要插入另外一些比特。这些填充比特、同步比特、误码检测和开销比特在图6-4中用帧开销(Frame OverHead,FOH)时隙表示。

为了在光纤中传输,要对已形成的串比特流进行编码。在接收端,接收转换开关要与发送转换开关帧同步,恢复定时信号,解码并转换成双极性非归零脉冲波形。该信号被送入接收缓冲器,同时也检出控制和误码信号。然后把存储的帧信号依次从接收缓冲器取出,每路字节信号分配到各自的输出缓冲器和解同步器。输出缓冲器存储信道字节并以适当的信道速率依次提供与输入比特流速率相同的输出信号,从而完成时分解复用的功能。

2. 准同步数字系列 PDH

准同步数字系统是将由抽样、量化、编码后得到的 PCM 数字信号进行准同步复用后进行传送的数字通信系统。目前 PDH 有两种基础速率(或基群速率),即 PCM30/32 路系统和 PCM24 路系统。我国和欧洲各国采用 PCM30/32 路系统,E-系列标准,其中每一帧的帧长为 $125\mu s$,共有 32 时隙(Time Slot,TS),其中 TS1~TS15 和 TS17~TS31 为话路,其他两个时隙传输帧同步信号、告警信号、复帧同步信号和信令信号。每个时隙包含 8bit,所以每帧有 $8\times32=256$bit,传输速率为 $256b\times(1/125\mu s)=2.048$Mb/s。北美和日本等国家广泛使用的 PCM24 路系统,T-系列标准,其基群速率为 1.544Mb/s,基群含有 24 个信道。几个基群信号(一次群)又可以复用到二次群,几个二次群又可以复用到三次群,以此类推。

PDH 可以很好地适应传统的点对点通信,但这种数字系列主要是为话音设计的,除了低次群采用同步复接外,高次群均采用异步复接,通过增加额外比特使各支路信号与复接设备同步,虽然各支路的数字信号流标称值相同,但它们的主时钟是彼此独立的。随着信息化社会的到来,这样的结构已远不能适应现代通信网对信号带宽化、多样化的需求。早期采用 PDH 作为光纤数字通信标准,解决了当时数字信号传输的问题,但是随着应用和技术的发展,PDH 光纤通信系统存在一些固有的问题,难以解决。比如:

(1)我国和欧洲、北美、日本的 PDH 数字体系各不相同,体系之间不兼容,国际互通不方便。

(2)没有统一的光接口,无法实现横向兼容。

(3)PDH 的高次群是异步复接,每次复接就进行一次传输速率调整,因而无法直接从高次群中提取支路信息,每次插入/取出一个低次群信号(上下话路)都需要逐次群复用解复用,使得复用结构复杂,缺乏灵活性。

(4)PDH 预留的插入比特较少,使得网络的运行、维护和管理较困难,无法适应新一代网络的需要。

(5)PDH 体系建立在点对点传输的基础上,网络结构较为简单,无法提供最佳的路由选择,设备利用率低。

3. 同步数字系列 SDH

SDH 光纤传输系统是最典型的电时分复用(TDM)的应用。在 SDH 传输网中,信息采用标准化的模块结构,即同步传送模块 STM-N(N=1、4、16、64 和 256),其中 N=1 是基本的标准模块信号。

1) SDH 帧结构和传输速率

SDH 帧结构是实现数字同步时分复用,保证网络可靠有效运行的关键。SDH 的帧结构是以字节为基础的矩形块状帧结构,如图6-5所示,一个 STM-N 帧有 9 行,每行由 270×

N 个字节组成,因而每帧共有 $9\times270\times N$ 个字节(1 字节为 8 比特)。帧结构中的字节传输是按照从左至右、从上至下的顺序进行的。首先从图中左上角的第一个字节开始,从左至右传输 $270\times N$ 个字节,这样从上至下完成一帧 9 行 $9\times270\times N$ 个字节的传输。传输一帧的时间为 $125\mu s$,则 STM-1 的传输速率为 $9\times270\times8b/125\mu s=155.52Mb/s$;对于 STM-4,其传输速率为 $9\times270\times4\times8b/125\mu s=622.08Mb/s$。

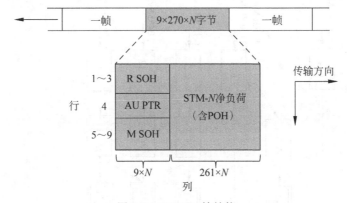

图 6-5 STM-N 帧结构

由图 6-5 可知,SDH 帧结构大体可分为 3 部分。

(1) 段开销(Section OverHead,SOH)区。

段开销是在 STM 帧结构中为保证信息净负荷正常灵活传送所必需的附加字节,主要提供用于网络的运行、管理和维护以及指配功能的字节。段开销包括再生段开销(R SOH)和复用段开销(M SOH)。

材料

(2) STM-N 的净负荷(Payload)区。

净负荷区存放的是有效的传输信息,由图 6-5 中横向从第 $10\times N$ 到 $270\times N$ 列,纵向从第 1 到第 9 行的 $2349\times N$ 个字节组成,其中还含有少量用于通道性能监视、控制、维护和管理的通道开销(POH)字节。

(3) 管理单元指针(AU PTR)区。

AU PTR 位于帧结构第 4 行的第 1~9 个字节,这一组数码代表的是净负荷信息的起始字节的位置,接收端根据指示可以正确地分离净负荷。这种指针方式的采用是 SDH 的重要创新,可以使之在准同步环境中完成复用同步和 STM-N 信号的帧定位。这一方法消除了常规准同步体系中滑动缓存器引起的延时和性能损伤。

2) SDH 的复用结构与原理

(1) 基本复用结构和原理。

前面已经讨论过,SDH 的一个优点是可以兼容 PDH 的各次群速率和相应的各种新业务信元,其中的复用过程便是遵照 ITU-T 的 G.707 建议所给出的结构,如图 6-6 所示。

传统的把低速率信号复用成高速率信号的方法通常有两种:一种是正比特塞入法,它是利用位于固定位置的比特塞入指示,来显示塞入的比特究竟载有真实数据还是伪数据;另一种为固定位置映射法,即利用低速支路信号在高速信号中的固定比特位置携带低速同步信号。SDH 系统引入了指针调整法,利用净负荷指针表示 STM-N 帧内的净负荷第一个字节的位置。

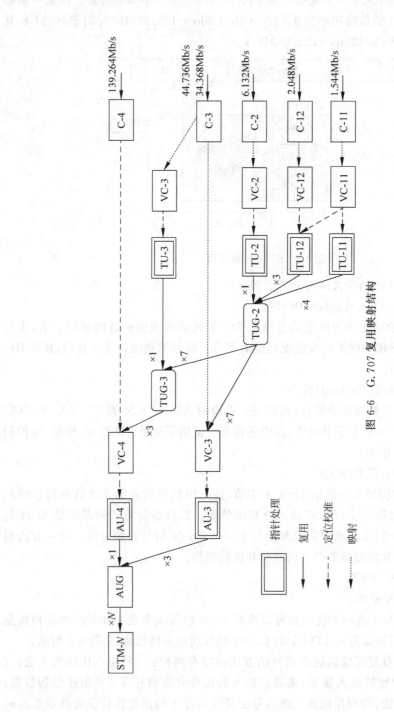

图 6-6 G.707 复用映射结构

如图 6-6 所示的这种复用结构由一系列的基本单元组成,而复用单元实际上就是一种信息结构。不同的复用单元信息结构不同,因而在复用过程中所起的作用也不同。常用的复用单元有容器(C)、虚容器(VC)、管理单元(AU)、支路单元(TU)等。具有一定频差的各种支路的业务信号最终进入 SDH 的 STM-N 帧都要经过映射(Mapping)、定位(Aligning)和复用(Multiplexing)3 个过程。

各种速度等级的信号首先进入相应的不同接口容器 C 中,在那里完成码速调整等适配功能。由标准容器出来的数字流加上通道开销(POH)后构成了所谓的虚容器(VC),这个过程称为映射。VC 在 SDH 网中传输时可以作为一个独立的实体在通道中任意位置取出或插入,以便进行同步复接和交叉连接处理。由 VC 出来的数字流进入管理单元(AU)或支路单元(TU),并在 AU 或 TU 中进行速率调整。

在调整过程中,低一级的数字流在高一级的数字流中的起始点是浮动的,在此,设置了指针(AU PTR 和 TU PTR)来指出相应的帧中净负荷的位置,这个过程叫作定位。最后在 N 个 AUG 的基础上,再附加段开销(SOH),便形成了 STM-N 的帧结构。从 TU 到高阶 VC 或从 AU 到 STM-N 的过程称为复用。

(2) 基本映射单元。

在以上所述的复用过程中可以看到,不同的复用单元具有不同的信息结构和功能。

① 容器(C)。容器是用来装载各种速率业务信号的信息结构,主要完成 PDH 信号和虚容器(VC)之间的适配功能(如码速调整)。针对不同的 PDH 信号,ITU-T 规定了 5 种标准容器,即 C-11、C-12、C-2、C-3 和 C-4。

每一种容器分别对应一种标称的输入速率,C-11 对应的输入速率为 1.544Mb/s,C-12 对应的输入速率为 2.048Mb/s,C-2 对应的输入速率为 6.312Mb/s,C-3 对应的输入速率为 34.368Mb/s,C-4 对应的输入速率为 139.24Mb/s。其中 C-4 为高阶容器,其余为低阶容器。在我国的 SDH 复用结构中,仅用了 3 种标准容器,即 C-12、C3 和 C4。

② 虚容器(VC)。VC 是用来支持 SDH 通道层连接的信息结构。它是由标准容器 C 的信号再加上用以对信号进行维护和管理的通道开销(POH)构成的。虚容器又分为高阶 VC 和低阶 VC,其中 VC-11、VC-12、VC-2 和 TU-3 之前的 VC-3 为低阶虚容器,VC-4 和 AU-3 前的 VC-3 为高阶虚容器。

虚容器是 SDH 中最为重要的一种信息结构,它仅在 PDH/SDH 网络边界处才进行分接,在 SDH 网络中始终保持完整不变,独立地在通道的任意一点进行分出、插入或交叉连接。无论是低阶还是高阶虚容器,它们在 SDH 网络中始终保持独立且相互同步的传输状态,即在同一 SDH 网中的不同的 VC 的帧速率是相互同步的,因而在 VC 级别上可以实现交叉连接操作,从而在不同的 VC 中装载不同速率的 PDH 信号。

③ 支路单元(TU)。支路单元是为低阶通道层和高阶通道层之间提供适配功能的一种信息结构。它由一个低阶 VC 和一个指示此低阶 VC 在相应的高阶 VC 中的初始字节位置的指针 PTR 组成。

④ 支路单元组(TUG)。TUG 由一个或多个在低阶 VC 净负荷中占据固定位置的支路单元组成。把不同大小的 TU 组合成一个 TUG 可以增加传送网络的灵活性。VC-4 和 VC-3 中有 TUG-3 和 TUG-2 两种支路单元组。1 个 TUG-2 由 1 个 TU-2 或 3 个 TU-12 或 4 个 TU-11 按字节间插组合而成;一个 TUG-3 由一个 TU-3 或 7 个 TUG-2 按字节交错间

插组合而成。一个 VC-4 可容纳 3 个 TUG-3,一个 VC-3 可以容纳 7 个 TUG-2。

⑤ 管理单元(AU)。AU 是在高阶通道层和复用段层之间提供适配功能的信息结构。它由高阶 VC 和指示高阶 VC 在 STM-N 中的起始字节位置的管理单元指针(AU PTR)组成。高阶 VC 在 STM-N 中的位置是浮动的,但 AU PTR 在 SDH 帧结构中的位置是固定的。

⑥ 管理单元组(AUG)。在 STM-N 的净负荷中占据固定位置的一个或多个管理单元 AU 就组成了管理单元组 AUG。1 个 AUG 由 1 个 AU-4 或 3 个 AU-3 按字节间插组合而成。

⑦ 同步传送模块(STM-N)。在 N 个 AUG 的基础上,加上用作运行、维护和管理用的段开销,便形成了 STM-N 信号。不同的 N,信息速率等级不同。

(3) 我国采用的映射结构。

我国采用的基本复用映射结构如图 6-7 所示,它保证了每一种速率的信号只有唯一的一条复用路线可以到达 STM-N。

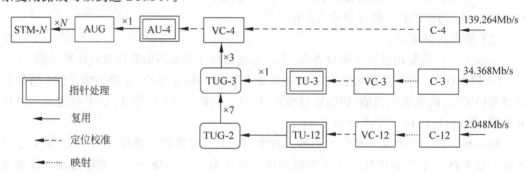

图 6-7　我国采用的复用映射结构

(4) 典型示例。

如图 6-8 所示是 2.048Mb/s 信号复用到 STM-1 的过程。首先,2.048Mb/s 信号映射到容器 C-12 中,加上通道开销 VC-12 POH 之后,得到 VC-12;然后在 VC-12 信号上加上指针 TU PTR,得到支路单元 TU-12;将 3 个 TU-12 按字节间插同步复接成一个 TUG-2;7 个 TUG-2 又按字节同步复接,并在前面加上两列固定填充字节,构成 TUG-3;然后 3 个 TUG-3 按字节间插同步复接,同时在前面加上两列装入 VC-4,再加上管理单元指针 AU PTR,就构成了一个 AU-4,最后以固定相位的形式置入含有 STM-1 的段开销 SOH,就完成了从 2.048Mb/s 的信号到 STM-1 的复用。

6.2.3　数字光纤通信系统的性能指标

数字通信系统主要的性能指标是误码特性和抖动特性。

1. 误码特性

数字光纤通信系统的误码性能用误码率来衡量。误码发生的形态主要有两类:一类是随机形态的误码,即误码主要是单个随机发生的,具有偶然性;另一类是突发的、成群发生的误码,这种误码可能在某个瞬间集中发生,而其他大部分时间无误码。造成误码的原因是多方面的,比如电缆数字网络中的热噪声、交换设备的脉冲噪声干扰、雷电的电磁感应、电力线的干扰、光纤的色散等。

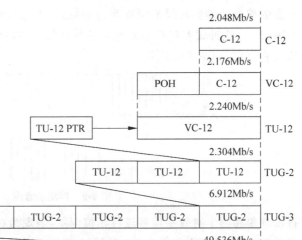

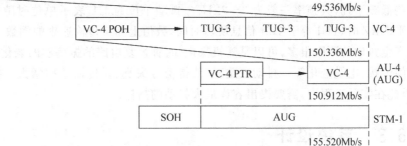

图 6-8　2.048Mb/s 信号复用到 STM-1 的过程

评价误码特性的参数包括平均误码率、劣化分、严重误码秒和误码秒。

1）长期平均误码率 BER_{av}

在一段较长时间内出现的误码的个数和传输的总码元数的比值。平均误码率反映了测试时间内平均误码结果，无法反映出误码的随机性和突发性。

2）劣化分（Degrade Minute，DM）

每分钟的误码率劣于 10^{-6} 这个阈值称为劣化分。

3）严重误码秒（Severely Errored Second，SES）

每秒的误码率劣于 10^{-3} 这个阈值称为严重误码秒。

4）误码秒（ES）

有误码的秒称为误码秒。这是由于现代通信中的数据业务是成块发送的，如果 1 秒中有误码，相应的数据块都要重发。对于目前的电话业务，传输一路 PCM 电话的速率为 64kb/s，其误码性能指标如表 6-1 所示。

表 6-1　64kb/s 误码特性指标

误码率参数	定　义	指　标	长期平均误码率
劣化分（DM）	BER 劣于 10^{-6} 的分数	$<10\%$	$<6.2\times10^{-7}$
严重误码秒（SES）	BER 劣于 10^{-3} 的分数	$<0.2\%$	$<3\times10^{-6}$
误码秒（ES）	$BER\neq0$ 的秒数	$<8\%$	$<1.3\times10^{-6}$

2. 抖动特性

抖动是数字信号传输中产生的一种瞬时不稳定现象，即数字信号在各有效瞬时对标准时间位置的偏差。偏差时间范围称为抖动幅度(J_{P-P}),偏差时间间隔对时间的变化率称为抖动频率(F)。这种偏差包括输入脉冲信号在某一平均位置左右变化和提取时钟信号在中心位置左右变化,如图 6-9 所示。

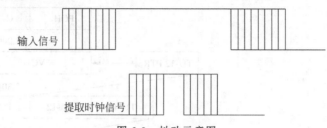

图 6-9　抖动示意图

抖动现象相当于对数字信号进行相位调制,表现为在稳定的脉冲图样中,前沿和后沿出现某些低频干扰,其频率一般为 0～2kHz。抖动单位为 UI,表示单位时隙。当脉冲信号为二电平 NRZ 时,1UI 等于 1bit 信息所占时间,数值上等于传输速率的倒数。

产生抖动的原因很多,可以是随机噪声,时钟恢复电路的振荡器的老化、调谐不准,接收机码间干扰、电缆老化等。抖动严重时,使得信号失真、误传输速率增大。抖动难以完全消除,因此在实际工程中,需要提出容许最大抖动的指标。

视频

6.3　系统设计

点对点的光纤通信系统主要由光发射机、光纤线路和光接收机 3 部分构成,而每部分都由许多光电器件组成,各种元器件之间的组合非常多。此外,在应用上对系统的要求极为广泛,因此笼统地讨论光纤系统的设计是非常困难的,本节只介绍设计的一般原则。

6.3.1　总体设计考虑

对一个光纤通信系统的基本要求有:

(1) 预期的传输距离;

(2) 要求的传输带宽和传输速率;

(3) 系统的性能(BER、SNR 及失真等);

(4) 可靠性和经济性。系统设计首先要从这些要求出发,考虑到系统可靠性、价格和安装等方面的问题,确定工作波长及调制方式,选择各种元件,计算传输距离或中继距离。为此,通常采用两种方法,即系统的功率预算法和上升时间预算法。前者适用于光纤带宽与信号速率之比足够大时,传输距离主要受到损耗限制的系统;后者适用于系统的损耗足够小,传输距离主要受光纤色散等因素的限制。

1. 工作波长的选择

选择工作波长主要有两条原则:一是通信距离和容量,短距离小容量的系统一般选850nm 和 1310nm,反之选 1310nm 和 1550nm 的长波长;二是能否得到所选波长的光纤及光器件,且在质量、价格和可靠性等方面满足系统性能要求。

2. 光源的选择

光纤通信系统一般采用 LED 和 LD 作为光源,LED 的优点是对温度的敏感性较低、线性好、可靠性高和线路简单成本低。而 LD 调制速率高,而且输出功率比 LED 高得多,与光纤耦合效率比 LED 高 8~15dB,因此采用 LD 光源可获得更长的无中继距离。

3. 光纤的选择

光纤有单模光纤和多模光纤,多模光纤有阶跃折射率分布的多模光纤的和渐变折射率分布的多模光纤两种。对于短距离传输和短波长应用,可以用多模光纤。但长波长传输一般使用单模光纤。目前可选择的单模光纤有 G.652、G.653、G.654 和 G.655 等。G.652 对于 1310nm 波段是最佳选择;G.653 只适合于 1550nm 波段;对于 WDM 系统,G.655 和大有效面积光纤是最合适的。此外,光纤的选择还与光源有关,LED 与单模光纤的耦合效率低,所以 LED 一般使用多模光纤。LD 既能用于多模光纤系统,也能用于单模光纤系统。另外,对于传输距离为数百米的系统,可以用塑料光纤配以廉价的 LED。

4. 光检测器的选择

光检测器的选择需要根据系统在满足特定误码率的情况下所需的最小接收光功率,即接收机的灵敏度,此外还需考虑检测器的可靠性、稳定性、成本和复杂程度。一般来讲,中短距离和小容量的系统采用 PIN;长距离、大容量的系统中采用灵敏度高的 APD 或 PIN-FET、APD-FET。由于 PIN 与 APD 相比具有结构简单、工作电压低、对温度变化不敏感和成本低廉等优点,成为大多数系统的首选。

6.3.2 损耗限制系统的设计——功率预算法

功率预算的目的在于使光纤通信系统在整个寿命期间,确保有足够的光功率到达光接收机以保证系统有稳定可靠的性能。合理设计中继距离对系统性能及经济效益都非常重要。当系统的工作频宽远小于光纤带宽,并在传输速率较低($B < 100$Mb/s)时,其光纤色散对灵敏度的影响较小,这时系统的传输距离主要受损耗的限制,即取决于以下因素:

(1)发送端耦合到光纤的平均功率 $\overline{P}_T$(dBm)。

(2)光接收机的灵敏度 $\overline{P}_{rec}$(dBm)。

(3)光纤线路的总损耗 α_T(dB)。

系统的功率预算可以表示为

$$\overline{P}_T = \overline{P}_{rec} + \alpha_T + M_c \tag{6-12}$$

式中,信道总损耗 α_T 包括光纤活动连接器损耗 α_c(dB/个)、光纤固定熔接头损耗 α_s(dB/km),即平均每千米熔接损耗和光纤损耗 α_F(dB/km)。M_c 为系统功率富余度,它是考虑设备的老化、温度的波动等因素留出的裕量,一般为 6~8dB。于是式(6-12)可以改写为

$$P_T = \overline{P}_{rec} + 2\alpha_c + \alpha_s L + \alpha_F L + M_c \tag{6-13}$$

式中,$2\alpha_c$ 表示系统共有两个活动连接器,则传输距离为

$$L = \frac{P_T - (\overline{P}_{rec} + 2\alpha_c + M_c)}{\alpha_s + \alpha_F} \tag{6-14}$$

在选定元器件的条件下,式(6-14)可用来估计最大传输距离。

6.3.3 色散受限系统的设计——带宽设计

随着光纤制造工艺的成熟,光纤的损耗可以达到理论值。在高速光纤通信系统中,光纤的损耗非常低,此时限制传输距离的是光纤的色散。如果系统的传输速率较高,光纤线路色

散较大,那么中继距离主要受色散(带宽)的限制。对于线性系统,常用上升时间来表示各组成部件的带宽特性。上升时间 T_r 定义为系统在阶跃脉冲作用下,从幅值的 10% 上升到 90% 所需要的响应时间。系统的上升时间 T_r 与带宽 Δf_{3dB} 的关系为

$$T_r = \frac{2.2}{2\pi\Delta f_{3dB}} = \frac{0.35}{\Delta f_{3dB}} \tag{6-15}$$

T_r 与 Δf_{3dB} 的反比关系对任何线性系统均成立,只是 $T_r \cdot \Delta f_{3dB}$ 的值可能不等于 0.35。在光纤通信系统中,常利用 $T_r \cdot \Delta f_{3dB} = 0.35$ 作为系统设计标准。

带宽 Δf_{3dB} 与传输速率 B 的关系取决于数字调制格式。对归零码(RZ), $\Delta f_{3dB} = B$, $BT_r = 0.35$。而对非归零码(NRZ), $\Delta f_{3dB} \approx B/2$, $BT_r = 0.7$,因而上升时间的容限分别为

$$\begin{cases} T_r \leqslant 0.35/B, & RZ \\ T_r \leqslant 0.70/B, & NRZ \end{cases} \tag{6-16}$$

系统总的上升时间 T_r 决定于系统中各个器件的上升时间,包括光发送机上升时间 T_{tr}、光纤的上升时间 T_f 和光接收机的上升时间 T_{rec},并且有

$$T_r^2 = T_{tr}^2 + T_f^2 + T_{rec}^2 \tag{6-17}$$

1. 光发射机和光接收机的上升时间

光发射机的上升时间通常定义为光信号从最大值的 10% 上升到最大值的 90% 之间的时间。光发射机的上升时间主要取决于光源及其驱动电路。对 LED 发射机的典型值为几纳秒,而 LD 发射机典型值是 $0.1ns$。而光接收机的上升时间主要由接收机前端的 3dB 带宽决定,只要知道接收机前端的 3dB 带宽就可由式(6-15)确定上升时间。

2. 光纤的上升时间

光纤上升时间 T_f 包括模间色散上升时间 T_{mod} 和材料色散上升时间 T_{mat},即

$$T_f^2 = T_{mod}^2 + T_{mat}^2 \tag{6-18}$$

对于单模光纤, $T_{mod} = 0$,所以 $T_f = T_{mat}$。材料色散对上升时间的贡献可由下式估算

$$T_{mat} \approx |D|L\Delta\lambda \tag{6-19}$$

式中,$\Delta\lambda$ 为光源谱宽(FWHM),参数 D 是传输光纤的平均色散系数。

对于多模光纤链路,模间色散上升时间的计算比较复杂:一方面,一条光纤链路通常是由多段光纤构成,它们的色散特性可能各不相同;另一方面,在活动连接器及熔点等不连续处发生模式的混合,对不同模式的传播时延产生平均效应。因此,通常采用统计的方法来估算模间色散上升时间。

在不存在模式混合的情况下,对于阶跃折射率光纤,可由延迟 $\Delta\tau = \frac{L}{c} \cdot \frac{n_1^2}{n_2}\Delta$ 来近似估算模间色散上升时间,即

$$T_{mod} \approx \frac{n_1\Delta}{c}L \tag{6-20}$$

式中,n_1 为纤芯折射率;Δ 为纤芯与包层折射率差;c 为真空中的光速;L 为光纤长度。

对于渐变折射率多模光纤

$$T_{mat} \approx \frac{n_1\Delta^2}{8c}L \tag{6-21}$$

如果考虑模式混合效应,可引入一个参数 γ,在式(6-23)和式(6-24)中用 L^γ 代替 L,一般 γ 为 $0.5\sim1$,取决于模式耦合程度。$\gamma=1$ 表示没有模式混合;$\gamma=0.5$ 表示已经达到模式平衡。通常取 $\gamma=0.7$ 作为估算值。

值得注意的是,在式(6-15)中的 $\Delta f_{3\text{dB}}$ 是电带宽,但光纤的 3dB 带宽是光带宽。探测器负载电阻的功率与流经它的电流的平方成正比,而光电流与入射到探测器上的光功率成正比。电流减小一半对应电功率减小四分之一,即产生 6dB 的电功率损耗,所以 3dB 光带宽正好对应 6dB 电带带宽,或者说 1.5dB 光带宽对应 3dB 电带宽。即

$$\Delta f_{\text{ele}} = 0.71\Delta f_{\text{opt}} \tag{6-22}$$

6.3.4 设计实例

本节以一个相对简单的点对点视频传输系统设计为例说明模拟光纤通信系统的设计过程。

1. 系统描述及设计参数

设计一个点对点视频传光纤传输系统,线路长度不超过 1km,视频信号带宽为 6MHz,为了获得清晰的图像,规定信噪比为 50dB。

设计这样的光纤传输系统,为了简单起见,可用摄像机输出的视频信号直接对光源进行强度调制,选用多模光纤,用发光波长在 $0.8\sim0.9\mu\text{m}$ 范围内的 LED 作为光源,用 Si-PIN 光电二极管作为光电检测器。如果这些器件不能提供足够的带宽和足够的功率,则需要考虑使用 LD、APD 和单模光纤组合,而且将工作波长选在 $1.3\mu\text{m}$ 区域。

假设调制系数为 100%,Si-PIN 光电二极管的结电容为 5pF,响应度为 0.5A/W($@850\text{nm}$),截止频率为 6MHz,由此可决定光电检测器的最大负载电阻为

$$R = (2\pi C_d \Delta f_{3\text{dB}})^{-1} = [2\pi \times (5 \times 10^{-12}) \times (6 \times 10^6)]^{-1} = 5305(\Omega) \tag{6-23}$$

考虑到给光接收的带宽预算留有一定的裕量,选负载电阻 $R_L = 5100\Omega$,则受 RC 时间常数限制的光接收机带宽为

$$\Delta f_{3\text{dB}} = (2\pi R C_d)^{-1} = [2\pi \times 5100 \times (5 \times 10^{-12})]^{-1} = 6.24(\text{MHz}) \tag{6-24}$$

表面发射 LED 的偏置点功率 $P_b = 1\text{mW}(0\text{dBm})$,上升时间为 12ns,频谱宽度为 35nm,发射表面直径小于 $50\mu\text{m}$。

多模阶跃折射率(SI)光纤,NA$=0.24$,光带宽距离乘积 $\Delta f \times L = 33\text{MHz} \cdot \text{km}$,损耗为 5dB/km,芯径为 $50\mu\text{m}$。

多模渐变折射率(GI)光纤,轴线 NA$=0.24$,使用 LD 时的光带宽距离乘积 $\Delta f \times L = 500\text{MHz} \cdot \text{km}$,损耗为 5dB/km,芯径为 $50\mu\text{m}$。

2. 功率预算

假设这是一个热噪声受限系统,光电检测器选用 PIN 光电二极管,则表示光接收信噪比的式(6-6)可简化为

$$\text{SNR} = \frac{\frac{1}{2}I_p^2}{4(k_B T/R_L)F_n \Delta f} = \frac{\frac{1}{2}(R_0 P_r)^2}{4(k_B T/R_L)F_n \Delta f} \tag{6-25}$$

若周围环境温度为 300K,前置放大器的噪声指数 F_n 为 2(即 3dB),则光接收机所需的平均接收光功率 P_r 为

$$P_r = \sqrt{\frac{4 \times 1.38 \times 10^{-23} \times 300 \times 2 \times 6.36 \times 10^6 \times 10^5}{0.5 \times 5100 \times 0.5^2}} = 5.7(\mu\text{W}) \tag{6-26}$$

为了简单起见,四舍五入,取平均接收光功率为 $6\mu W(-22.2dBm)$。对于这个入射功率值,PIN 光电二极管产生的平均光生电流 $I=R_0 P_r=3\mu A$,其值远大于典型 PIN 光电二极管的暗电流(PIN 光电二极管的暗电流通常在纳安量级)。所以,这个系统可以忽略暗电流的影响,这也确认了最初的假设,即系统为热噪声受限系统。另外,PIN 光电二极管通常允许的最大光电流是几百毫安,因此该系统不会饱和。

因 LED 的偏置点功率 $P_b=0dBm(1mW)$,接收机需要的平均接收光功率为 $-22.2dBm(6\mu W)$,因此,系统中各个器件产生的总损耗必须小于 $P_r-P_b=22.2dB$。

对于阶跃折射率分布的多模光纤(SI-MMF),光源与其的耦合损耗近似为

$$\alpha_{cpl}=(NA)^2 \tag{6-27}$$

式中,NA 为光纤的数值孔径。而对于渐变折射率的多模光纤(GI-MMF),光源与其的耦合损耗为 $(NA)^2/2$,比阶跃折射率分布多模光纤的耦合损耗高出 3dB。

所以 LED 与 SI-MMF 的耦合损耗为 0.0576,即为 12.4dB,而 LED 与 GI-MMF 的耦合损耗为 15.4dB。此外,在光纤的输入端和输出端分别有 0.2dB 的反射损耗。假设系统仅需要两个光纤连接器(分别位于发送端和接收端),每个连接器的损耗为 1dB。这样,留给 SI-MMF 的损耗为 $22.2-12.4-0.2\times 2=7.4dB$,而留给 GI-MMF 的损耗则为 4.4dB。因此,采用 SI-MMF 时其长度必须小于 $7.4/5=1.42km$,采用 GI-MMF 时其长度必须小于 $4.4/5=0.88km$。

3. 带宽预算

由于信号带宽为 6MHz,则系统的上升时间 $T_r=58.3ns$。由式(6-24)计算出光接收机的带宽为 6.24MHz,其上升时间 $T_{rec}=56.1ns$。在这个例子中,接收机占用了绝大部分的上升时间预算,这种分配可以通过减小 R_L 来改变。但减小 R_L,接收机灵敏度将降低,由此必须增大发射功率。已知 LED 的上升时间是 12ns,则光纤的上升时间不能大于由式(6-17)解得的值,即

$$T_f^2=T_r^2-T_{tr}^2-T_{rec}^2=58.3^2-12^2-56.1^2 \tag{6-28}$$

因此要求 $T_f\leqslant 10.4ns$。

如果系统采用 SI-MMF,已知其光带宽距离乘积 $\Delta f_{3dB}\times L=33MHz\cdot km$,则电带宽距离乘积是 $0.71\times 33=23.4MHz\cdot km$,对应的每千米光纤的上升时间是

$$T_f/L=\frac{0.35}{\Delta f_{3dB(电)}}=\frac{0.35}{23.4\times 10^6}=15ns/km \tag{6-29}$$

前面计算出光纤的上升时间预算不超过 10.4ns,于是允许的 SI-MMF 长度不超过 693m。在这种情况下,虽然功率预算允许光纤长度接近 1.5km,但上升时间预算(或带宽预算)限制线路长度不超过 700m。所以,这个系统是带宽受限系统而非功率受限系统。如果实际的光纤传输距离短于 700m,则这个设计方案能满足要求。为了延长传输距离,有多种可能的调整方案可供选择。其中,减小负载电阻是最简单的一种方法,这样可以减小接收机的上升时间,于是光纤就可以分配到更多的上升时间预算。

现在考虑用 GI-MMF 代替 SI-MMF,同时保留 LED 光源。光纤的 3dB 电带宽距离乘积是 $0.71\times 500\times 10^6=355MHz\cdot km$,对应每千米光纤的上升时间是 $0.35/(355\times 10^6)=1ns/km$。这个结果仅考虑了光纤模式色散的影响。更精确的计算还应考虑材料色散,对于 GI-MMF,$0.85\mu m$ 处的色散系数 $D_{mat}=90ps/(nm\cdot km)$,LED 的光谱线宽为 35nm,则由材料色散引起的脉冲展宽是 $D_{mat}\Delta\lambda=90\times 35=3150ps/km\approx 3.2ns/km$。因此,每千米光

纤总的上升时间可由式(6-18)计算得到,其值为 3.4ns/km。由此可得允许光纤的长度为 11.9/3.4＝3.5km,这个长度比功率预算允许的 880m 要长很多。可见,采用 GI-MM 的系统是功率限制系统。

本节通过例子概略性地介绍了模拟系统的一般设计过程。需要注意的是,这里得到的是近似结果,因为上升时间、带宽和脉冲展宽特性仅仅是器件响应的简单度量,并不能完全体现器件的特性。

本章小结

模拟光纤通信系统主要有基带信号直接强度调制和微波副载波复用强度调制两种,其广泛用于视频信号的短距离传输。评价模拟基带信号直接强度调制光纤通信系统传输质量最重要的特性参数是信噪比和信号失真度;微波副载波复用光纤传输系统是一种结合现有微波通信和光通信技术的通信系统,其主要性能指标是载噪比。

大容量长距离的光纤通信系统大多采用数字传输方式,且目前普遍采用同步时分复用技术。SDH 光纤传输系统是最典型的电时分复用的应用,其信息采用标准化的模块结构,即通过复用映射形成 STM-N 信号。

在点对点的光纤通信系统设计过程中,通常采用两种方法,即系统的功率预算法和上升时间预算法。

思考题与习题

6.1 简述副载波复用强度调制光纤传输系统的基本构成及主要性能指标。

6.2 简述数字光纤通信系统的基本构成及各部分的主要功能。

6.3 简述 SDH 的帧结构及 SDH 帧中的传送顺序。

6.4 计算 STM-1 帧结构中 R SOH、M SOH 和 AU PTR 的速率。

6.5 说明 2.048Mb/s 到 STM-1 的映射、定位及复用过程。

6.6 将 2Mb/s 的信号映射复用进 SDH,存在 3 种路径,简述这 3 种路径各自的特点。

6.7 在 SDH 复用结构中,说明信息结构 C、VC、TU、TUG、AU 及 AUG 的主要功能。

6.8 设 140Mb/s 数字光纤通信系统发射光功率为 －3dBm,接收机灵敏度为 －38dBm,系统裕量为 4dB,连接器损耗为 0.5dB/个,平均接头损耗为 0.05dB/km,光纤的衰减系数为 0.4dB/km,光纤损耗裕量为 0.05dB/km。计算中继距离 L。

6.9 已知光发射机的尾纤输出平均功率在 LD 的情况下一般为 1mW,在 LED 的情况下一般为 50μW,光纤的传输损耗为 3.5dB/km,目前 PIN 探测器在 5000 光子/比特的平均入射功率下,可达到 BER＜10^{-9} 的要求。设计一个速率为 50Mb/s、传输距离为 8km 的系统,系统裕量为 6dB。

6.10 模拟光纤通信系统所采用的 LED 光源发射平均光功率为 －3dBm。入射光纤的耦合损耗为 12dB。光纤长 20km,无中继器,光纤损耗为 $0.5dBkm^{-1}$,接头损耗为 $1.1dBkm^{-1}$。此外,接收端连接器的损耗为 1dB。PIN-FET 接收器的接收灵敏度为 －54dBm。对系统进行功率预算,并求系统裕量。

第7章

波分复用光纤传输系统

随着光纤通信技术的发展,传统的电时分复用光纤通信系统的传输速率不断提升,但其发展最终受到电子器件速率的限制,很难超过 40Gb/s。因此,如何充分利用光纤的频带资源,提高光纤系统的通信容量,就成了光纤通信理论和设计上的重要问题。若将同一根光纤的频带分区,采用不同的光载波承载信息,则可提供巨大的通信容量。这种通信方案将多路信号分别调制,各个不同的载波复用到光纤中同时传输,各个信道的载频有足够的间隔,使调制信道的光谱在频域分开不重叠,多路复用信道在接收机处用带通滤波器作为频率选择器件或采用相干检测技术解复用。这种在单根光纤中同时传输多个波长信道的技术称为波分复用,采用这种技术可以显著提高单根光纤的信息传输容量。波分复用技术能够以较低的成本、较简单的结构形式几倍、几十倍地扩大单根光纤的传输容量,从而成为当前及未来宽带光网络中的主导技术。

7.1 波分复用技术

7.1.1 波分复用原理

波分复用(Wavelength Division Multiplexing,WDM)技术是在一根光纤中同时传输多个波长信道的技术。如图 7-1 所示,波分复用的基本原理可以简单概括为:在发送端,不同光发射机输出的不同波长的光载波携带有各种类型的信息,不同波长的光载波通过一个合波器(也称为复用器,Multiplexer)被复用在一起,复用的光信号被注入光线路中的同一根光纤中进行传输;在接收端,分波器(也称为解复用器,Demultiplexer)将各种波长的光载波

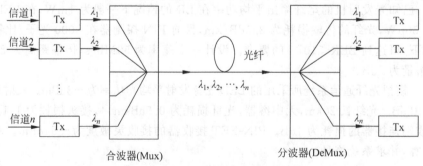

图 7-1 波分复用传输系统组成示意图

进行分离,分别由相应的光接收机接收并做进一步处理,最终恢复原信号。

与单信道光纤传输系统相比,WDM技术的主要特点是:

(1)可以充分利用光纤具有的巨大潜在带宽,极大地提高了传输系统的通信容量,使系统容量扩大几十乃至数百倍。例如,当波分复用的信道间隔为100GHz(0.8nm)时,在同一根光纤中可同时传输数百个40Gb/s波长,如果使用低水峰光纤,那么在1260~1675nm波段范围内,WDM系统传输的总容量可以超过58Tb/s。

(2)允许网络运营商提供透明的以波长为基础的业务,用户可以灵活地传送任何协议和格式的信号,而不受SDH信号格式的限制。

(3)灵活、快速地支持各种速率和各种格式的业务,光接口可以自动接收和适应速率在10Mb/s~2.5Gb/s范围的所有信号(包括SDH、ATM、IP、吉比特以太网和光纤通道)。

(4)波分复用系统可以通过简单地增加波长的方式,使网络能够迅速提供新业务,极大地提高了网络的扩展性和市场竞争能力。

(5)WDM应用领域不断拓宽,它正在从长途干线网向城域网和接入网扩展。

7.1.2　波分复用技术分类

按照复用的波长信道间隔宽窄不同,波分复用技术又分为宽波分复用(Wide Wavelength Division Multiplexing,WWDM)、密集波分复用(Dense Wavelength Division Multiplexing,DWDM)和粗波分复用(Coarse Wavelength Division Multiplexing,CWDM)。

1. 宽波分复用(WWDM)

WWDM仅指1310nm窗口和1550nm窗口的简单波分复用,它是原始的波分复用系统,早期应用于有线电视的光传输系统中。由于容量有限(容量较单信道系统提高了一倍)且光放大器不能有效工作(EDFA工作在1550nm窗口,无法实现1310nm光放大)而应用受限。

2. 密集波分复用(DWDM)

DWDM技术是在石英光纤的低衰减窗口(1550nm波长区段)内的多波长信道密集复用,波长间隔一般小于2nm。DWDM技术是随着波分复用器件和光放大器(EDFA)技术的快速发展而走向商用的,并在全球范围内迅速普及。当前应用的DWDM系统的信道间隔为25GHz(0.2nm)或更小,其应用领域不断拓宽,正在从长途干线网向城域网扩展。特别是DWDM技术可以直接接入多种业务,这赋予了它在城域网中广泛的应用前景。

3. 粗波分复用(CWDM)

为了降低城域网DWDM系统的成本,人们提出了CWDM的概念。由于城域网的传输距离短,一般不超过100km,所以无须采用外调制和光放大器。同时CWDM各个波长信道间隔为20nm,滤波器通带宽大约为13nm,允许的波长漂移范围是±6.5nm,可以选用波长精度和稳定性要求宽松的光源、合/分波器及其他光器件,从而大大降低了城域网系统成本。

按照波长数的不同,典型的CWDM系统可以分为4波、8波和16波系统。它们对应的波长范围分别是1510~1570nm、1470~1610nm和1310~1610nm。特别是8波CWDM系统的工作波长避开了石英光纤在1385nm附近的吸收水峰,系统允许选用普通的G.652光纤和无水峰的G.652光纤。

CWDM系统可以用于光网络的平滑升级。用户可以采用CWDM系统满足其初期业务需求,随着用户业务种类和业务量发展而需要增加波长数时,可以直接使用 DWDM 器件来代替 CWDM 器件,无须替换系统设备的其他部分就可以实现系统的扩容升级。

7.1.3 传输容量

波分复用系统的传输容量可表示为

$$BL = (B_1 + B_2 + \cdots + B_N)L \tag{7-1}$$

式中,L 是光纤的长度;$B_1, B_2, \cdots, B_N$ 分别为各个信道的传输速率。图 7-2 所示的是波分复用传输系统容量演进示意图。可见,增大波分复用系统的传输容量是通过提高单信道传输速率和增加复用信道数相结合的方法来实现的。波分复用系统的极限容量是由光纤可用工作波长、单波长最大传输速率和容许的最小波长间隔决定的。

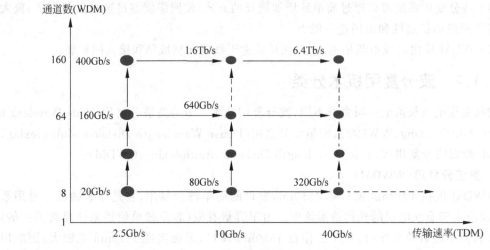

图 7-2 波分复用系统容量的演进

按照 ITU-T 规范,石英光纤的可用工作波长范围为 1260~1675nm(415nm),对于在 1385nm 波长处存在水峰的光纤而言,还需减去 100nm 水峰的影响。如果按信道间隔 25GHz(0.2nm)计算,无水峰石英光纤允许安排的波长数可达 2075 个。然而在波分复用系统传输容量设计过程时,需要考虑光纤的截止波长、弯曲损耗、色散以及光源等光器件的限制因素。实际上,光纤的可用工作波长范围会适当地缩小一些。

提高单信道的传输速率是通过电时分复用技术来实现的。单波长传输速率的上限主要由制作集成电路半导体材料(硅、砷化镓)的电子迁移率、光纤的群速色散、偏振模色散和系统设备的性价比等限制,一般选择 40Gb/s 为二进制调制下的单波长最大传输速率。

最小信道间隔 $\Delta\upsilon$ 受限于信道之间的串扰,通常信道间隔应大于传输速率的两倍(2B)。容许的最小波长间隔、信号的传输速率和光源、滤波器的特性密切相关。从保守角度来估算波分复用系统的最大传输容量,对于 2.5Gb/s、10Gb/s 和 40Gb/s 系统,其最小波长间隔至少应该分别为传输速率的 5 倍、2.5 倍和 1.25 倍。

波分复用系统的频谱效率随着信噪比的增加而增大,因此增加信号功率可以提高频谱效率。然而,在波分复用系统中,光纤中的信号功率不可能无限地增加,信号光功率的增加要受到光纤的非线性效应的限制。除此之外,波分复用系统的信道带宽还要受到 EDFA 和光纤本身的限制。这样,尽管理论预测波分复用系统的通信容量极限为 100Tb/s,但因受到目前的技术水平的限制,波分复用系统容量合理范围应该为 20~40Tb/s。

自 20 世纪 90 年代以来,DWDM 已经成为光纤通信系统中不可替代的传输技术。DWDM 系统的传输速率、传输容量、无电中继距离的世界纪录不断被刷新,超高速率、超大容量、超长距离和超高密度波长数的 DWDM 传输系统不断诞生。在 2002 年,实验室里的波分复用系统最高传输容量已达到 10.9Tb/s,复用波长数已达到 1022 个,频谱利用率达 0.8b/s/Hz。在我国,武汉邮电科学研究院 1998 年开通了中国的第一个 DWDM 工程(中国电信国家一级干线,济南-青岛,8×2.5Gb/s),2000 年开通了中国第一个 32 波 DWDM 工程(中国电信国家一级干线,贵阳-兴义,322.5Gb/s)。2005 年 10 月,武汉邮电科学院研制的 80×40Gb/s 系统设备进入中国电信上海-杭州的干线网络运行,这是世界上一个投入商用的 80×40Gb/s 波分复用系统,它的工程应用标志着我国的 WDM 技术已经达到国际先进水平。

7.2 WDM 系统构成

7.2.1 系统组成

通常,WDM 系统由光发射机、光监控信道、光放大器、光接收机、网络管理系统 5 个功能部件组成,如图 7-3 所示。

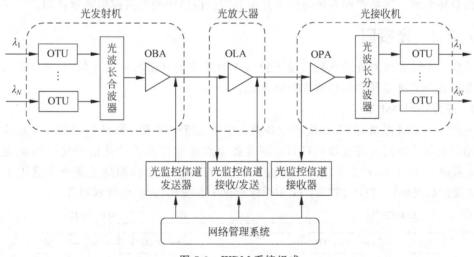

图 7-3 WDM 系统组成

1. 光发射机

各个光通道的光源发射不同标称波长(频率)的光信号,经过光转换单元(Optical Transport Unit,OTU),将各个波长转换成满足波分复用系统规范的标准波长,然后由光波长合波器将这些业务信号合并为一束复用的光信号,经过光功率放大器(OBA)放大后注入光纤中传输。每个光通道承载不同的业务信号,如 SDH、ATM、以太网信号等。

2. 光放大器

光放大器可以分为光功率放大器(OBA)、光线路放大器(OLA)和光前置放大器(OPA)。光功率放大器实现光信号的放大;线路放大器对光信号进行中继放大;光前置放大器提高光接收机的灵敏度。

EDFA 通过对光信号的直接放大,补偿光纤和光器件对光功率的损耗。然而,EDFA 在光域中提高光信号功率的同时,也为系统引入了自发辐射噪声干扰,降低了系统的信噪比,从而限制了传输距离。为了解决 EDFA 的噪声,提高系统信噪比,扩大工作带宽,可采用光纤拉曼放大器(FRA)。FRA 采用分布式泵浦,可以使 WDM 系统实现低噪声、小非线性、高质量、长距离的传输。EDFA+FRA 的混合放大具有高增益、低噪声、增益平坦、宽带放大的优点,可以确保 WDM 系统超高速率、超长距离、超大容量传输。

3. 光接收机

经光纤传输的光信号由光前置放大器放大和光波长分波器分解各个通道的光信号,然后输入各个光接收机中。

4. 光监控信道

以 1510nm 独立的波长作为光监控信道,传送光监控信号。光监控信号用于承载 WDM 系统的网元(设备)管理和监控信息,使网络管理系统能够有效地对 WDM 系统进行管理。

5. 网络管理系统

WDM 系统的网络管理系统是一个综合管理平台,整个平台既有管理光放大器、波分复用器、波长转换器、光监控信道性能的功能,又可以对设备进行性能、故障、配置以及安全等方面的具体管理。网络管理系统的信息是由光监控信道中的光监控信号承载的。

7.2.2 光接口

根据 WDM 系统对外的光接口是否符合 WDM 系统规定的标准光接口,WDM 系统可分为开放式 WDM 系统和集成式 WDM 系统。

1. 开放式 WDM 系统

开放式 WDM 系统对 SDH 终端设备的光接口无特殊要求。如图 7-4 所示,开放式系统在复用器前加入发送光转发器(OTU),将业务节点非规范波长的光信号接口转换为满足 WDM 系统 ITU-T G.692 要求的标准光波长。OTU 的主要作用是重新产生适用于长途 WDM 线路的光接口,包括 ITU-T G.692 标准化中心波长、大的色散容限等。

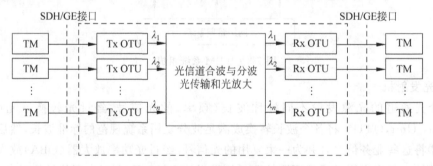

图 7-4 开放式 WDM 系统示意图

根据 OTU 在系统中的位置不同,OTU 分为发送光转发器(Tx OTU)、接收光转发器(Rx OTU)和中继光转发器(IR OTU)。3 种 OTU 均完成光-电-光(O-E-O)的再生过程,但因在系统中的位置不同,其光接口要求也不一样。图 7-5 为 WDM 系统中通过 IR OTU

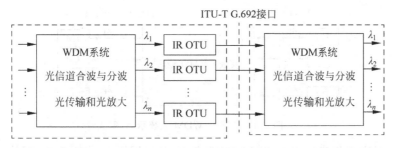

图 7-5　WDM 系统中通过 IR OUT 实现光通道的级联传输示意图

实现光通道级联传输示意图。

在 WDM 系统中,光信道多,如果采用传统的电中继器进行信号 3R 再生,必然需要很多电中继器,设备体积大、投资高。而采用中继光转发技术,就可以有效地解决这个难题。图 7-5 中的 IR OTU 接收经 WDM 传输的光信号,经过 3R 再生后,转换成符合 WDM 系统要求的光信号继续向下游传输。IR OTU 实际上是能发送特定波长光信号的单盘电中继器。

开放式 WDM 系统具有以下两层含义。

一是将非标准 WDM 系统光接口转换为遵循 ITU-U G.692 标准的 WDM 系统光接口,从而实现多种设备间、不同厂家设备间的互操作性,即不同生产厂家的 WDM 系统间、WDM 系统与所承载的业务节点(SDH 设备、路由器、千兆交换机等)间可以实现互联互通,并进行传输质量监控。这是一种物理层功能,即系统光接口的信号可以在开放式 DWDM 系统中完成接口标准化,从而利用 WDM 平台进行业务承载传输。

二是 WDM 系统支持多种业务格式和信道速率。因为 WDM 系统最初的应用是解决多套 SDH 节点的同光纤传输问题,随着数据业务的发展,要求 WDM 系统通过增加不同功能的接口单元以支持新型的高速数据接口,如 POS(Packet Over SONET/SDH)、千兆以太网(Gigabit Ethernet,GE)、10Gb/s 以太网、ATM 等。

2. 集成式 WDM 系统

集成式 WDM 系统要求业务节点光接口应符合 ITU-T 关于光传送层接口技术要求 ITU-T G.692,即业务节点光接口满足关于中心频率、色散容限、光功率等要求,可以直接进入 WDM 系统的光波分复用单元进行复用,从而在设备中省去开放式系统中配置的 OTU。集成式 WDM 系统完全没有 OTU,OTU 的功能由接入到 WDM 系统的业务节点设备实现。因此,集成式 WDM 系统对业务节点设备有特殊要求,即业务节点设备必须有能发送特定波长、有一定色散容限光信号的发射机,必须有能容忍一定信噪比的光接收机。

由于在 WDM 系统上不配置 OTU,集成式 WDM 系统的成本较低。为了实现业务节点光接口与 WDM 系统直接匹配,一般集成式系统业务节点设备与 WDM 设备为同一厂商提供。这样除了可预先对业务节点光接口采用特定波长激光器外(具有特定波长的光接口也称为"彩色接口"),还容易解决诸如功率匹配等设备间的协调问题。图 7-6 为集成式 WDM 系统示意图。

集成式 WDM 系统结构紧凑、成本低、施工便利,但不适合用于长途干线网,且传输性能监控能力弱。由于采用了一个厂家的 WDM 设备和业务节点设备,用户选择受限,所以很难建立容纳多厂家设备的宽松环境。此外,由于 WDM 作为光承载设备与业务层设备界

图 7-6 集成式 WDM 系统示意图

限模糊,网络层次不清晰。开放式 WDM 系统便于利用原有设备扩容,网络层次和结构清晰,可以建立容纳多厂家设备的宽松环境,但成本较高。由于 WDM 系统应用的一个重要特点就是光透明性,且必须支持多种业务接口,所以开放式 WDM 系统是发展方向。集成式 WDM 系统由于成本低等特点,在传输距离不长、服务质量要求一般的工程中可以采用。

7.3 WDM 系统设备

WDM 系统设备一般由波分复用终端机、光线路放大设备和光分插复用设备组成,这些设备在 WDM 工程应用中完成不同的功能。

7.3.1 波分复用终端机

波分复用终端机(Optical Multiplex Termination,OMT)是 WDM 系统的发送和接收单元,图 7-7 是全开放式光波分复用终端设备的系统组成框图。

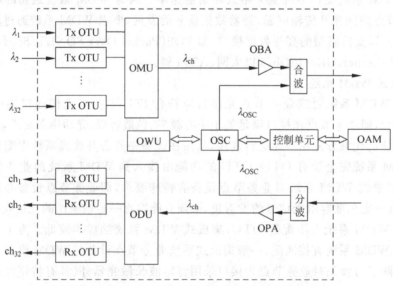

图 7-7 全开放式波分复用终端设备系统组成框图

波分复用终端机的发送端接收来自业务终端设备输出的光信号,Tx OTU 基于光-电-光的波长转换技术将 SDH 光接口规范的非特定波长的光信号"透明地"转换成特定波长并有一定色散容限的光信号。光复用器(Optical Multiplex Unit,OMU)将多路光信道复用成业务通道的光信号。光功率放大器(OBA)放大输出可以传输最长为120km跨距的业务通道光信号。此外,在发送端,插入本节点产生的1510nm波长的光监控信号,与业务信道的光信号合波输出。

在接收端,将接收的主信道光信号分波,分别输出1510nm波长的光监控信号和业务信道光信号。光前置放大器(OPA)放大经传输衰减的业务通道光信号。光解复用器(Optical Demultiplex Unit,ODU)从业务信道光信号中分出特定波长的光信道,RX OTU对分波器解出的经传输损耗的光信号进行再生转发。

各单元的控制器检测各单元的工作状态,并通过背板控制总线(Back Control Bus,BCB)传送给网管单元(Element Management Unit,EMU)或接收并执行网管单元的命令。网管单元对网元节点进行配置管理、性能管理、运行管理和安全管理,并与网元上层管理系统(如TMN)通信。网管单元通过光监控信道(Optical Supervisory Channel,OSC)物理层传送开销字节到其他节点或接收来自其他节点的开销字节。公务单元(Order Wire Unit,OWU)提供WDM系统内节点间的公务语音联络,公务字节和网络开销字节都通过光监控信道物理层传递。

7.3.2 光线路放大器

光线路放大器(In-Line Amplifier,ILA)架在WDM系统波分复用终端之间的传输节点处,为双向传输的光信号提供"透明"的双向连接。如图7-8所示,光线路放大器可以采用两种方案:一种是使用EDFA线路放大器模块,增益范围为25~33dB,可以对中长跨距光纤段的衰减进行补偿;另一种是使用光功率放大器(OBA)和光前置放大器(OPA)模块的组合方式,增益大于33dB(可达40dB以上),可以对超长跨距光纤段(大于120km)的衰减进行补偿。

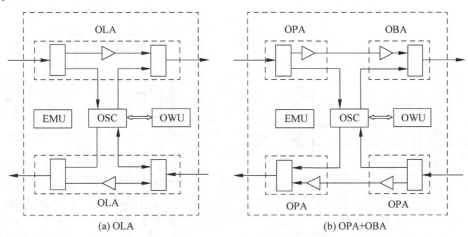

图7-8 32×2.5Gb/s光波分复用系统光线路放大器系统组成框图

在光放大器前,从接收的主信道光信号中分波,分别输出1510nm波长的光监控信号和业务信道光信号。由OLA或OPA+OBA组成的光线路放大器将传输衰减的业务信道光信号放大。从光接口信道获取上游节点的监控开销字节和公务字节,分别送入公务单元和网管单元。产生本节点的监控开销信息字节和公务字节,组成1510nm波长的光监控信号与放大后的业务信道光信号合波输出,向下游发送。同样,网管单元对网元节点进行配置管理、性能管理、运行管理和安全管理,并与网元上层管理系统通信,公务单元提供 WDM 系统内节点间的公务语音联络。

视频

7.3.3 光分插复用设备

波分复用系统中作为双向节点的光分插复用(Optical Add-Drop Multiplexer,OADM)设备完成一些光信道在本站的终结或插入,而另外一些光信道在本站直通,其原理如图 7-9 所示。一般的 OADM 节点可以用四端口模型表示,基本功能包括 3 种:输出需要的波长信道;将本地信号送入信道传输;使其他波长信道尽量不受影响地通过。OADM 设备具体的工作过程如下:传输过来的有 N 个波长信道的 WDM 信号进入 OADM 设备的输入端(Main Input),根据业务需求,有选择性地从下路端口(Drop)输出所需的波长信道,相应地从上路端口(Add)输入本地的波长信道。其他的波长信道直接通过 OADM 设备并和上路波长复用在一起,从 OADM 设备的线路输出端(Main Output)输出。

图 7-10 为波分复用系统中光分插复用原理图。

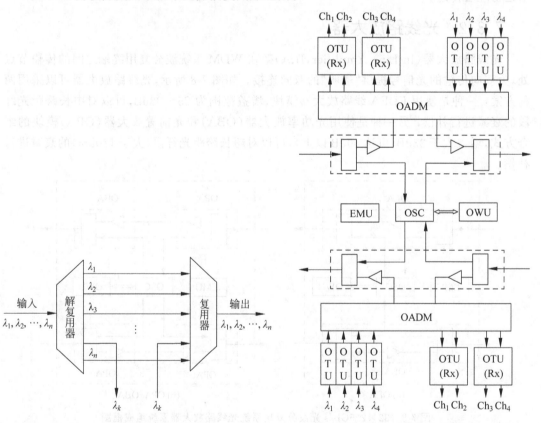

图 7-9 OADM 原理示意图   图 7-10 WDM 系统中光分插复用原理图

目前 OADM 的实现方案有很多种,归纳起来主要有以下 4 种形式。

1. 耦合单元＋滤波单元＋合波器

图 7-11 为耦合单元＋滤波单元＋合波器组成的 OADM 的原理示意图。在这种方案中,耦合单元一般为普通的耦合器或者光环形器,滤波单元为光纤光栅、F-P 腔滤波器等,合

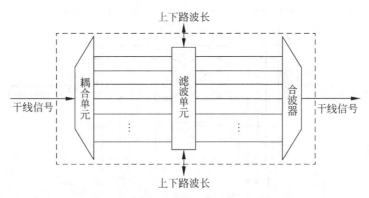

图 7-11　基于耦合单元＋滤波单元＋合波器的 OADM

波器为普通的耦合器或复用器。

这种类型的 OADM 结构简单,所用的器件方便易得。如图 7-12(a)所示为基于 F-P 腔实现的 OADM 方案。在这种方案中输入的 WDM 信号经 F-P 腔滤波以后,让需要下路的波长到本地节点,其他波长被反射后继续向前传输。本地节点上路的信号使用和下路相同的波长,这个方案的突出优点是 F-P 腔的输出波长连续可调,可以根据需要选择上下路波长,它的不足之处是由于 F-P 腔对温度敏感,温度变化会影响其滤波性能。图 7-12(b)所示为基于光纤光栅实现的 OADM 方案。光纤光栅的功能是能够反射某一个特定波长的光信号。在这种方案中输入的 WDM 信号经过开关选路,送入光纤光栅,每个光栅反射一个波长,被反射的波长经环形器下路到本地,其他波长通过光栅与本地节点的上路信号波长由环形器合波,继续向前传输。这种方案的缺点是在利用开关选路的时候存在延时和损耗。

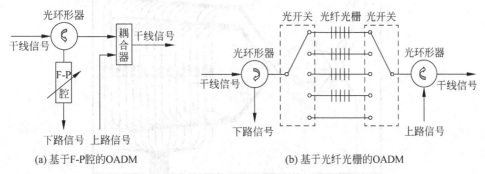

(a) 基于F-P腔的OADM　　　　　(b) 基于光纤光栅的OADM

图 7-12　基于滤波单元的 OADM 原理图

2. 分波器＋空间交换单元＋合波器

图 7-13 为分波器＋空间交换＋合波器构成的 OADM 原理示意图。在这种方案中,分波器和合波器都可以采用普通的薄膜滤波器型或 AWG 型解复用器和复用器,空间交换单元可以是简单的光开关或光开关阵列,使波长具有无阻塞交叉能力。虽然这种 OADM 方案具有结构简单、对上路和下路的控制比较方便等优点,但所用的器件本身损耗比较大,使得 OADM 节点的损耗很大。除此之外,光开关的响应速率较慢,其时延会造成实时数据的丢失。

图 7-14 是由 3 个 AWG 和 16 个热光开关构成的 PLC 16 信道 OADM 实现方案。3 个 AWG 在 1.55μm 光谱区具有相同的光栅参数,信道间隔为 100GHz(0.8nm),自由光谱范

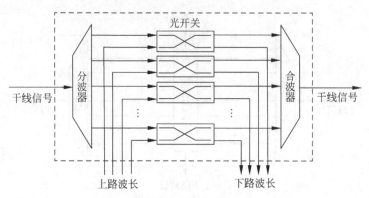

图 7-13 带空间交换单元的 OADM

围(FSR)为 3300GHz(26.4nm)。波长间隔相等的 WDM 信号 $\lambda_1, \lambda_2, \cdots, \lambda_{16}$ 耦合进入主输入口,被 AWG_1 解复用。被 AWG_1 解复用的信号引入热光开关的左臂,其右臂连接光插入口。热光开关不加热时,器件处于交叉连接状态,解复用的信号通过热光开关的交叉臂进入 AWG_2,又一次被复用,从主输出口输出。相反,热光开关通电加热后,就切换到平行连接状态,解复用的信号通过平行臂(直通臂)进入 AWG_3,从分出口输出。因此,任何所需的波长信号通过控制热光开关的交叉或平行状态,就可以从主输出口提取出来,改送到分出口而不是主输出口输出。同理,也可以把插入的 λ_i 光信号送到主输出口或分出口输出。

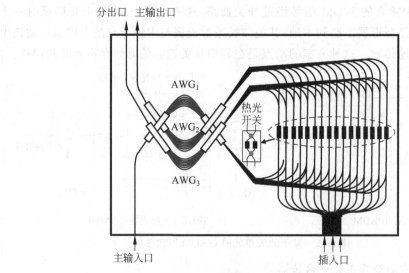

图 7-14 3 个 AWG 和 16 个热光开关构成的 PLC 16 信道 OADM

该器件主输入口到主输出口的插入损耗是 24dB,主输入口到分出口的插入损耗是 13dB。当信号耦合到主输入口时,光纤到光纤的插入损耗是 7~8dB,当信号耦合到插入口时,损耗是 3~4dB。

3. 基于声光可调谐滤波器的 OADM

声光可调谐滤波器(AOTF)具有良好的可调滤波性能,包括调谐范围、调谐速度以及隔离度等。图 7-15 为基于 AOTF 的 OADM 原理示意图,其中 AOTF 由换能器和声光晶体构成。上路波长光信号的偏振方向和输入的 WDM 光信号垂直,它们进入 AOTF 以后,

WDM 信号经偏振分束器(PBS)分成 TM 模和 TE 模,然后进入声波波段选频 f 控制的模式转换单元,选频 f 针对不同的下路波长进行调谐。如下路 λ_1,选频 f 调到一个相应的频率,当 WDM 信号经过模式转换单元时,波长为 λ_1 的光的 TE 模和 TM 模发生转换,经过下一个 PBS 后从下路端口输出到本地,其他的 WDM 波长从输出端口输出到光纤时没有发生模式转换,上路波长应与下路波长相同,经模式转换后也从输出端口输出到光纤上。

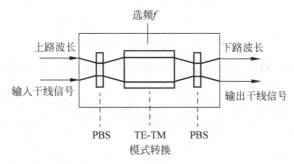

图 7-15　基于 AOTF 的 OADM 原理图

4. 基于波长光栅路由器的 OADM

AWG 亦可作为波长光栅路由器(Wavelength Grating Router,WGR),通过合理选择波长和器件的自由谱区 FSR,可以设计出不同的路由图。如图 7-16(a)所示的 $N \times N$ 的 AWG,它的输出端口的解复用得到的波长次序与输入端口有关:假设 WDM 信号有对应于 WGR 的 N 个波长,输入和输出端口排序分别为 $1 \sim N$,当 WDM 信号从输入端口 1 进入时,输出端口 $1 \sim N$ 解复用的波长依次为 $\lambda_1 \sim \lambda_N$;当从输入端口 2 进入时,输出端口 $1 \sim N$ 的解复用波长依次为 $\lambda_N, \lambda_1 \sim \lambda_{N-1}$,以此类推。图 7-16(b)给出了一个 4×4 波长路由器的最有效的路由图,每一输入线输入的 4 个波长都可以路由到任一输出线,这种静态波长路由器可以用于互联广播星状网。

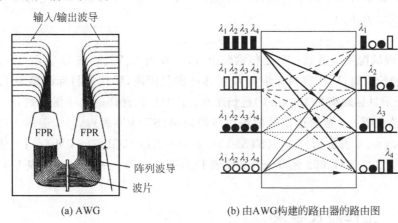

(a) AWG　　　　　　　　　(b) 由AWG构建的路由器的路由图

图 7-16　基于 AWG 的波长路由器

图 7-17 为基于 WGR 的 OADM 原理示意图。在 WGR 的输入端口用光开关来选择 WDM 信号的不同输入口,由此决定下路的波长,实现 OADM 的可调谐性。上路的信号与通过的信号进入 WGR B 以复用的方式合波为 WDM 信号,经选择开关进入输出光纤。这种方案的一个简化方式就是 WGR B 和后面的 $N \times 1$ 光开关用一个 $N \times 1$ 的耦合器代替。

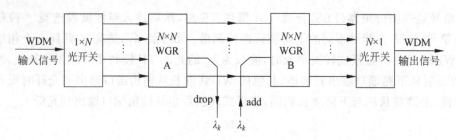

图 7-17　基于 WGR 的 OADM

无论采用哪种光分/插复用的原理,OADM 都应该具备共同的性能,具体要求如下:

(1) 低插入损耗;

(2) 高隔离度;

(3) 偏振不敏感;

(4) 光信号波长稳定;

(5) 操作简单;

(6) 高性价比等。

OADM 可用于 CWDM 的光环路中的上下话路的分/插复用、光交叉系统、有线电视以及其他网络的升级扩容。

7.4　DWDM 系统技术规范

7.4.1　光接口应用代码

根据 ITU-T G.692 的建议,规范的波分复用系统应用代码是设计 DWDM 系统的光线路放大段的跨距设计和电再生段规划的原则。ITU-T G.692 中建议规范的波分复用系统应用代码的表示方法为

$$nWx - yz \tag{7-2}$$

式中,n 为系统满配置信道数;W 是传输跨距段,一般用 L、V'、V 或 U 表示,L 表示目标距离为 80km 的长距离,V' 代表目标距离为 100km 的长距离,V 代表目标距离为 120km 的甚长距离,U 表示目标距离为 160km 的超长距离;x 为最大允许的光中继段数,$x=1$ 表示系统没有线路放大器;y 是通道信号的最大传输速率(STM 等级),$y=1$ 表示 STM-1,$y=4$ 表示 STM-4,$y=16$ 表示 2.5Gb/s(STM-16),$y=64$ 表示 10Gb/s(STM-64);z 表示光纤类型,$z=2$ 代表 ITU-T G.652 光纤,$z=3$ 代表 ITU-T G.653 光纤,$z=5$ 代表 ITU-T G.655 光纤。

7.4.2　工作波长要求

1. 中心频率

为了保证 WDM 系统之间的横向兼容,在系统设计时必须按照系统长期目标容量选择波长数,精确规范各个光载波的中心频率、中心频率偏差以及其他相关系统设备的技术指标。

ITU-T G.694.1 建议规定了 C 波段和 L 波段的频率间隔,即 DWDM 系统在各个波长

通道的标称中心频率间隔必须为 12.5GHz、25GHz、50GHz、100GHz 或其整数倍,参考频率
为 193.1THz,标称中心频率为 184.500～195.937THz(对应的工作波长范围是 1624.89～
1530.04nm)。表 7-1 列出了信道间隔不同时 1624.89～1530.04nm 波长范围可以容纳的波
长数。

表 7-1　C+L 波段信道间隔与可容纳波长数的关系

信道间隔/GHz	12.5	25	50	100
波长间隔/nm	0.1	0.2	0.4	0.8
可容纳波长数	915	457	228	114

ITU-T 规范确定了绝对频率参考,结合当前 DWDM 系统应用,对光信道频率间隔进行
规范,从而确定了 DWDM 系统各信道的中心频率(波长)。绝对频率参考为 193.1THz,光
通道间隔可取 50GHz、100GHz、200GHz、400GHz。其中,50GHz 为在 C+L 波段开通 160
波系统或在其中一个波段开通 80 波系统的波段间隔,100GHz 是在 C 波段开通 40 波/32 波
系统或在 C 波段的红带开通 16 波系统或在 C+L 波段开通 80 波系统的波段间隔,200GHz
为 8 波系统或在 C 波段开通 16 波系统的波段间隔。表 7-2 列出了 C 波段 40 波系统的中心
频率,160 波道使用了 C 和 L 波段,具体中心频率可查阅相关标准规范。

表 7-2　40 波 WDM 系统的工作波长和中心频率

序　号	中心频率/THz	波长/nm	序　号	中心频率/THz	波长/nm
1	192.1	1560.61	21	194.1	1554.53
2	192.2	1559.79	22	194.2	1543.73
3	192.3	1558.98	23	194.3	1542.94
4	192.4	1558.17	24	194.4	1542.14
5	192.5	1557.36	25	194.5	1541.35
6	192.6	1556.55	26	194.6	1540.56
7	192.7	1555.75	27	194.7	1539.77
8	192.8	1554.94	28	194.8	1538.98
9	192.9	1554.13	29	194.9	1538.19
10	193.0	1553.33	30	195.0	1537.40
11	193.1*	1552.52	31	195.1	1536.61
12	193.2	1551.72	32	195.2	1535.82
13	193.3	1550.92	33	195.3	1534.25
14	193.4	1550.12	34	195.4	1533.47
15	193.5	1549.32	35	195.5	1532.68
16	193.6	1548.51	36	195.6	1531.90
17	193.7	1547.72	37	195.7	1531.12
18	193.8	1546.92	38	195.8	1530.33
19	193.9	1546.12	39	195.9	1529.55
20	194.0	1545.32	40	160.0	1528.77

* 为绝对频率参考。

对于波长更多的系统来说,由于技术水平的限制,继续减小相邻波长信道间隔是有限的。例如,目前相邻波长信道间隔通常不小于50GHz。如果选用ITU-T G.652光纤,则可以使相邻波长信道间隔进一步减小到25GHz。目前在实验室中已经达到的研究水平是相邻波长信道间隔为12.5GHz。因此,扩大波分复用系统容量的研究定位在进一步拓宽光纤的工作波段和光放大器的增益平坦区,从而开发出宽带光传输用的非零色散位移单模光纤和L波段的EDFA与光纤拉曼放大器等。

粗波分复用技术是简化的波分复用技术。简化的技术方案是利用20nm宽的相邻波长间隔,允许光源波长漂移的条件为±6.5nm,选择价格便宜的光源和其他光器件,以达到降低整个系统成本的目的。表7-3给出了ITU-T G.694.2所规定的CWDM系统的标称中心波长和波段。在CWDM系统的工作波长范围1270~1611nm内最多可以安排18个波长,每个波长间隔是20nm。

表7-3 18波CWDM系统的中心波长和波段

序　　号	中心波长/nm	波　　段
1	1271.0	
2	1291.0	
3	1311.0	O
4	1331.0	
5	1351.0	
6	1371.0	
7	1391.0	
8	1411.0	E
9	1431.0	
10	1451.0	
11	1471.0	
12	1491.0	S
13	1511.0	
14	1531.0	C
15	1551.0	
16	1571.0	
17	1591.0	L
18	1611.0	

2. 中心频率偏差

中心频率偏差$\pm\Delta\nu$定义为标称中心频率与实际中心频率之差。光源啁啾、信号带宽、环境温度和器件老化等都会影响中心频率偏差的数值大小。表7-4给出了系统允许的各个波长通道中心频率偏差要求。

表7-4 系统允许的各个波长通道中心频率偏差要求

各个波长信道间隔/GHz	50/100	$n>200$
允许的最大中心频率偏差(±)/GHz	待定	$n/5$

对于各个波长间隔n大于200GHz的波分复用系统,最大中心频率偏差为$n/5$,一般采用激光器温度反馈控制和波长反馈控制技术就可以满足中心频率偏差要求。对于波长间隔

为100GHz或50GHz的多跨距段的波分复用系统,尽管没有规定中心频率偏差要求,但实际上对系统允许的中心频率偏差要求更严格。通常采用精密的波长稳定外调制技术保证激光器的波长稳定。如采用外调制技术可以使10Gb/s的激光器模块的中心频率偏差控制在±5GHz。

7.4.3 光通道衰减

表7-5给出了不带光线路放大器和带光线路放大器的波分复用系统的光通道衰减要求。系统的光通道衰减的最大值主要由光信噪比、色散和非线性损伤等因素决定。

表7-5 波分复用系统的光通道最大衰减范围要求

应用代码	Lx-y.z	nLx-y.z	Vx-y.z	nVx-y.z	Ux-y.z
最大衰减范围	22dB	22dB	33dB	33dB	44dB

7.4.4 光通道色散

高速波分复用系统的传输中继距离主要受限于光通道的色散。对于带有 EDFA 的波分复用系统,由于放大的自发辐射噪声与 EDFA 的增益呈现出线性增长关系,与中继段呈现对数陡增关系,因此,在实际的波分复用工程中,对于长再生段传输,一般采用缩短光线路放大器间隔和适当增加中继段数的方法减小自发辐射噪声的影响,这种方法在技术上比较容易实现。表7-6给出了在不同的目标传输距离条件下,在 ITU-T G.652 光纤上开通各种波分复用系统所允许的光通道的最大色散。

表7-6 在 ITU-T G.652 光纤上开通各种波分复用系统所允许的最大色散

应 用 代 码	目标传输距离/km	最大色散/ps
L	80	1600
V	120	2400
U	180	3200
nV3-y.3	360	7200
nL5-y.2	400	8000
nV5-y.2	600	12000
nL6-y.2	640	12800

7.4.5 光监控信道

由于 DWDM 系统对所承载业务的透明性,所以 DWDM 系统自身的网管维护信息和波道的管理控制信息必须在承载业务之外进行安排和传输。光监控信道(Optical Supervisory Channel,OSC)在一个新波长上传送有关 WDM 系统的网元管理和监控信息。一般光监控信道取 1510nm 波长,速率为 2Mb/s 或更高。

DWDM 系统光监控信道的要求有:

(1) 光监控信道不限制光放大器的泵浦波长;

(2) 光监控信道不限制光放大器之间的距离;

（3）光监控信道不限制未来在 1310nm 波长的业务；

（4）在光放大器失效时监控信道仍然可用；

（5）光监控信道传输是分段的且具有 3R 功能和双向传输功能，即在每个光线路放大器上，上游站的监控信息能被正确地接收，还可以分插新的监控信息给下游站；

（6）应有 OSC 保护路由，防止光纤被切断后监控信息不能传送的严重后果。

本章小结

波分复用技术是当前及未来宽带光网络中的主导技术。WDM 系统由光发射机、光监控信道、光放大器、光接收机、网络管理系统 5 个功能部件组成，而根据对外的光接口不同，有开放式 WDM 系统和集成式 WDM 系统。WDM 系统设备一般由波分复用终端机、光线路放大设备和光分插复用设备组成。

DWDM 系统的技术规范主要包括光接口应用代码、工作波长、光通道衰减、光通道色散和光监控信道等。

思考题与习题

7.1 简述波分复用技术的特点及其分类。

7.2 简述波分复用系统的构成及其各部分的主要功能。

7.3 工作在 1550nm 的 WDM 系统，信道间隔为 100GHz，请问其波长间隔是多少？假设信道间隔分别为 200GHz、500GHz、25GHz，分别计算其波长间隔。对于这些不同的波长间隔，C 波段能够容纳多少信道？

7.4 图 7-18 为 400km 无中继器传输海底光缆 WDM 通信系统。

（1）写出英文缩写 OTU、OBA、OPA 和 Demux/Mux 代表的中文名称；

（2）简述 OTU、OBA、OPA 以及 Demux/Mux 完成的功能；

（3）系统采用了掺铒光纤放大器和光纤拉曼放大器组合实现在线放大，简述两种放大器组合使用的优点；

（4）系统中遥泵光波长为多少？

（5）该系统是开放式 WDM 系统还是集成式 WDM 系统？为什么？

7.5 一个 WDM 系统的单信道传输速率为 40Gb/s，选用的信道间隔是 50GHz，请估算在低水峰非零色散单模光纤允许的 1260～1675nm 全部工作波长范围内，这个系统可以传输的容量。

7.6 在非零色散单模光纤覆盖的 C 和 L 波段的 1530～1625nm 工作波长范围内，在所选用的信道间隔是 25GHz 时，这个 WDM 系统可以传输多少个信道？当 WDM 信号分布在 C 和 L 两个波段上，以 10Gb/s 单信道速率传输 2000km，计算这个 WDM 系统的传输速率-距离乘积（容量）。

7.7 图 7-14 为 3 个 AWG 和 16 个热光开关构成的 16 信道 OADM，简述其工作原理。

7.8 基于光环形器、光开关和光纤布拉格光栅，设计一种光分插复用（OADM）实现方案，画出结构示意图并简述其工作原理。

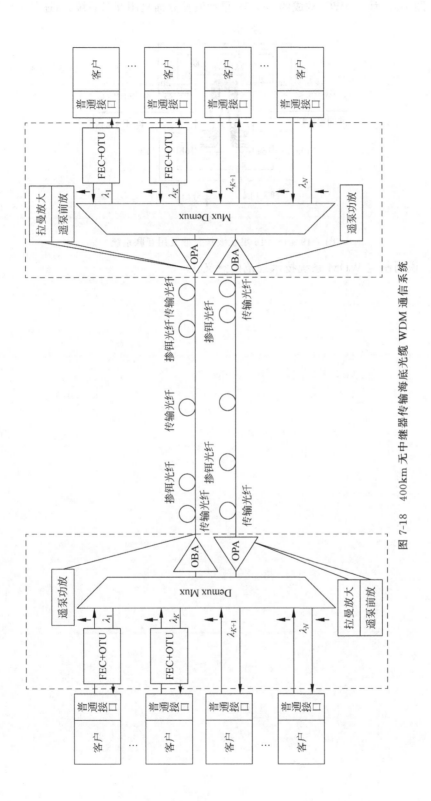

图7-18　400km无中继器传输海底光缆 WDM 通信系统

7.9 图 7-19 为一 AWG 构成的 16×16 星状波长分插复用互联系统,简述其工作原理。

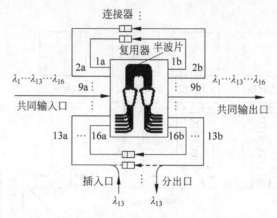

图 7-19 16×16 星状波长分插复用互联系统

7.10 说明制定 WDM 系统技术规范的意义。

第8章

相干光通信技术

传统的光纤通信系统主要是采用光强度调制-直接检测(IM-DD)方式,尽管这种通信方式具有调制和解调简单、容易实现且系统成本低等优点,但由于只利用光载波的幅度信息,其单路信道带宽有限,传输容量和无中继距离都受到限制。随着光通信技术的发展,一种新的光纤通信技术——相干光通信技术应运而生。相干光通信通过接收机中的本地载波混频提取信号光中的幅度、频率或相位信息并获得混频增益,能够极大地提高系统灵敏度和传输容量。随着相干光通信技术的兴起,使得其逐步取代了 IM-DD 技术在长距离光纤传输中的应用,目前已经成为干线传输网的主要技术,是在数据中心及网络基础设施中实现 400Gb/s 和 100Gb/s 传输速率的主要技术方向。

相干光通信中主要利用了相干调制和相干检测技术,即在发射端对光载波进行幅度、频率或相位调制,在接收端采用相干检测技术进行信息接收。

8.1 相干检测原理

视频

在光强度调制-直接检测光纤通信系统中,光接收机中的光电探测器直接将光信号转换为电信号。设光电探测器接收的信号光为

$$E_S(t) = [A_S(t)e^{j\varphi_S(t)}]e^{j\omega_S t} \tag{8-1}$$

式中,A_S、ω_S、φ_S 分别为信号光的幅度、角频率和相位,则光电探测器输出的信号电流为

$$i_S(t) = RP_S = R|E_S(t)|^2 = RA_S^2(t) \tag{8-2}$$

式中,R 为光电探测器的响应度;P_S 为信号光功率。可见,光电流只提供光振幅信息,并不能提供频率 ω_S 和相位 φ_S 的任何信息。

相干检测就是利用本振(Local Oscillator,LO)激光器产生的本振光与输入的信号光在光混频器中进行混频,然后由光电探测器进行光电变换,得到与信号光的频率、相位和振幅按相同规律变化的中频信号。

8.1.1 相干检测基本结构设置

相干检测有两种基本设置方式,即单臂相干检测和双臂相干检测。

1. 单臂相干检测

图 8-1 为单臂相干检测的基本设置示意图。理想的单色激光器产生的本振光 E_{LO} 与

信号光 E_S 通过耦合器混频,由光电探测器接收后输出光电流信号 $i(t)$。在相干检测中,通过偏振控制使得信号光与本振光具有相同的偏振。

图 8-1　单臂相干检测原理图

设信号光如式(8-1)所示,本振光的表达式为

$$E_{LO}(t) = [A_{LO}e^{j\varphi_{LO}}]e^{j\omega_{LO}t} \tag{8-3}$$

式中,A_{LO}、ω_{LO}、φ_{LO} 分别为本振光的幅度、频率和相位。理想的 3dB 耦合器为端口 180° 光混频器,其转移矩阵为

$$\boldsymbol{S} = \frac{1}{\sqrt{2}}\begin{bmatrix} 1 & 1 \\ 1 & -1 \end{bmatrix} \tag{8-4}$$

则经过 180° 光混频器相干混频后由光电探测器 PD 接收的光信号为

$$E_{out,1}(t) = \frac{1}{\sqrt{2}}[E_S(t) + E_{LO}(t)] \tag{8-5}$$

PD 产生的光电流为

$$i(t) = RP_{out,1} = \frac{R}{2}|E_S(t) + E_{LO}(t)|^2 \tag{8-6}$$

式中,R 为光电探测器的响应度。将式(8-1)和式(8-3)代入式(8-6),可得光电探测器输出的光电流为

$$i(t) = \frac{R}{2}A_S^2(t) + \frac{R}{2}A_{LO}^2 + RA_{LO}A_S(t)\cos[\omega_{IF}t - (\varphi_S(t) - \varphi_{LO})] \tag{8-7}$$

式中,$\omega_{IF} = \omega_S - \omega_{LO}$,$f_{IF} = \omega_{IF}/2\pi$ 称为中频(Intermediate Frequency,IF)。式(8-7)右边最后一项是中频信号分量,它带有信号光的强度、频率和相位信息,因此在发送端无论采取什么调制方式,都可以从接收端的中频信号分量反映出来。

2. 双臂相干检测(平衡检测)

图 8-2 为双臂相干检测的基本设置示意图。本振光 E_{LO} 与信号光 E_S 通过 2×2 光耦合器干涉混频,上下两个支路输出的信号光 $E_{out,1}(t)$ 和 $E_{out,2}(t)$ 由平衡光电探测器接收,其对应的光电流分别为 $i_1(t)$ 和 $i_2(t)$,输出信号光电流 $i(t) = i_1(t) - i_2(t)$。这种相干检测设置也称为平衡检测。

根据端口 180° 光混频器传输特性,可得 $E_{out,1}(t)$ 和 $E_{out,2}(t)$ 分别为

$$E_{out,1}(t) = \frac{1}{\sqrt{2}}[E_S(t) + E_{LO}(t)] \tag{8-8}$$

$$E_{out,2}(t) = \frac{1}{\sqrt{2}}[E_S(t) - E_{LO}(t)] \tag{8-9}$$

则 $i_1(t)$ 和 $i_2(t)$ 分别为

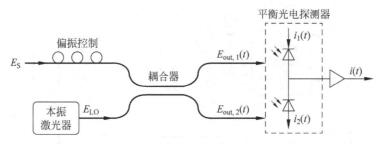

图 8-2 双臂相干检测(平衡光接收机)原理图

$$i_1(t) = \frac{R}{2} \mid E_S(t) + E_{LO}(t) \mid^2 \tag{8-10}$$

$$i_2(t) = \frac{R}{2} \mid E_S(t) - E_{LO}(t) \mid^2 \tag{8-11}$$

式中,R 为光电探测器的响应度。结合式(8-1)和式(8-3),可得光电流 $i(t)$ 为

$$i(t) = i_1(t) - i_2(t) = 2RA_{LO}A_S(t)\cos[\omega_{IF}t - (\varphi_S(t) - \varphi_{LO})] \tag{8-12}$$

由式(8-12)和式(8-7)可以看到,采用相干检测时,即使信号光功率很小,但由于输出光电流与本振光振幅 A_{LO} 成正比,仍能够通过增大本振光功率而获得足够大的输出电流。这样,本振光在相干检测中还起到了光放大作用,从而提高了信号的接收灵敏度。另外,将式(8-12)和式(8-7)进行对比可以看到,与单臂相干检测相比,平衡检测可以抑制所有与相位无关的其他项,且净电流增加了一倍。因此,相干光通信系统都采用双臂相干检测方式。

8.1.2 零差检测与外差检测

根据本振光频率与信号光频率是否相同,相干检测分为零差检测和外差检测两种方式。

1. 零差检测

选择 $\omega_{LO} = \omega_S$,即 $\omega_{IF} = 0$,这种情况称为零差检测。由式(8-12)可得零差检测信号光电流为

$$i(t) = 2RA_{LO}A_S(t)\cos(\varphi_S - \varphi_{LO}) \tag{8-13}$$

可见,采用零差检测时,光信号经光电转换后直接输出基带信号,无须进行二次解调。另外,式(8-13)中包含本振光的相位 φ_{LO},也就是说,零差检测对相位的变化非常敏感。因此,对于零差检测,除了要求信号光与本征光频率相同外,还需要将本振光相位锁定在信号光相位上。

图 8-3 是基于光学锁相环的零差同步解调原理图。

图 8-3(a)所示的是一种最简单的光学锁相环——平衡锁相环(Balanced Loop),其结构呈对称样式,主要由 3dB 耦合器(180°移相光混频器)、前段平衡探测电路、环路滤波器和本振激光器组成。平衡锁相环对激光器线宽要求很高。

图 8-3(b)所示的是科斯塔斯锁相环(Costas Loop),主要由 90°移相光混频器、两组相同的前段平衡探测电路、环路滤波器和本振激光器组成。接收的信号光与本振光在 90°光混频器中混频后输出 4 路相位不同的混频光(0°、90°、180°和 270°),用平衡探测电路分别探测 0°和 90°、180°和 270°两组光,输出同相通道电信号和正交相位通道电信号。同相通道信号即基带信号,而两路电信号相乘再通过环路滤波器就得到控制本振激光器的频率控制信号,

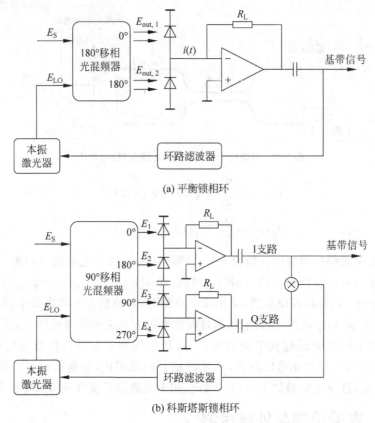

(a) 平衡锁相环

(b) 科斯塔斯锁相环

图 8-3 零差同步解调原理图

这就是科斯塔斯锁相环的基本工作原理。科斯塔斯锁相环的优点在于可以使用交流耦合来去除光电转换生成的直流分量,对激光器线宽要求较低,但需要使用制作工艺较为复杂的90°光混频器。

2. 外差检测

选择 $\omega_{LO} \neq \omega_S$,即 $\omega_{IF} \neq 0$,这种情况称为外差检测。由式(8-12)可知,信号光与本振光混频并由平衡探测器进行光电变换后输出的信号为中频信号,中频信号的频率为信号光与本振光的频率之差,通常选取中频 f_{IF} 在微波范围内,比如 $f_{IF}=1GHz$。所以,外差检测时中频信号还需经过二次解调下变频为基带信号。与零差检测类似,外差检测因本振光的出现使得接收到的光功率放大,从而提高了接收灵敏度。

外差检测信噪比的改善比零差检测低3dB,但因不要求本振光和信号光频率相同,也不要求相位锁定,故既可以采用同步解调,也可以采用异步解调,其接收机的设计相对简单。图 8-4 为外差同步解调光接收机和外差异步解调光接收机原理框图。

外差同步解调要求恢复中频微波载波,因而需要采用电锁相环路。外差异步解调不要求恢复中频微波载波,它使用包络检波器和低通滤波器,把带通滤波输出信号转换为基带信号。与外差同步光接收机相比,外差异步光接收机中噪声的同相和正交分量都会对信号产生影响,因而其 SNR 和灵敏度降低了,但下降比较小,约 0.5dB。异步解调对光发送机和本振光源的线宽要求不是很严格,因此在相干光波系统设计中,采用外差异步接收机是一种实用的方案。

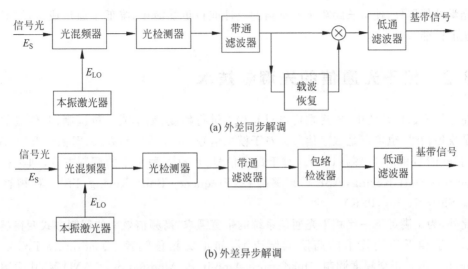

(a) 外差同步解调

(b) 外差异步解调

图 8-4　外差同步解调光接收机和外差异步解调光接收机原理框图

8.1.3　相干检测技术的优点

与传统的直接检测技术相比,相干检测方式的最大优点是能提高接收机的频谱效率和检测灵敏度。相干光通信系统具有以下几个主要特点。

1. 接收灵敏度高,无中继距离长

相干光通信的一个主要优点是相干检测能改善接收机的灵敏度。由于热噪声、暗电流等因素的影响,IM-DD 系统的灵敏度通常比量子极限灵敏度低 20dB。而在相干光通信系统中,在同等热噪声和暗电流作用下,通过提高本振光功率可以使接收机灵敏度充分接近量子极限。灵敏度的提高增加了光信号的无中继传输距离,对于长距离光纤传输具有重要意义。

2. 频率选择性好,传输容量大

相干光通信系统中接收机通过混频后处理的是基带或中频信号,频谱分辨率很高,这样信道间隔从 IM-DD 系统的 20GHz 降低到 1～10GHz,便于密集波分复用技术的实现,从而提高了系统的频带利用率,增大了系统的传输容量。

3. 调制方式多样化,选择灵活

利用传统的直接检测技术,在发射端只能采用强度调制方式对光载波进行调制,使得系统的频谱利用率相对较低,传输容量受限。而相干光通信不仅可以对光载波进行幅度调制,还可以进行频率或相位调制,有利于工程上的灵活运用,特别是高阶调制格式还能提高单载波的传输容量。如多进制相移键控(Multiple Phase Shift Keying,MPSK)和 M 进制的正交幅度调制(M-Quadrature Amplitude Modulation,M-QAM)的理论频谱效率是二进制系统的 $\log_2 M$ 倍。

4. 可与数字信号处理技术相结合

相干检测技术可以与数字信号处理技术进行很好的结合,信号在传输过程中发生的损耗以及由光电器件引入的噪声均可以在电域通过数字信号处理技术得到较好的补偿,比如色度色散补偿和偏振模色散补偿,甚至非线性影响也能被平衡。这样就避免了使用复杂、昂贵的光学补偿器件,使得长距离传输链路的设计变得更加简单,降低了通信成本,同时提升了系统的性能。

8.2 相干光通信的光调制技术

在相干光通信系统中,发送端可以对光载波进行幅度、频率或相位调制,其传输的信号可以是模拟信号,也可以是数字信号。对于模拟信号,有 3 种调制方式,即幅度调制(AM)、频率调制(FM)和相位调制(PM)。对于数字信号,也有 3 种基本的调制方式,即幅移键控(Amplitude Shift Keying,ASK)、频移键控(Frequency Shift Keying,FSK)和相移键控(Phase Shift Keying,PSK)。

此外,为了满足下一代相干光通信系统的带宽需求,高频谱效率的调制方式变得越来越重要。基于相干检测技术的高阶调制码型,如正交相移键控(Quadrature Phase Shift Keying,QPSK)、正交幅度调制(Quadrature Amplitude Modulation,QAM)等,其频谱利用率远高于传统调制码型,而且在抗色散和非线性效应方面的优势也比较明显。

8.2.1 ASK、FSK 和 PSK

数字调制是以 0、1 比特流为调制信号,其调制过程可以看成是将原始数据比特流按照一定的规则映射至如图 8-5 所示的矢量坐标系的过程。数字调制完成了符号到矢量坐标系

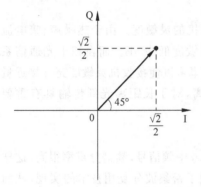

图 8-5 IQ 矢量坐标系

的映射,映射点称为星座点,具有实部和虚部,它其实就是振幅和相位的一对组合。从矢量角度讲,实部与虚部是正交的关系,通常称实部为同相分量(In-phase component),虚部为正交分量(Quadrature component),该矢量坐标系也可以称为 IQ 坐标系。在 IQ 坐标系中,任何一点都确定了一个矢量,可以写为 $(I+jQ)$ 的形式。数字调制完成后便可以得到信号矢量端点分布图,即星座图。

ASK、FSK 和 PSK 这 3 种调制方式分别对应于用载波(正弦波)的幅度、频率和相位来传递数字基带信号。当数字信号为二进制比特流时,3 种调制方式分别如图 8-6 所示。对于 FSK,一般是将符号映射至频率轴,而不涉及星座图,因此在图 8-6 中只给出了 ASK 和 PSK 的星座图。

1. 幅移键控(ASK)

幅移键控是载波的幅度随数字基带信号的变化而变化的数字调制。当数字基带信号为二进制数字信号时,则为二进制幅移键控(2ASK)。2ASK 只对载波做幅度调制,因此符号映射至 IQ 坐标系后只有 I 分量,而且只有两个状态——幅度 A_1 和 A_2,分别对应比特 0 和比特 1,即一个状态只包含 1b 信息,故符号率与比特率相同。如果调制深度 $(A_2-A_1)/A_2=1$ 时,只有比特 1 有信号,比特 0 没有信号,这种方式也称为通断键控或开关键控(On-Off Keying,OOK)。

由于对半导体激光器进行直接强度调制时,载波幅度的变化将引起相位变化,因此为保证发射激光的频率和相位稳定,在 ASK 相干系统中必须使用外调制技术。外调制器通常

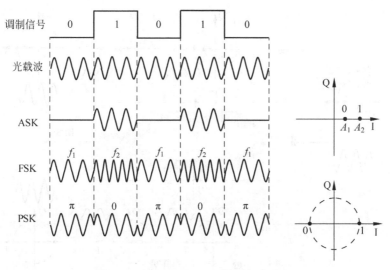

图 8-6　ASK、FSK、PSK 调制方式对比

采用钛扩散的铌酸锂(Ti-LiNbO$_3$)波导制成的 MZM,这种调制器在消光比大于 20 时,调制带宽可达 20GHz。

2. 频移键控(FSK)

频移键控就是用数字基带信号调制光载波的频率。例如,在二进制频移键控(2FSK)中,传输 0 码时和 1 时对应的载波频率分别为 f_1 和 f_2。这种调制技术抗干扰性能好,但占用带宽大。

在 FSK 相干系统中,既可采用直接调制方式,也可以采用外调制方式。前面讲过,如果要利用注入电流调制来实现 ASK,则注入电流的较大变化会使载波的相位(或频率)发生变化,对于半导体激光器,通常这种注入电流所引起的频率变化可达 0.1～1GHz/mA。在 FSK 直接调制中,利用这种效应以较小的电流(mA)变化就可以引起 1GHz 的频移,同时由于电流变化很小,所以基本上可以保持信号幅度不变。

3. 相移键控(PSK)

相移键控就是用数字基带信号调制光载波的相位。采用 PSK 调制时,光载波的幅度和频率保持不变,信号只对相位进行调制。PSK 是一种主流的数字调制方式,其抗干扰性能好,且相位的变化也可以作为定时信息来同步发送机和接收机的时钟,并对传输速率起到加倍的作用。

二相相移键控(Binary Phase Shift Keying,BPSK)是最简单的 PSK 形式,它是用二进制基带信号对载波进行二相调制,比特 0 和比特 1 分别用相差为 π 的两个同频载波表示。要实现 BPSK 调制,可采用铌酸锂相位调制器(PM),只需要选择适当的脉冲电压使相位改变 180°。此外,MZM 工作于双推模式时,上下两臂施加的调制电压使得两个平行波导产生的相移相同,其输出信号仍然是相位调制信号,因此可采用 MZM 可以实现 BPSK 调制,其原理如图 8-7 所示。

设输入的载波为恒定幅度的正弦波,并定义相移 $\Phi=0$。载波输入 MZM,通过第一个 Y 形分支波导后功率平均分配到两条结构参数完全相同的平行直波导(上臂和下臂)中。传输 1 码时,信号的相移在两臂上保持不变,通过第二个 Y 形波导合路后输出具有原始幅度且相

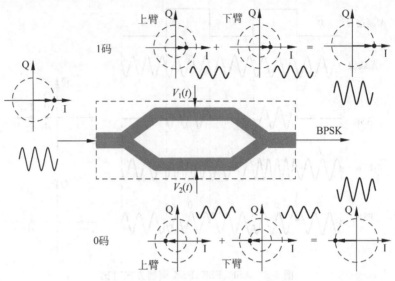

图 8-7　采用 MZM 实现二相相位调制

移 $\Phi=0$ 的正弦波。传输 0 码时,调制信号 $V(t)=V_\pi$,即施加到调制器分支上的电压为半波电压,则在上下两个分支上的信号相移均为 π,通过第二个 Y 形波导合路后输出具有原始幅度且相移 $\Phi=\pi$ 的正弦波。

8.2.2　正交相移键控

1. QPSK 调制格式

正交相移键控(QPSK)也称四相相移调制,它是利用载波的 4 种不同相位差来表征输入的数字信息。QPSK 规定了 4 种载波相位,分别为 $\pi/4$、$3\pi/4$、$5\pi/4$ 和 $7\pi/4$。由于调制器输入的数据是二进制数字序列,为了能和四进制的载波相位匹配起来,所以需要将二进制数据变换为四进制数据,也就是将二进制数字序列中每两个比特组合成一个双比特元,即 00、01、10 和 11 四种双比特码元,它们分别代表四进制中的 4 个符号之一。在 QPSK 中,每个时钟周期传输一个符号,每个符号包含 2 比特,这些信息比特通过载波的 4 种相位来传递,其星座图如图 8-8 所示。

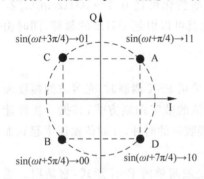

图 8-8　QPSK 信号星座图

与 BPSK 调制格式相比,在信号的传输带宽相同的情况下,QPSK 调制格式的传输速率加倍,而在系统的 BER 相同的情况下,传输带宽减半。

2. IQ 光调制器

一个 MZM 只能实现 BPSK 调制,而要实现 QPSK 调制则需要有两个正交的 MZM 调制器,即需采用双马赫-曾德尔 IQ 光调制器。IQ 光调制器是由两个 MZM 和一个 90°的相位调制器(PM)组合而成,其结构如图 8-9 所示。

从输入端口输入的光载波经过 3dB Y 形分支波导分成上下两路,分别通过两个工作于推挽模式的 MZM 进行调制,下支路的光信号再经过一个相位调制器(PM)产生 90°的相移。

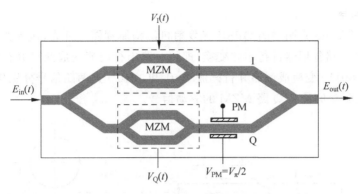

图 8-9　IQ 光调制器的结构示意图

此时,上支路的已调信号称为平行支路(I 路),下支路的已调信号称为正交支路(Q 路)。最后两路正交的已调信号在输出端经过 3dB Y 形分支波导进行耦合干涉,合成一路信号输出。输出光信号可以表示为

$$E_{out}(t) = \frac{1}{2}E_{in}(t)\left[\cos\left(\frac{V_I(t)}{2V_\pi}\pi\right) + \mathrm{j}\cos\left(\frac{V_Q(t)}{2V_\pi}\pi\right)\right] \tag{8-14}$$

式中,V_π 为半波电压;$V_I(t)$ 和 $V_Q(t)$ 分别为施加在 I 路 MZM 和 Q 路 MZM 上的调制电压,调制电压是驱动信号电压 $V_{RF}(t)$ 与直流偏压 V_{DC} 之和。从式(8-14)可以看出,上下两路信号分别作为 IQ 光调制器输出信号的同相分量和正交分量,以分别对复数的实部和虚部进行调制。

IQ 光调制器是在高速相干光通信系统的发射端最常用的调制器,目前,IQ 光调制器的集成器件已经实现了商用。图 8-10 为一工作于 1550nm 波段(1530~1850nm)的 IQ 光调制器实物图片,其端口及引脚功能说明如表 8-1 所示。这种 IQ 光调制器采用钛扩散的铌酸锂波导制作,具有高带宽、高消光比、高稳定性和低插入损耗等优点,并且内置 PD 监测,配合偏压控制器(Bias Controller)使用可实现调制器偏压的自动反馈控制,可应用于载波抑制单边带(Carrier Suppression Single Side Band)、QPSK、QAM、OFDM。

图 8-10　IQ 光调制器实物图片

表 8-1　MXIQER-LN-30 IQ 光调制器端口、引脚功能说明

端口、引脚	功 能 说 明	备　　注
IN/OUT	光输入端口/光输出端口	带尾纤
1/2	RF1 输入端口/RF2 输入端口	MZM1、MZM2 的调制信号输入端口
4/5/6	直流偏压 1/直流偏压 2/直流偏压 3	MZM1、MZM2、PM 的直流偏置
7/8	PD1 阴极/阳极	PD1 偏置
9/10	PD2 阴极/阳极	PD2 偏置

3. QPSK 调制

图 8-11 是基于 IQ 光调制的 QPSK 光发射机结构原理图。首先,送入光发射机的二进制比特流由一个多路复用器进行串并变换,即将一路串行码流变成两路并行码流,如图 8-1 中串行码流 11000110 变换成两路并行码流 1001 和 1010。这两路信号分别作为 IQ 光调制器 I 路 MZM 的驱动信号和 Q 路 MZM 的驱动信号。

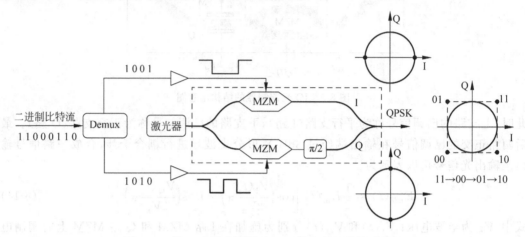

图 8-11 基于 IQ 光调制的 QPSK 光发射机结构原理图

QPSK 调制时,激光器产生的光载波输入 IQ 光调制器,IQ 光调制器中的 MZM 工作在 null 点,即两个 MZM 的偏置电压 $V_{DC} = V_\pi$,两路驱动信号 $V_{RF}(t)$ 是峰-峰值为 $2V_\pi$ 的二电平信号 $(-V_\pi, V_\pi)$。这样 IQ 光调制器的 I 路和 Q 路生成两路已调制 BPSK 信号,可分别表示为

$$E_I(t) = E_{in}(t)\exp(j\pi c_k) \tag{8-15}$$

$$E_Q(t) = E_{in}(t)\exp\left[j\pi\left(d_k + \frac{1}{2}\right)\right] \tag{8-16}$$

式中,c_k 和 d_k 分别是两路输入数据的比特序列。最后,在输出端两路相互正交的 BPSK 信号相干叠加生成 QPSK 信号,即

$$E_{out}(t) = E_{in}(t)\left[e^{j\pi c_k} + e^{j\pi\left(d_k + \frac{1}{2}\right)}\right] \tag{8-17}$$

8.2.3 正交幅度调制

正交幅度调制(QAM)相当于将幅度调制和相位调制相结合的二维调制方式,它同时具备较高的调制效率(由单位频带内所能传输的比特数表示)和较好的功率利用率(在满足误码率的条件下所需功率越小,功率利用率越高)。

在 m-QAM 中,信号状态数 $m = 2^n$,其中 n 是每个符号包含的比特数。状态数 m 通常取值为 16、32、64、128 和 256,其值越大,意味着调制效率越高,但对信道质量的要求也越高。另外,状态数越多,意味着星座点间的空间距离越近,抗干扰能力越弱。

1. 16QAM

16QAM 的信号状态数是 16,每个状态包含 4 比特信息(0000~1111)。16QAM 信号格式在频谱效率、噪声容限和非线性容限 3 个关键指标方面具有优异的综合性能,因此它是下一代相干通信系统的备选调制格式之一。图 8-12 为常用的方形 16QAM 信号的星座图。

与 QPSK 光调制相比,16QAM 光调制需要更为复杂的装置及相应的使能控制技术。图 8-13 是四电平信号驱动单个 IQ 光调制器的方形 16QAM 信号生成方案,图中 AWG 为任意波形发生器(Arbitrary Waveform Generator)。由激光器产生的光载波输入到 IQ 光调制器中,IQ 光调制器中的两个 MZM 均由四电平信号驱动,且驱动信号的四电平均匀分布。每个 MZM 工作于 null 点,即 $V_{DC}=V_\pi$,这样可得到两路相互独立的四进制幅度相移键控(4-APSK)信号。另外,相位调制器的偏置相位控制在 90°,即 $V_{PM}=V_\pi/2$,则两个 4-APSK 信号耦合生成方形 16QAM 信号。

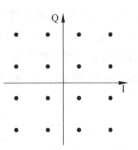

图 8-12 方形 16QAM 信号星座图

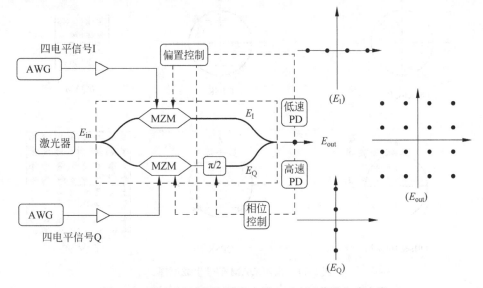

图 8-13 基于 IQ 光调制器的方形 16QAM 信号生成方案

由于环境温度、激光器光功率和器件老化等因素的影响,调制器偏置电压会发生缓慢漂移,这将大大影响信号的质量。因此,为保持传输系统的稳定,对偏置电压进行自动反馈控制非常重要。在图 8-13 中,输出光信号通过耦合器分成 3 路:一路作为输出信号,另两路作为监测光信号[一路监测光由低响应速率的光电探测器(PD)接收,然后通过偏置控制模块得到 MZM 的偏压控制信号,即通过监测平均输出光功率的极值对 MZM 的偏置电压进行反馈控制;另一路监测光由高响应速率的光电探测器即肖特基探测管接收,通过相位控制模块得到相位调制偏压的控制信号,即监测肖特基管输出的极大值,将相位调制器的偏置相位控制在 90°]。

2. 64QAM

64QAM 信号的状态数是 64,每个状态包含 6 比特信息(000000～111111)。对于有线数字电视(Digital Video Broadcasting,DVB)系统,即 DVB-C 系统,采用抗干扰能力相对适中但频谱利用率很高的 64QAM 调制方式较为适宜。

最直接的 64QAM 光调制方案是采用八电平信号驱动单个 IQ 光调制器,如将图 8-14

中的 16QAM 光发射机中的两路四电平驱动信号换成两路八电平驱动信号,则可直接实现64QAM 光调制。然而,高速、高质量八电平信号的产生是一个很大的挑战,因而在实际应用中很难使用这种方案。目前,常见的高阶 QAM 调制装置采用多个 IQ 光调制器级联方案,如图 8-14 所示,两个 IQ 光调制器串联组合,采用不同驱动信号可生成多种高阶 QAM 信号。

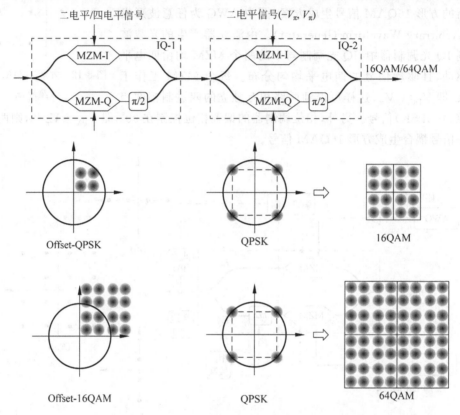

图 8-14　高阶 QAM 信号生成原理

由前面介绍的 QPSK 光调制和 16QAM 光调制可知,对于图 8-14 中的第一个 IQ 光调制器(IQ-1),如果两个 MZM 工作于 null 点,并通过相位调制器在两个分支之间引入 90°相移,当MZM 驱动信号为二电平信号或四电平信号时,分别生成 QPSK 信号和 16QAM 信号。但如果给 IQ-1 中 MZM 施加的偏置电压值使其偏离 null 点,并且减小 MZM 驱动信号电压幅度(峰-峰值小于 V_π),则对应的信号符号可压缩到 IQ 坐标系的一个象限中,如图 8-14 所示的偏移信号 Offset-QPSK 或 Offset 16QAM。另外,图 8-14 中的第二个 IQ 光调制器(IQ-2)作为一个标准的 QPSK 发射机,即两个 MZM 偏置于零点,驱动信号是峰-峰值为 $2V_\pi$ 的二电平信号,并在两个分支之间引入 90°相移。当两个 IQ 光调制器串联组合时,从第一个 IQ 光调制器获得的偏移信号映射到其他象限,从而获得完成的 16QAM 或 64QAM 星座图。

8.3　数字相干光纤通信系统

相干光通信的研究始于 20 世纪 80 年代,但当时相干光通信系统的实现需要使用线宽极小的外腔激光器(External Cavity Laser,ECL)和复杂且不易实现的锁相环(Phase

Locked Loop,PLL)技术以实现对激光器的锁频/锁相,这使得相干光通信在当时难以商用。20世纪90年代初期,EDFA在光通信系统中普及应用,WDM技术得到迅速发展,基于强度IM-DD的WDM通信系统使得光通信系统的容量突飞猛进。相比之下,相干光通信技术由于其系统过于复杂且器件要求过高,一度使人们对它失去了兴趣。

随着电子科学技术的发展,数字信号处理(Digital Signal Processing,DSP)技术的进步使得相干光接收技术的推广应用不再遥不可及。基于DSP技术的数字相干接收机对光载波电场信息检测并数字化后再进行处理,这样可以通过算法消除激光频率抖动和相位噪声的影响,降低了相干接收机对激光器的要求,因此DFB激光器也能应用于相干光通信系统,同时省去了复杂的PLL结构。更吸引人的是数字相干接收机可以实现对光载波偏振态的操作,在无偏振复用系统中省去了偏振控制结构,在偏振复用系统中可以方便地实现数字偏振复用。此外,数字相干接收机可以均衡和补偿链路中线性以及非线性效应对信号的影响。DSP技术的特点使得系统对信号的处理更具灵活性,并且容易实现对信号的动态自适应处理,这大大降低了光通信系统对光学器件设计的要求以及许多光学模块设计的复杂度。目前,采用超高速DSP技术能实现单波超过100Gb/s的高灵敏度相干检测。数字相干光传输方式已成为核心网大容量光传输系统的主流。

8.3.1　100Gb/s数字相干光纤通信系统

相对于10Gb/s、40Gb/s线路速率而言,100Gb/s线路速率能更好地应对网络日益面临的业务流量及带宽持续增长的压力。但随着线路速率的提高,还需应对色散、非线性、偏振模色散(PMD)的影响。目前,双偏振正交相移键控(Dual-Polarization,DP-QPSK)+相干接收已经成为实现100Gb/s速率的主流技术方案。图8-15为典型的100Gb/s DP-QPSK数字相干光纤通信系统功能框图。发送侧采用双偏振正交相移键控(Dual-Polarization QPSK,DP-QPSK)方式,接收端采用数字相干接收技术,并结合高速模数转换、高性能数字信号处理(DSP)和前向纠错码(Forward Error Correction,FEC)等技术提高传输性能。

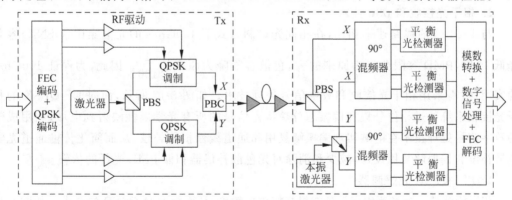

图8-15　100Gb/s DP-QPSK数字相干光纤通信系统功能框图

1. 100Gb/s调制技术

目前,QPSK是100Gb/s调制方式的最佳选择,传输速率是112Gb/s或者更高。DP-QPSK之所以成为主流,是因为它一方面最大化了光谱效率,另一方面利用了相位调制技术对PMD、色散、非线性的高公差特性。但对于100Gb/s线路速率,如果直接采用QPSK调制,则要对系统的光/电器件质量提出非常高的要求,所以业界普遍采用偏振复用方案,即用两路独立的光偏振态来承载业务,每路偏振态都采用 QPSK 调制方式。这样,100Gb/s(实际速率 112Gb/s)信号的实际波特率为 28Gb/s(112Gb/s/4=28Gb/s),降低了对光/电器件的要求和信号处理难度,频谱带宽相对非偏振复用系统降低了一半。

图 8-16 为 DP-QPSK 光发送机结构功能框图。连续波激光器(CW Laser)产生的光信号由偏振分束器(PBS)分成两路正交的极化光束(X 极化态,Y 极化态),作为载波分别经两个 QPSK 调制器进行调制加载信号。每个极化态的 QPSK 调制器由两个单驱动的 MZM组成,一个 MZM 的输出光信号与另一个 MZM 加上 π/2 相位延迟后输出的光信号形成两路正交调制信号。4 个 MZM 分别由 4 路 28Gb/s 的射频信号(由 112Gb/s 的数据经前向纠错编码、串/并变换、QPSK 编码后得到)驱动。两个偏振态的 QPSK 已调信号由偏振合束器(PBC)汇聚为一路光波信号在线路侧传送。

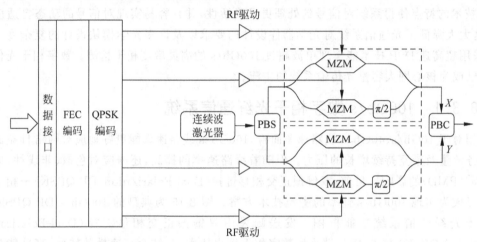

图 8-16　DP-QPSK 光发射机结构功能框图

2. 相干光接收和 DSP 技术

与 10Gb/s 的线路速率相比,在相同光调制方式下 100Gb/s 的光信噪比(OSNR)容差降低 10dB,PMD 容限会降为原来的 $\frac{1}{10}$,色散容限降为原来的 $\frac{1}{100}$。因此,为保证 100Gb/s的实用性,需采用相干光接收和数字信号处理技术。如图 8-17 所示,面向 DP-QPSK 的相干光接收系统通过相位分集和偏振态分集将光信号的所有光学属性映射到电域,利用成熟的数字信号处理技术在电域实现偏振解复用和通道线性损伤补偿,从而简化传输通道光学色散补偿和偏振解复用设计,减少和消除对光色散补偿器和低 PMD 光纤的依赖。

1) PM-QPSK 光解调器

相干检测的一个显著优点就是能提高接收灵敏度,从而放宽对 OSNR 的要求。如图 8-17所示,接收机前端的 PM-QPSK 光解调器采用偏振分集外差检测,将光学属性映射到电域以解析光调制格式的信息。

对于 PM-QPSK 光解调器,本振激光器发出的本振光和从光纤中接收到的信号光各自通过对应的 PBS 后分别分为两个正交的极化模式(X 极化态、Y 极化态)。相同极化模式的信号光和本振光再经 2×4 90°光混频器混频。以 X 极化态为例,设经偏振分束器后的信号

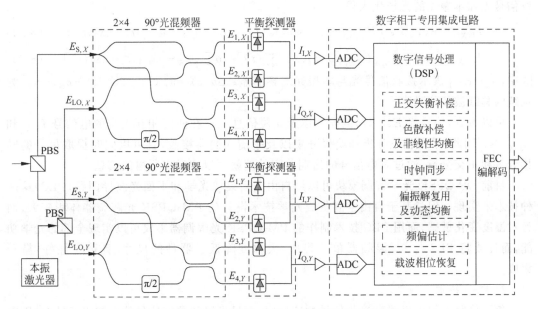

图 8-17 面向 DP-QPSK 的相干光接收系统示意图

光 $E_{S,X}(t)$ 和本振光 $E_{LO,X}(t)$ 分别表示为

$$E_{S,X}(t) = \sqrt{P_{S,X}}\, a(t)\exp[\mathrm{j}\varphi(t)]\exp[\mathrm{j}(\omega_S t + \theta_N^S(t) + \theta_S)] \tag{8-18}$$

$$E_{LO,X}(t) = \sqrt{P_{LO,X}}\,\exp[\mathrm{j}(\omega_{LO} t + \theta_N^{LO}(t) + \theta_{LO})] \tag{8-19}$$

式中，$P_{S,X}$ 和 $P_{LO,X}$ 分别表示信号光与本振光的功率；$a(t)$ 和 $\varphi(t)$ 分别表示基带信号的振幅以及相位信息；ω_S 和 ω_{LO} 分别表示信号光与本振光的角频率；$\theta_N^S(t)$ 和 $\theta_N^{LO}(t)$ 分别表示信号光与本振光的相位噪声；θ_S 和 θ_{LO} 分别为接收信号光与本振光的初始相位。

对于 2×4 90°光混频器，其传输函数 $\boldsymbol{H}$ 为

$$\boldsymbol{H} = \frac{1}{2}\begin{bmatrix} 1 & 1 \\ 1 & -1 \\ 1 & \mathrm{j} \\ 1 & -\mathrm{j} \end{bmatrix} \tag{8-20}$$

则信号光 $E_{S,X}(t)$ 和本振光 $E_{LO,X}(t)$ 经 2×4 90°光混频器混频后输出的四路光信号 $E_{1,X}$、$E_{2,X}$、$E_{3,X}$、$E_{4,X}$ 可表示为

$$\begin{bmatrix} E_{1,X} \\ E_{2,X} \\ E_{3,X} \\ E_{4,X} \end{bmatrix} = \boldsymbol{H}\begin{bmatrix} E_{S,X}(t) \\ E_{LO,X}(t) \end{bmatrix} = \frac{1}{2}\begin{bmatrix} E_{S,X}(t) + E_{LO,X}(t) \\ E_{S,X}(t) - E_{LO,X}(t) \\ E_{S,X}(t) + \mathrm{j}E_{LO,X}(t) \\ E_{S,X}(t) - \mathrm{j}E_{LO,X}(t) \end{bmatrix} \tag{8-21}$$

经平衡探测器后输出的两路相互正交的电信号 $I_{I,X}$ 和 $I_{Q,X}$ 分别为

$$I_{I,X} \propto |E_{2,X}|^2 - |E_{1,X}|^2 = \mathrm{Re}\{E_{S,X}E_{LO,X}^*\} \tag{8-22}$$

$$I_{Q,X} \propto |E_{4,X}|^2 - |E_{3,X}|^2 = \mathrm{Im}\{E_{S,X}E_{LO,X}^*\} \tag{8-23}$$

将信号光和本振光的光场代入得

$$I_{I,X} \propto \mathrm{Re}\{\sqrt{P_{S,X}P_{LO,X}}\, a(t)\exp[j\varphi(t)]\exp[j(\omega_S-\omega_{LO})t+j\Delta\theta(t)]\} \quad (8\text{-}24)$$

$$I_{Q,X} \propto \mathrm{Im}\{\sqrt{P_{S,X}P_{LO,X}}\, a(t)\exp[j\varphi(t)]\exp[j(\omega_S-\omega_{LO})t+j\Delta\theta(t)]\} \quad (8\text{-}25)$$

式中，$\omega_S-\omega_{LO}$ 表示接收信号光与本振光的频率差；$\Delta\theta(t)=\theta_N^S(t)-\theta_N^{LO}(t)+\theta_S-\theta_{LO}$ 为系统的总载波相位噪声。

可以看到，信号光 $E_{S,X}(t)$ 的振幅以及相位信息保存在两路相互正交的电信号 $I_{I,X}$ 和 $I_{Q,X}$ 中。因此，采用相位分集和偏振分集以及平衡探测器接收，就可以同时提取信号的同相分量和正交分量，通过对电信号的后期数字处理就可以解调出所需的信息。

目前 DP-QPSK 光学解调模块可以用自由空间集成光学和平面光波导回路(PLC)这两种技术来实现。但是基于自由空间集成光学技术设计的 PM-QPSK 光解调器体积较大，而且对温度变化敏感，而用 PLC 技术制作的 PM-QPSK 光解调器不仅可以实现全部的光学功能，而且能将 PBS 与 90°混频器单片集成，大幅度降低了器件的尺寸，且稳定性好，易于集成。

2) DSP 技术

相干接收不但可以提高接收信号的信噪比，而且可以和数字信号处理技术相结合，用电处理的方式还原出两路偏振态信号，并且在电域实现信号传输损耗和畸变的补偿。先进的数字信号处理技术主要包括信号的 IQ 正交失衡补偿、色散补偿及非线性均衡、时钟同步、偏振解复用及动态均衡、频偏估计和载波相位恢复等。

在接收端，平衡接收机输出的模拟电信号经模数转换器(Analog to Digital Converter, ADC)后生成数字信号，数字信号处理的常规流程如图 8-18 所示。

图 8-18　数字信号处理常规流程

(1) 正交失衡补偿。

在理想条件下，经平衡探测器输出的 $I_I(t)$ 和 $I_Q(t)$ 两路信号相互正交，但是在实际的相干光通信系统中，由于 IQ 光调制器的偏置电压很难稳定在最佳工作点、调制器上下两个支路分光比的微小差别以及光电探测器的性能不完全相同等原因，导致两支路信号不再正交，从而影响系统的整体性能。因此，首先需要对接收信号进行 IQ 正交失衡补偿，如采用施密特正交算法(GSOP)来去除调制器的偏压漂移、混频器的相位误差以及平衡探测器的不平衡性。

(2) 色散补偿及非线性均衡。

色散是光纤传输链路中不可忽略的一种物理损伤，传统的色散补偿主要采用色散补偿光纤(DCF)来实现。相对于光域的基于 DCF 的色散补偿方案，采用数字信号处理技术在电域对色散进行补偿，不仅在很大程度上降低了系统的建设成本，提高了系统的灵活性，而且降低了信号的传输损耗和非线性效应。在电域进行色散补偿主要有基于时域滤波器的色散补偿和基于频域均衡器的色散补偿这两种方案，后者在硬件复杂度较低的条件下可以实现较精确的补偿效果，是当前使用最广泛的一种色散补偿方案。

采用 DSP 的典型非线性补偿方法是数字反向传播(Digital Back-Propagation，DBP)法。

具体地说,就是为了按照传输公式描述的相反方向进行信号传播,传输路径被分成若干部分,并且通过交替地对接收到的信号进行与传输路径符号相反的色散/非线性相位旋转的运算,再进行非线性失真的补偿。

(3) 时钟同步。

混频器输出的光信号经平衡探测器光电变换后生成模拟电信号,再经过模数转换芯片(ADC)进行模数转换。在模数转换过程中,需对模拟信号进行周期取样,取样时钟由接收端的本地时钟提供,接收信号在生成过程中的时钟也是由发射端的本地时钟提供的。由于设备制造工艺的精度原因,这两个时钟之间不能保持同步,所以很难保证接收信号的取样点就是信号的最佳取样点。另外,光纤的色散、非线性效应等因素会导致信号在传输过程中发生畸变,使得信号在取样时产生定时误差。传统的时钟恢复是通过锁相环等器件在硬件中实现,目前主要通过数字信号处理技术来完成,常采用取样频率工作在 2 Sample/Symbol 的时钟恢复算法和取样频率工作在 2 Sample/Symbol 的数字滤波平方定时估计算法。

(4) 偏振解复用及动态均衡。

偏振解复用和均衡算法通常置于时钟同步算法之后,可消除偏振耦合和偏振模色散(PMD)的影响。由于光纤制作工艺的非理想性等因素会导致光纤各向异性,使得双折射效应随机产生,因此造成偏振复用光信号的偏振态在传输过程中发生随机变化。另外,PMD对信号传输的影响程度还与信号特征以及信号传输过程中的温度、时间等因素相关。采用数字信号处理技术对偏振模色散进行补偿,常采用恒模算法(CMA)来实现。

(5) 频偏估计与载波相位恢复。

载波频差与载波相位噪声可以导致信号数据符号在复平面发生旋转,这样使得恢复发送信号变得比较困难甚至无法恢复。载波频偏是指发射机的载波频率与接收端的本振光频率存在的偏差,而载波相位噪声主要来源于发射机激光器和接收端本振激光器的线宽以及信号在传输过程中的非线性损伤。频偏估计和载波相位恢复算法主要用于消除激光器的频率偏移和相位误差。

3) 软判决 FEC

除了调制和接收技术外,前向纠错(FEC)技术也被列为 100Gb/s 的核心技术。在硬判决 FEC 中,解码器判断信号的标准是在二进制的 0 和 1 之间选择的,这种编码模式丢弃了信号的一些统计特性。软判决可以最大限度地使用信号中包含的信息,能精细化分信号的判断标准,解码器可以提供更高的解码准确率。在相同的速率下,软判决 FEC(Soft-Decision Forward Error Correction,SD-FEC)比硬判决 FEC 的净编码增益高 2dB。

软判决可以有效提高系统的传输性能,但必须要有高速 ADC 来支持取样和信号处理。此外,65nm 工艺的 ASIC 技术不能有效支持 SD-FEC,需要采用有较低功耗的 40nm ASIC 来支持大量的运算。

随着 100Gb/s 标准的完备和技术的逐步成熟,100Gb/s WDM/OTN 系统广泛部署在干线网络以及大型本地网或城域网的核心层,用于核心路由器之间的接口互联、大型数据中心间的数据交互、城域网络业务流量汇聚和长距离传输,以及海缆通信系统的大容量长距离传输。如 100Gb/s DP-QPSK 采用 EDFA 光放大器技术和 SD-FEC 技术,在陆地和跨洋系统中的无电中继传输距离分别可以超过 3000km 和 10000km。

8.3.2　超 100Gb/s 数字相干光纤传输系统

虽然 100Gb/s 的容量已经很大,但用户的流量需求仍然在高速增长,特别是随着万物互联的移动 5G/6G 时代到来,网络带宽的需求呈现出激增的态势。为了缓解数据传输压力,超 100Gb/s 技术引起了人们的广泛重视并正逐渐走向成熟。业界普遍认为 400Gb/s 将会是未来骨干网的主流,特别是以单载波 200Gb/s/400Gb/s 为代表的超 100Gb/s 相干传输成为研究焦点。

1. 400Gb/s 相干光纤传输系统

400Gb/s 网络的调制格式将更加灵活,包括 BPSK、QPSK、8QAM 和 16QAM 等调制模式,可适应不同的应用场景。但即使是采用了相干光通信技术,单载波速率也不会无止境地提高,这是因为频谱效率与传输距离是一对矛盾体,由香农定理可知,采用高阶调制必然导致接收机所需的光信噪比提高,相当于传输距离减少,所以可根据实际情况灵活选择多载波传输机制,即四载波、双载波或单载波的实现方案。四载波采用的构建系统一般是 4×100Gb/s 的 DP-QPSK 格式,这种机制比较成熟且能够满足运营商的长距离传输需求,但只有引入频谱压缩技术提高频谱效率才有意义,否则本质上仍然属于 100Gb/s 技术;双载波构建的系统一般是 2×200Gb/s 的 DP-16QAM,最主要的特点是频谱效率提升较高(165%),但只对一些中距离的线路传输(如 500km)比较合适,无法适用于长距离传输;单载波系统一般采用 400Gb/s 的 DP-32QAM,最主要的特点是频谱效率提升很高(300%),但技术实现难度大,成本高,跨距短(<200km),若没有重大的技术突破则难以应用于长途传输。

目前各大厂商,如华为、中兴、烽火科技、诺基亚等都在加紧研制 400Gb/s 相关设备,各大运营商也在进行相关测试和建设。中国移动早在 2014 年便完成了国内首次双载波 400Gb/s、四载波 400Gb/s 实验室测试和现网试点,2017 年率先启动单载波 400Gb/s 系统测试,积极推动 400Gb/s 从实验室到规模商用的进程,并率先在国内实现了双载波 400Gb/s 商用。2018 年初,中国移动研究院组织了国内首次单载波 400Gb/s 技术实验室测试,主要验证单载波 400Gb/s 系统的性能和功能,这是推动 400Gb/s 技术从实验室到规模商用的重要环节。中国联通和中国电信也在积极跟进,目前主要在地方网络中进行 400Gb/s 系统的升级改造,未来将全面转向 400Gb/s 网络部署。随着 400Gb/s 技术的逐渐成熟及相关的国际标准的制定,将正式迎来 400Gb/s 时代。

2. 超大容量实验系统

随着相干光通信技术的发展以及高阶调制技术的应用,实验室系统的传输容量已经可以达到 Tb/s 甚至 Pb/s 的量级。早在 2013 年,Bertran-Pardo 等人基于 DP-64QAM 调制格式实现了单载波 516Gb/s 的 600km 传输实验,同年美国科研人员基于 DP-8QAM 和 DP-16QAM 格式实现了 54.2Tb/s(634km)和 40.5Tb/s(1822km)的传输实验。基于空分复用技术,相干光通信系统的容量再创新高。2018 年,国际上已实现总容量为 10.16Pb/s 的多模多芯光纤系统,每芯容量达到 0.5Pb/s 以上。国内相关单位也在持续研发超大容量相干光通信系统,2017 年烽火科技在国内首次完成了 560Tb/s 相干光传输系统实验;2019 年年初,中国信科集团、国家信息光电子创新中心、烽火科技和光迅科技通过联合攻关,在国内首次实现了 1.06Pb/s 超大容量波分复用及空分复用的相干光传输实验。该实验采用单模十九芯光纤作为传输介质,在 C+L 波段内产生了 375 个光载波,基于硅光相干收发芯片实现了 25GHz 通道内 178.18Gb/s 的 DFTs-PDM-16QAM 信号光收发。

本章小结

相干光通信能够极大地提高系统灵敏度和传输容量,现已成为干线传输网的主要技术,是当下在数据中心及网络基础设施中实现 400Gb/s 和 100Gb/s 传输速率的主要技术方向。

相干光通信中主要采用了相干调制和相干检测技术。相干检测有单臂相干检测和双臂相干检测两种基本设置形式,而根据本振光频率与信号光频率是否相同,相干检测有零差检测和外差检测两种方式;高频谱效率的调制方式是满足下一代相干光通信系统带宽需求的关键技术之一,如基于 IQ 光调制器的正交相移键控(QPSK)和正交幅度调制(QAM)等。

双偏振正交相移键控(DP-QPSK)+相干接收已经成为实现 100Gb/s 速率的主流技术方案。典型的 100Gb/s DP-QPSK 数字相干光纤通信系的发送侧采用双偏振正交相移键控方式,接收端采用数字相干接收技术,并结合高速模数转换、高性能数字信号处理(DSP)和前向纠错(FEC)等技术提高传输性能。

思考题与习题

8.1　什么是相干光通信?相干接收有何优点?

8.2　试用零差检测产生的平均电功率比外差检测的平均电功率大两倍的方法,证明相干接收机中零差检测的优点。

8.3　与单臂相干检测相比,简要说明平衡检测的优势。

8.4　简述 IQ 光调制器的基本结构及其工作原理。

8.5　画出基于 IQ 光调制器实现 QPSK 调制的原理图,简要说明其原理,并画出 IQ 调制器 I 路信号、Q 路信号以及输出端 QPSK 信号的星座图。

8.6　简述 100Gb/s 数字光纤通信系统发送侧和接收侧采用的关键技术。

8.7　在如图 8-15 所示的 100Gb/s DP-QPSK 数字相干光纤通信系统中,

(1) 若线路的传输速率是 112Gb/s,则 IQ 光调制器中 MZM 的射频驱动信号的速率是多少?

(2) 写出接收端中 2×4 90°光混频器的传输函数 H。

8.8　简述相干光通信系统中的数字信号处理技术。

8.9　查阅文献,简述 400Gb/s 相干光纤传输的关键技术。

第 9 章
CHAPTER 9

光传送网技术

材料

传输系统作为信道时,可以连接两个终端设备从而构成通信系统,也可以作为链路连接网络节点的交换系统构成通信网。随着网络 IP 进程的不断推进,传送网组网方式开始由点到点、环状网向网状网发展,网络边缘趋向传送网与业务网的融合,网络的垂直结构趋向扁平化。在这种网络发展趋势下,传统的 SDH + WDM 的传送方式的不足之处逐渐暴露出来,于是光传送网(OTN)应运而生。OTN 技术不仅可提供更大容量的传输带宽、完善的高阶交叉能力和网络调度能力,而且可以满足电信级的安全性能,是一种适应未来业务网发展需要的传输模式。

9.1 OTN 技术概述

9.1.1 OTN 的概念

SDH 属于第一代光网络,它以点到点波分复用(WDM)传输系统为基础,提供大容量、长距离、高可靠的业务传送功能,但所有的交换和选路在电层实现。SDH 本质上是一种以电层处理为主的网络技术,业务只有在再生段终端之间转移时保持光的形态,而到节点内部则必须经过光/电转换,在电层实现信号的分插复用、交叉连接和再生处理等。换句话说,在SDH 网络中,光纤仅仅作为一类优良的传输介质,用于跨节点的信息传输,光信号不具有节点透过性,而信号传输与处理的电子瓶颈极大地限制了对光纤可用带宽的挖掘利用。

为解决上述电子瓶颈的问题,在 20 世纪 90 年代中期,人们首先提出了"全光网"的概念。发展全光网的本意是信号直接以光的方式穿越整个网络,传输、复用、再生、选路和保护等都在光域上进行,中间不经过任何形式的光/电转换及电层处理过程,这样可以达到全光透明性的理想目标。全光网能够避免电子瓶颈,简化控制管理,实现端到端的透明光传输,优点非常突出。然而,受光信号固有的模拟特性和现有器件水平的限制,目前在光域很难实现高质量的 3R 再生功能,大型高速的光子交换技术也不够成熟。因此,人们提出了所谓光的"尽力而为"原则,即业务尽量保留在光域内传输,只有在必要的时候才变换到电层进行处理,这为第二代光网络的发展指明了方向。

光传送网(OTN)是第二代光网络的代表。1998 年,ITU-T 正式提出光传送网的概念。从功能上看,OTN 的出发点是在子网内实现透明的光传输,在子网边界采用光/电/光(O/E/O)的 3R 再生技术,从而构成一个完整的光网络。

OTN 是由 ITU-T G.972、ITU-T G.798、ITU-T G.709 等建议定义的一种全新的光传送技术,它包括光层和电层的完整体系结构,对于各层网络都有相应的管理监控机制和网络生存机制。OTN 的思想来源于 SDH/SONET 技术(如映射、复用、交叉连接、嵌入式开销、保护、FEC 等),把 SDH/SONET 的可运营、可管理能力应用到 WDM 体系中,同时具备了 SDH/SONET 灵活可靠和 WDM 容量大的优势。在 OTN 的功能描述中,光信号是由波长(或中心波长)来表征的,光信号的处理可以基于单个波长,或基于一个波分复用组。OTN 开创了光层独立于电层发展的新局面,在光域内可以实现业务信号的传递、复用、路由选择、交换和监控等,并保证其性能要求和生存性。OTN 可以支持多种上层业务和协议,如 SONET/SDH、ATM、Ethernet、IP、PDH、Fiber Channel、GFP、MPLS、OTN 虚级联、ODU 复用等,是未来网络演进的理想基础。全光处理的复杂性使得光传送网成为当前历史时期的必然选择,全球范围内越来越多的运营商开始部署基于 OTN 的新一代传送网络,系统制造商们也推出具有更多 OTN 功能的产品来支持光传送网的构建。

此外,OTN 扩展了新的能力和领域,如提供大颗粒 2.5Gb/s、10Gb/s、40Gb/s 业务的透明传送,支持带外 FEC,支持对多层、多域网络的级联监视以及光层和电层的保护等。OTN 对客户信号的封装和处理也有着完整的层次体系,采用光通道净荷单元(OPU)、光通道数据单元(ODU)、光通道传送单元(OTU)等信号模块对数据进行适配、封装,以及复用和映射。OTN 增加了电交叉模块,引入了波长/子波长交叉连接功能,为各类速率的客户信号提供复用、调度功能。OTN 兼容传统的 SDH 组网和网管能力,在加入控制层后可以实现基于 OTN 的 ASON。

9.1.2 OTN 技术特点

OTN 是为克服 SDH 与 WDM 网络的不足而提出的新的光传送技术。它除了具有 SDH 与 WDM 网络优势(既可像 WDM 网络那样提供超大容量带宽,又可像 SDH 网络那样可运营管理)外,还具有路由和信令功能,能为业务提供更安全的保护策略和更高的传输效率。OTN 技术集传送、交换、组网、管理能力于一体,代表着下一代传送网的发展方向。

1. 大容量调度能力

相对 SDH 网络只能通过 VC 调度提供吉比特级带宽而言,OTN 的基本处理对象是波长,可进行大颗粒调度处理、提供太比特级带宽容量。

2. 强大的运行、维护、管理与指配能力

OTN 定义了一系列用于运行、维护、管理与指配开销(随路与非随路开销),可对光传送网进行全面而精细的监测与管理,能为用户提供一个可运营管理的光网络。

3. 完善的保护机制

OTN 具有与 SDH 相类似的一整套保护倒换机制,如 1+1、1:N 路径保护,1+1、1:N 子网连接保护及共享环保护等,可为业务提供可靠保护,大大增强了网络的安全性与健壮性。

4. 利用数字包封(DW)技术承载各种类型业务

OTN 可利用 DW 技术承载各种类型的用户业务信号,如 SDH、以太网、IP、ATM 及视频业务信号等。

5. 多级串联连接监控能力

相对于 SDH 网只能提供 1 级串联监控而言,OTN 可提供多达 6 级高阶通道串联连接监控(TCM)功能,并支持虚级联与嵌套连接检测,适用于多运营商、多设备商、多子网工作环境。

6. 前向纠错(FEC)功能

OTN 帧中专门有个带外 FEC 区域,通过 FEC 可获得 5～6dB 增益,从而降低了光信噪比(OSNR)要求,增加了系统传输距离。

随着 OTN 技术的发展和引入,传送网络转型所面临的问题都会有相应的解决方案。如 ROADM 解决了光层业务调度问题,OTH 解决了大颗粒业务调度和端到端业务管理问题;在 WDM 网络中引入 GMPLS 控制平面,极大地提高了 WDM 网络保护能力、可管理性、带宽利用率,使 WDM/OTN 网络能真正实现可运营管理。

9.1.3 OTN 技术优势

1. 客户信号封装和透明传输

ITU-T G.709 的 OTN 帧结构支持多种客户信号映射,如 SDH、ATM、GFP、虚级联、ODU 复用信号、以太网及自定义速率数据流等。

2. 大颗粒带宽复用、交叉和配置

OTN 定义的电层 ODUk 颗粒为 ODU1/ODU2/ODU3(1 代表 2.5Gb/s;2 代表 10Gb/s;3 代表 40Gb/s),光层颗粒为波长。相对于 SDH VC-12/4 的颗粒处理,OTN 复用、交叉和配置的颗粒明显要大得多,对高带宽业务的传送效率有显著的提升。

3. 强大的开销和维护管理能力

OTN 能提供与 SDH 类似的开销管理能力,光通道(OCh)层的 OTN 帧结构大大增强了 OCh 层的数字监视能力。另外,OTN 还能提供 6 层嵌套 TCM 功能,OTN 组网时使端到端和多个分段同时进行业务性能监视成为可能。

4. 增强了组网和保护能力

OTN 帧结构和多维 ROADM 的引入,大大增强了光层组网能力,改变了 WDM 主要以点到点方式提供传送带宽的现状;采用 FEC 技术则显著增加了光层传输距离(采用标准 ITU-T G.709 FEC 编码,OSNR 容限可降低 5～7dB);另外,OTN 将提供更为灵活的基于电层和光层的业务保护功能,如基于 ODU 层的 SNCP 保护、共享环网保护和基于光层的光通道或复用段保护等。

9.2 OTN 的层次结构与接口信息结构

9.2.1 OTN 的层次结构

OTN 是在光层对客户信号提供传送、复用、选路、监控和生存处理的功能实体。根据 ITU-T G.872 建议,OTN 从垂直方向划分为 3 个独立层,即光通道层(Optical Channel,OCh)、光复用段层(Optical Multiplexing Section,OMS)和光传输段层(Optical Transport Section,OTS)。光传送网的功能层次如图 9-1 所示,两个相邻层之间构成客户/服务层关系,为进行对比,图 9-1 中也给出了 SDH 的分层结构。需要说明的是,业务层面不属于传送网的组成部分,但光传送网作为支持多业务的综合传送平台,应能支持多种客户层网络,这些客户层网络构成了光传送网的业务层。光传送网的主要客户层业务包括 IP 业务、ATM、帧中继、以太网、SDH/SONET 等。根据使用的适配方法,它们可以用电路交换网络传输,也可以使用分组交换网络传输。对电路交换网络,业务经过适配后在一个固定的连接上传送,可能的保护措施包括为受故障影响的连接重新进行建立连接操作,或是为受影响的部分重新选择一条路由。对分组交换网络,业务适配到数据帧或信元上,以动态、分布式搜索路由的方式通过光网络传输。

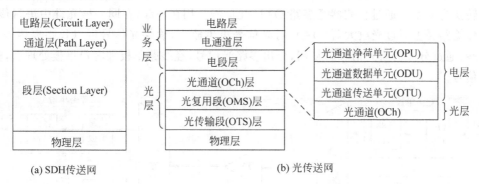

图 9-1 SDH 和 OTN 的分层结构

1. OCh 层

OCh 层为透明传输各种不同格式的客户层信号的光通道提供端到端的联网功能,具体包括:进行光信道开销处理和光信道监控;实现网络级控制操作和维护功能。OCh 主要为来自电复用段层的不同格式的客户信息选择路由和分配波长,为网络选路安排光通道连接、处理光通道开销、提供光通道层的检测与管理功能等,并在网络发生故障时通过重新选路或直接把工作业务切换到预定保护路由的方式来实现保护倒换和网络恢复。光通道层的主要传送实体有网络连接、链路连接、子网连接和路径。通常采用光交叉连接设备为该层提供交叉连接等联网功能。

光通道层又可以细分为 3 个子层,即光通道净荷单元(Optical Channel Payload Unit,OPU)、光通道数据单元(Optical Channel Data Unit,ODU)和光通道传送单元(Optical Channel Transport Unit,OTU)。OPU 用来适配业务信号,使其适合在光通道上传输;ODU 以 OPU 为净负荷,增加了相应的开销,提供端到端光通道的性能监测,实现业务信号在 OTN 网络端到端的传送;OTU 以 ODU 为净负荷,增加了相应的开销,提供 FEC 功能和对 OTU 段的性能监测,实现业务信号在 OTN 网络 3R 再生点之间传送。

2. OMS 层

OMS 层为多波长光信号提供联网功能,具体为:主要为全光网络提供更有效的操作和维护;进行多波长网络的路由选择;进行 OMS 开销处理和 OMS 监控;实现 OMS 操作和维护功能;将光通道复用进多波长光信号,并为多波长光信号提供联网功能,负责波长转换和管理。光复用段层的主要传送实体有网络连接、链路连接和路径,通常采用光纤交换设备为该层提供交叉连接等联网功能。

3. OTS 层

OTS 层为光信号提供在各种不同类型光传输介质上传输的功能,具体为:进行 OTS 开销处理和 OTS 监控;确保 OTS 等级上的操作和管理;实现对光放大器或中继器的检测和控制功能等；为 OMS 光信号在各种不同类型的光传输介质上的传输提供诸如放大和增益均衡等基本传送功能。在光传送网中还包括一个物理介质层，它是光传输段层的服务层，即所指定的光纤。光传输段层的主要传送实体有网络连接、链路连接和路径。目前，在光传送网中，最常用的光纤为 G.652 和 G.655 光纤。

图 9-2 为实际 OTN 网络设备及其层次结构图。在发送端，SDH、以太网、IP 等业务信号经客户单板接入并转换为 OPU，OPU 经单板处理后输出 ODU；ODU 通过线路单板接入并转换为 OTU，通过合波器把多路 OTU 光信号复用在一起，在同一根光纤中进行传输；光纤传输路径上通过光放大器(OA)，对光信号再生放大，确保光信号可以长距离传输；在接收端，通过分波器将光信号解复用，分出多路光信号，经线路单板和客户单板处理后，输出业务信号。

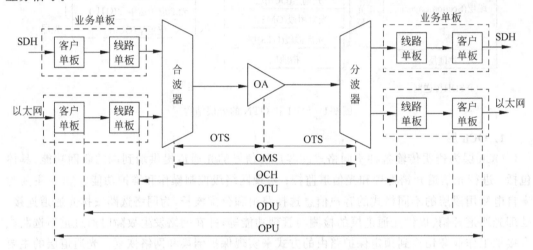

图 9-2　实际 OTN 网络设备及其层次结构图

9.2.2　OTN 的接口信息结构与开销

1. OTN 的接口信息结构

OTN 技术定义了两类网络节点接口(Network Node Interface，NNI)——域间接口(Inter Domain Interface，IrDI)和域内接口(Intra Domain Interface，IaDI)。IrDI 接口定位于不同运营商网络之间或同一运营商网络内部不同设备厂商设备之间的互联，具备 3R 功能；IaDI 定位于同一运营商或设备商网络内部接口。规范 IrDI 和 IaDI 接口是 OTN 标准化的目标，接口之间的逻辑信息格式由 ITU-T G.709 定义，而光/电物理特性由 ITU-T G959.1、ITU-T G.693 等定义。

OTN 接口基本信息结构如图 9-3 所示。与 SDH 以同步传输模块(STM)为单元传输一样，在 OTN 中信息以光传送模块(OTM-n)为单元进行传输，光传送模块是跨越光网络节点接口传输的信息结构。OTM-n 的 n 表示网络节点接口所支持的最大波长数，其中 n 为 0 表示非特定波长的单通道。ITU-T G.709 定义了两种光传送模块：一种是全功能光传送模块(OTM-$n.m$)，另一种是简化功能光传送模块(OTM-$0.m$ 和 OTM-$nr.m$)。OTM-$n.m$ 定义了 OTN 透明域内接口，而 OTM-$nr.m$ 定义了 OTN 透明域间接口。这里 m 表示接口所能支持的信号速率或速率组合，取值为 1(OTU1)、2(OTU2)、3(OTU3)、12(OTU1

和 OTU2 混传)、23(OTU2 和 OTU3 混传)、123(OTU1、OTU2 和 OTU3 混传)。OTM-$nr.m$ 中的 r 表示 OTM 去掉了部分功能,这里表示去掉了光监控信道(OSC)功能,即 OTM-$nr.m$ 加上 OSC 信号就变成了 OTM-$n.m$,而 OTM-$0.m$ 是 OTM-$nr.m$ 的一个特例。各种不同的客户层信号,如 IP、ATM、以太网和 STM-N 等先映射到光通道(OCh)层中,然后通过 OTM-$0.m$、OTM-$nr.m$ 或 OTM-$n.m$ 传送。

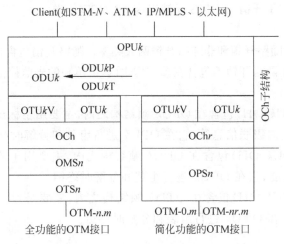

图 9-3　OTN 接口基本信息结构

1) 光通道净荷单元(OPUk)

OPUk 是具有一定帧结构的最基本信息结构,包括净负荷和开销(OPUk OH)两部分。OPUk 直接承载用户业务信号,其阶数 k 代表承载不同传输速率的业务信号,$k=0$、1、2、2e、3、4 分别代表承载速率为 1.25Gb/s、2.5Gb/s、10Gb/s、增强型 10Gb/s、40Gb/s、100Gb/s。

2) 光通道数据单元(ODUk)

ODUk 是以 OPUk 为净负荷的信息结构,包括净负荷和开销(ODUk OH)两部分,其阶数与 OPUk 的阶数对应。

3) 光传送单元(OTUk)

OTUk 是以 ODUk 为净负荷的信息结构,包括净负荷和开销(OTUk OH)两部分。

4) 光通道(OCh)

OCh 是以 OTUk 为净负荷的信息结构,它可以用 WDM 系统的某个指定波长传送,也可以用非指定的波长传送。OCh 有全功能 OCh 和简化功能 OCh 两种,其主要区别为是否支持非随路开销(OCh-OH)。

5) 光通道载波(OCC)

OCC 是指承载 OCh 信号的某个具体光波长。OCC 有全功能 OCC 和简化功能 OCC 两种,其主要区别为是否支持非随路开销。全功能 OCC 包括光通道载波净荷 OCC-p 和光通道载波开销 OCC-o 两部分,其中 OCC-p 就是 OCh 的净负荷,并由 WDM 系统中的某个指定波长承载,OCC-o 为 OCh 的非随路开销,通过 OSC 传送。简化功能 OCC 即 OCCr 不支持非随路开销,只包括光通道载波净荷 OCC-p。

6) 光载波群(OCG)

n 个光通道载波 OCC 构成了 n 阶的光载波群 OCG-n,它在光传送模块 OTM 的净负荷中占有位置。OCG 有全功能 OCG-n 和简化功能 OCG-nr 两种,其主要区别为是否支持非随路开销。全功能 OCG-n 包括净负荷和开销两部分,净负荷为 n 个光通道载波 OCC,开销为 OCC-o。简化功能 OCG-n 不支持非随路开销。

7) 光复用单元(OMU)

OMU 是支持光复用段层 OMS 连接的信息结构,它包括净负荷和开销两部分,净负荷为 OCG-n,开销由 OCG 开销与 OMS 开销组成,由 OSC 传送。

2. OTN 的开销

OTN 的开销分为随路开销和非随路开销两大类型。随路开销包含在相应帧结构之内,随用户信号一起传送;非随路开销不包含在帧结构之内,由单独的光监控信道 OSC 传送。

1) 随路开销

OPUk 开销(OPUk OH)包含在 OPUk 帧结构之内,主要用于标识净负荷类型、用户信息的映射方式、OPUk 虚级联信息等,它在 OPUk 进行组装和分解时终结。

ODUk 开销(ODUk OH)包含在 ODUk 帧结构之内,主要用于监测 ODUk 通道性能与 ODUk 串行连接性能,它在 ODUk 进行组装和分解时终结。

OTUk 开销(OTUk OH)包含在 OTUk 帧结构之内,主要是对一个或多个 OTUk 连接的性能进行监测,它在 OTUk 进行组装和分解时终结。

2) 非随路开销

光通道开销(OCh OH)主要监测故障管理方面的信息,包括开销的前向纠错指示 FDI-O、净负荷的前向缺陷指示 FDI-P 与开放连接指示 OCI 等,它在 OCh 进行组装或分解时终结。

光复用段开销(OMS OH)主要对光复用段维护与运行性能进行监测,包括 FDI-O、FDI-P、开销的后向缺陷指示 BDI-O、净负荷的后向缺陷指示 BDI-P 与净负荷丢失 PMI 等,OMS OH 加上 OCG 构成 OMU,OMS OH 在 OMU 进行组装或分解时终结。

光传送段开销(OTS OH)主要对光传送段的性能进行监测,包括路径踪迹标识 TTI、BDI-O、BDI-P 与 PMI 等,它们在 OTM 进行组装或分解时终结。

综合管理通信开销(COMMS OH)主要用于提供网元之间的综合管理通信。

3. OTM 信息结构的包含关系

OTN 接口信息结构通过信息包含关系和信息流表示。OTN 的层次结构及信息流之间的关系如图 9-4 所示,光通道净荷单元将各种信息(如 IP、ATM、Ethernet 和 STM-N 等信号)进行适配,加上 OPUk 的开销(OPUk OH),形成 OPUk 层信息,然后逐次映射到光通道数据单元和光通道传送单元。最后,光通道传送单元映射到光通道(OCh)层中,完成在光通道层中的适配和映射。每一次映射都会加上本层的开销信息。

图 9-4 左半部分为完整功能 OTM 接口 OTM-$n.m$。需要注意的是,光层信号 OCh 由 OCh 净荷和 OCh 开销构成;OCh 被调制入光通道载波(Optical Channel Carrier,OCC)后,多个 OCC 时分复用,构成 OCG-$n.m$ 单元;而 OMSn 净荷则和 OMSn 开销共同构成 OMU-$n.m$ 单元。与此类似,OTSn 净荷和 OTSn 开销共同构成 OTM-$n.m$ 单元。这几部分的光层单元开销和通用管理信息一起构成了 OTM 开销信号(OTM Overhead Signal,OOS),以非随路开销的形式由一路独立的光监控信道 OSC 负责传送。电层单元 OPUk、ODUk、OTUk 的开销为随路开销,和净荷一同传送。

图 9-4 右半部分为简化功能 OTM 接口 OTM-$nr.m$ 和 OTM-0.m。OTM-$nr.m$ 和 OTM-$n.m$ 的电层信号结构相同,光层信号方面则不支持非随路开销 OOS,没有光监控信道。OTM-0.m 仅由单个光信道组成,不支持非随路开销 OOS,没有特定的波长配置。

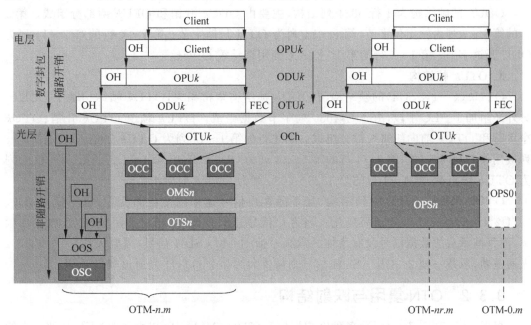

图 9-4 OTN 的层次结构及信息流之间的关系

9.3 OTN 复用与映射结构

OTN 在电层借鉴了 SDH 的映射、复用、交叉、嵌入式开销等概念,在光层借鉴了传统 WDM 的技术体系并有所发展。

9.3.1 电层信号 OTUk 帧结构

ITU-T G.709 建议的核心内容就是数字封包技术,它定义了一种特殊的帧格式,将客户信号封装入帧的载荷单元,在头部提供用于运营、管理、监测和保护的开销字节,并在帧尾提供了前向纠错(FEC)字节。数字封包采用的标准帧是 4 行 4080 列帧格式,头部 16 列为开销字节,尾部 256 列为 FEC 校验字节,中间 3080 列为净荷。ITU-T G.709 建议定义的 OTUk 帧结构如图 9-5 所示。

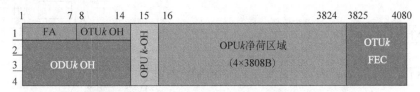

图 9-5 OTUk 帧结构

1. OPUk 帧结构

OPUk 的帧结构为 4 行 3824 列结构,主要由 OPUk 开销和 OPUk 净负荷两部分组成。

第 15~16 列用来承载 OPUk 的开销,第 17~3824 列用来承载 OPUk 净负荷。OPUk 的列编号来自于其在 ODUk 帧中的位置。

2. ODUk 帧结构

ODUk 的帧结构为 4 行 3824 列结构,主要由 ODUk 开销和 OPUk 两部分组成。第 1 行的第 1~7 列为帧定位字节,第 8~14 列为 OTU 开销字节;第 2~4 行的第 1~14 列为 ODU 开销字节;第 1~4 行的第 15~3824 列用来承载 OPUk。

3. OTUk 帧结构

OTU$k(k=1,2,3,4)$ 的帧结构与 ODUk 帧结构紧密相关,OTUk 帧结构基于 ODUk,另外还附加了 FEC 字段,由 4 行 4080 列字节数据组成。OTUk 帧由 OTUk 开销、OTUk 净负荷和 OTUk 前向纠错 3 部分组成。第 1 行的第 1~14 列为 OTUk 开销,其中,第 1~8 列被用作 FAS 帧定位,第 2~4 行的第 1~14 列为 ODUk 开销,第 1~4 行的第 15~3824 列为 OTUk 净负荷,第 1~4 行的第 3825~4080 列为 OTUk 前向纠错码。

OTUk 采用固定长度的帧结构,且不随客户信号速率的变化而变化,也不随 OTU1、OTU2、OTU3、OTU4 等级而变化。当客户信号速率较高时,相对缩短帧周期,加快帧频率,而每帧承载的数据信号没有增加。承载一帧 10Gb/s SDH 信号,需要大约 11 个 OTU2 光通道帧,承载一帧 2.5Gb/s SDH 信号则需要大约 3 个 OTU1 光通道帧。

9.3.2 OTN 复用与映射结构

根据 ITU-T G.709 建议,各种客户层信息(SDH、ATM、IP、以太网等)可以按照一定的映射和复用结构接入到 OTM 中。图 9-6 显示了 OTM 中各种不同信息结构单元间的关系

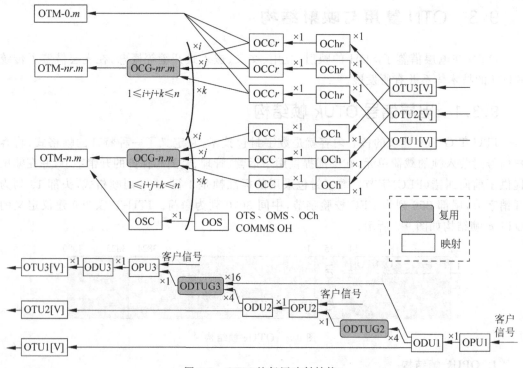

图 9-6 OTM 的复用映射结构

及其映射和复用结构。可以看到,各种客户层信息经过光通道净荷单元(OPUk)的适配,映射进入一个 ODUk 中,然后在 ODUk 和 OTUk 中分别加入光通道数据单元和光通道传送单元的开销,再被映射到光通道层(OCh 或 OChr),并调制到光通道载波(OCC 或 OCCr)上。OCC 由 OCC 净荷(OCC-p)和 OCC 开销(OCC-o)组成,其中,OCC-p 携带 OCh-PLD,在 WDM 系统的某一个波长上传输;OCC-o 携带 OCh-OH,在 OTM-n 开销信号 OOS 中传输。OCCr 仅包含携带了 OCh-PLD 的 OCC-p,没有 OCC-o。$k=1$ 对应 2.5Gb/s 的速率,$k=2$ 对应 10Gb/s 的速率,$k=3$ 对应 40Gb/s 的速率。多个光通道载波(如 i 个 40Gb/s 的光信号,j 个 10Gb/s 的光信号、k 个 2.5Gb/s 的光信号,$1 \leqslant i+j+k \leqslant n$)被复用进一个光通道载波组(OCG-$n.m$ 或 OCG-$nr.m$)中,OCG-$n.m$ 再加上光监控信道(OSC)就构成光传送模块 OTM-$n.m$。图 9-6 也给出了 OTM-0.m 和 OTM-$nr.m$ 的映射和复用结构。

9.4 OTN 的技术演进

材料

近年来,数据业务发展非常迅速,特别是宽带、IPTV、视频业务的发展对骨干传送网提出了新的要求。一方面,骨干传送网要求能够提供海量带宽以适应业务增长需求;另一方面,要求大容量、大颗粒的传送网必须具备高生存性和高可靠性,可以进行快速灵活的业务调度和完善便捷的网络维护管理。OTN 作为骨干网传送技术,在实现了优化承载 IP 业务以及和现网互通互融之后有望焕发新的活力,成为未来传送网的主流技术之一。

9.4.1 100Gb/s OTN 技术

1. 100Gb/s 传输架构

2010 年 6 月,国际电气与电子工程师协会(IEEE)、国际电信联盟(ITU-T)和光互联论坛(OIF)分别关于 100Gb/s 接口、映射、传送等标准的定稿加快了 100Gb/s 产业链的成熟,而 100GE 路由器的出现是 100Gb/s OTN 的最直接驱动力。在云计算、IDC 互联、移动互联网等宽带业务传送需求的强力驱动下,目前 100Gb/s 已全面覆盖,干线网 100Gb/s 设备已经完全取代了 10Gb/s/40Gb/s 设备。

100Gb/s 的容量是 10Gb/s 的 10 倍,所以 100Gb/s 的调制方案需要提供比 10Gb/s OOK 码型高 10dB 的性能,这就需要综合运用多维度调制解调、多维度复用解复用技术,并最大限度地利用成熟的微电子技术,使其在性能、复杂度、成本以及功耗上获得平衡。目前,业界认可的关键技术包括相位调制、相干接收、偏振复用、数字信号处理(FEC、ADC)以及多载波技术,调制方式主要为偏振复用正交相位调制(PM-QPSK)。相对于 OOK,100Gb/s PM-QPSK 调制相干接收可提供约 6dB 的增益,高增益的 SD-FEC 可提供 2~3dB 增益,电子色散补偿(EDC)对 CD 和 PMD 的补偿可提供 1~2dB 增益,合计 9~11dB 增益。

100Gb/s OTN 具有三大技术优势,即 100GE 接口、100Gb/s 映射封装技术和 100Gb/s DWDM 传输技术,其传输架构如图 9-7 所示。偏振复用＋相位调制、高增益 FEC、相干接收、DSP 技术是决定 100Gb/s 传输性能的 4 个关键要素,其技术细节可参阅 8.3 节的相关内容。

2. 100Gb/s OTN 组网应用

相对于 10Gb/s 和 40Gb/s 线路速率而言,100Gb/s 线路速率能更好地解决运营商面临

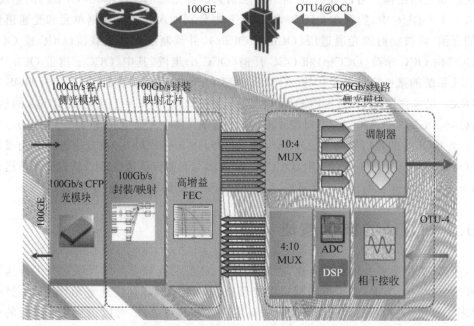

图 9-7 100Gb/s 传输架构图

的业务流量及网络带宽持续增长的压力。100Gb/s WDM/OTN 系统通常部署在干线网络以及大型本地网或城域网的核心层,用于核心路由器之间的接口互联、大型数据中心的数据交互、城域网络业务流量汇聚和长距离传输,以及海缆通信系统的大容量、长距离传输。100Gb/s WDM/OTN 系统所具备的大容量、长距离传输特性有利于传送网的层次结构进一步扁平化。

1) 核心路由器之间的接口互联

随着全 IP 化的进展,骨干网络数据流量主要为核心路由器产生,一般采用 IP over WDM 的方式来完成核心路由器之间的长距离互联。目前核心路由器已支持 IEEE 定义的 10GE、40GE、100GE 接口。现网中核心路由器主要采用 10GE 接口与 WDM 设备互联实现长距离传输。随着 100Gb/s WDM/OTN 技术的成熟,核心路由器可直接采用 100GE 接口与 WDM/OTN 设备连接,或将此前已大规模部署的 10GE 接口采用 10×10GE 汇聚到 100Gb/s 的方式进行承载。采用 100Gb/s WDM/OTN 设备进行核心路由器业务的传输不仅可提供数据业务普遍需要的大容量带宽,而且可进一步降低客户侧接口数量,满足数据业务带宽高速持续增长的需求。

2) 大型数据中心间的数据交互

互联网、云计算等业务不仅对带宽的实时要求较高,而且对传输时延较为敏感,一般采用数据中心来支持内容的分发。数据中心将数量众多的服务器集中在一起满足用户需求,采用 100Gb/s 传输可满足数据中心互联的海量带宽需求,而且可减少接口数量、降低机房占地面积和设备功耗。由于 100Gb/s WDM/OTN 设备采用相干接收技术,无须配置色散补偿模块,有效降低了传输时延,可以为金融、政府、医疗等领域对时延较为敏感的用户提供低时延解决方案。

3）城域网络业务流量汇聚及长距离传输

随着 LTE 网络的部署以及移动宽带业务、IPTV、视频点播、大客户专线业务的开展，城域网络的带宽压力日益增长。就移动回传网络而言，LTE 时代不仅基站数量众多而且单基站出口带宽高达 1Gb/s，固网宽带用户的带宽也将由 10Mb/s 逐步升级至 100Mb/s 甚至更高，城域网络的接入层、汇聚层单环容量会迅速提升至 10Gb/s、40Gb/s。接入层、汇聚层节点数量及带宽的攀升促使在城域核心层部署 100Gb/s WDM/OTN 设备来进行大带宽业务的流量汇聚并作为与长途传输设备连接的接口。

4）海缆通信系统的大容量长距离传输

由于海缆传输的投资成本较高，用户希望采用单波提速的方式来提升系统的传输容量。目前全球已建设的海缆系统包括 10Gb/s 和部分 40Gb/s WDM 系统。100Gb/s WDM 系统不仅可在 C 波段提供 80×100Gb/s 的传输容量，而且由于采用 PM-QPSK、相干接收、SD-FEC 等先进技术，在传输距离、B2B OSNR 容限、CD 和 PMD 容限等关键指标上均表现较好。采用 100Gb/s WDM 系统既提高了海缆传输系统的容量，又降低了系统运营维护成本，受到提供海缆传输业务运营商的青睐。

9.4.2　下一代光传送网技术演进

DWDM 光传输系统的单通道传输速率经历了从 2.5Gb/s → 10Gb/s → 40Gb/s → 100Gb/s 的提升，正在实现下一代的超 100Gb/s 光传输系统。关于超 100Gb/s 的传输速率有两种提法，分别为 400Gb/s 和 1Tb/s，但从目前的光传输技术和器件工艺水平来看，400Gb/s 成为超 100Gb/s 主要技术路线，是下一代骨干传输演进的重要方向。

1. 400Gb/s 传输的实现

超 100Gb/s 光传输的目的是在可用频带资源不变的情况下进一步提升单根光纤的传输容量，其关键在于提高频谱资源的利用率和频谱效率。超 100Gb/s 光传输将继承 100Gb/s 光传输系统的设计思想，采用偏振复用、多级调制提高频谱效率，采用 OFDM 技术规避目前光电子器件带宽和开关速度的限制，采用数字相干接收技术提高接收机的灵敏度和信道均衡能力。图 9-8 列出了实现 400Gb/s 传输所涉及的关键技术，包括客户侧 400GE 接口技术、400GE 封装映射编码及调制技术、400Gb/s 线路传输技术和 400Gb/s 相干接收技术。目前，各大运营商和设备厂商持续对超 100Gb/s 技术进行研究和验证，如中国移动从 2012 年开始建设并建成了全球最大的 100Gb/s OTN 网络，在部分区域已部署 200Gb/s 网络，并在 2021 年实现了 400Gb/s 传输能力由 600km 提升至 1000km，推进干线速率由 100Gb/s 向 400Gb/s 的代际演进。

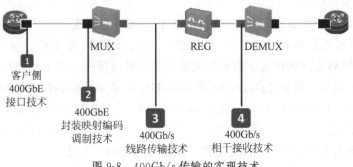

图 9-8　400Gb/s 传输的实现技术

调制格式是超高速传输最为关键的技术,直接决定系统的技术方向。如图 9-9 所示,400Gb/s 线路传输可采用 3 种方式,即 1×400Gb/s、2×200Gb/s 和 4×100Gb/s,对应的调制方案如表 9-1 所示。

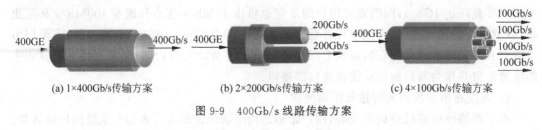

(a) 1×400Gb/s传输方案   (b) 2×200Gb/s传输方案   (c) 4×100Gb/s传输方案

图 9-9   400Gb/s 线路传输方案

表 9-1   400Gb/s 调制方案比较

单通道速率	调制格式	载波数	波特率	通道间隔/GHz	传输距离
100Gb/s	PM-QPSK	4	32Gbaud	37.5	3000km
200Gb/s	PM-QPSK	2	64Gbaud	75	1000km
	PM-8QAM	2	45Gbaud	50	1000km
	PM-16QAM	2	32Gbaud	37.5	600km
400Gb/s	PM-16QAM	1	64Gbaud	75	~600km
	PM-16QAM PCS	1	85Gbaud	100	~1000km
	PM-16QAM PCS	1	91.6Gbaud	100	~1000km
	PM-16QAM PCS	1	95Gbaud	112.5	~1000km
	PM-QPSK	1	119.08Gbaud	150	>1000km

注:表中 PCS 即 Probability Constellation Shaping(概率星座图整形)。

2. 400Gb/s OTN

单载波 400Gb/s 是继 100Gb/s 后的下一代 OTN 的基础传输速率。与 100Gb/s 相比,400Gb/s 面临从调制格式、波段范围、光纤设施等全方位的技术革新。

1) 单载波 400Gb/s 的调制格式

面向多种竞争调制格式,收敛调制格式是 400Gb/s 面临的首要问题。综合考虑传输性能、成本和产业发展需求,骨干网和城域网至多应用两种调制格式。对于中短距离传输,调制格式已收敛至 16QAM@75GHz,业内已有成熟产品,可满足城域网和 DCI 等应用场景的需要;对于长距离传输,将多种潜在竞争调制格式及不同通道间隔方案收敛至 16QAM-PCS@100GHz 和 QPSK@150GHz 两种。从技术演进路线分析,下一代骨干网将采用 400Gb/s QPSK 这一技术方案。

2) 频谱范围扩展

80 波系统是骨干网基本需求,单波速率从 100Gb/s 提升至 400Gb/s,系统总容量对应增加,现有 C 波段不能满足 400Gb/s 80 波长距离系统需求,需要扩展至 C+L 波段。如表 9-2 所示,调制格式的选择及应用直接决定波段扩展的范围。对于 QPSK 调制方案,波特率为 130Gbaud,波谱宽度达 137.5GHz 或 150GHz,80 波系统需将波段扩展至 C6T+L6T,即 1524~1572nm(6THz)+ 1575~1626nm(6THz);对于 16QAM-PCS 调制方案,波谱宽度 100GHz,80 波系统需将波段扩展至 C4T+L4T,即 1529~1561nm(4THz)+1572~1606nm(4THz),若考虑与 QPSK 共光层,则需将波段扩展至 C6T+L6T。

表 9-2　400G 80 波系统的频谱范围扩展

调制格式	波道间隔/GHz	频谱总宽度/THz	波段配置
PM-16QAM	75	6	C6T
PM-16QAM PCS	100	8	C4T+L4T/C6T+L6T
PM-QPSK	137.5	11	C6T+L6T
	150	12	C6T+L6T

频谱扩展与多波段传输(MBT)是提升单模光纤传输容量的潜在手段,但扩展频谱的挑战主要在光源、光放大器和非线性效应等。对于非线性效应的挑战,主要是光纤传输因受激拉曼散射(SRS)影响导致能量从短波长向长波长转移,从 C 波段扩展到 C+L 波段,SRS 影响增大 4 倍,导致系统级性能劣化(加掉波、OSC/OTDR),因而需要系统级的技术创新,以抑制 SRS 的影响,实现端到端光系统的极致性能。对于光放大器的挑战,主要是当前 EDFA 无法保障 L 波段性能(长波长增益小且 L 波段噪声劣化),因而需寻求新型增益光纤与工艺突破(增益光纤掺杂组分创新,支持超宽频放大;增益光纤制备工艺创新,优化放大性能),实现 C+L 宽谱低噪声放大。

3) 超低损耗大有效面积 G.654E 光纤

单模光纤中限制信号传输能力的关键因素是衰减和非线性效应。相应地,降低光纤衰减系数以及降低光纤非线性效应噪声积累是光纤设计的两个关键指标。通过采用纯硅芯或者低锗掺杂芯区加上掺氟包层的设计使得光纤的衰减系数可以降低到 0.17dB/km。降低非线性的手段,在作为海缆的 G.654E 光纤中已经使用,即增大光纤的有效面积。光纤有效面积越大,非线性效应越弱,然而光纤有效面积越大,弯曲损耗越大,太大的有效面积不适合陆缆使用。因此作为一个权衡选择,$130\mu m^2$ 的有效面积加上超低损耗的光纤结构设计成为陆缆单模光纤的关键标准,即 G.654E 光纤。当前国内三大运营商均已在现网中少量部署 G.654E 光缆,其中中国电信于 2021 年建成世界上首条省级骨干全 G.654E 光缆(上海-金华-河源-广州,全长超过 1900km),并完成业界首次基于 G.654E 光缆的 400Gb/s 超长距离现网传输实验。通过现网实验,验证了 G.654E 新型光纤可有效提升系统传输性能,延长无电传输距离。

G.654E 光纤兼具超低损耗和大有效面积的特性,可以显著提升 400Gb/s WDM 等高速系统无电中继传输距离,适合于承载骨干及城域 400Gb/s 系统传输性能,已成为 400Gb/s 及更高速率 WDM 系统应用的主要光纤选择。

材料

本章小结

OTN 是一种适应未来业务网发展的传输模式,它可以满足电信级的安全性能,可提供更大容量的传输带宽、完善的高阶交叉能力和网络调度能力。

OTN 从垂直方向划分为 3 个独立层,即光通道层(OCh)、光复用段层(OMS)和光传输段层(OTS)。光通道层又可以细分为 3 个子层,即光通道净荷单元(OPU)、光通道数据单元(ODU)和光通道传送单元(OTU)。

OTN 中的信息以光传送模块(OTM-n)为单元进行传输,即各种不同的客户层信号先映射到光通道层(OCh)中,然后通过 OTM-0.m、OTM-$nr.m$ 或 OTM-$n.m$ 传送。OTN 的开销分为随路开销和非随路开销两大类型。在电层,OTN 借鉴了 SDH 的映射、复用、交叉和嵌入式开销等概念;在光层,OTN 借鉴了传统 WDM 的技术体系并有所发展。

100Gb/s OTN 具有三大技术优势,即 100GE 接口、100Gb/s 映射封装技术和 100Gb/s DWDM 传输技术。偏振复用＋相位调制、高增益 FEC、相干接收、DSP 技术是决定 100Gb/s 传输性能的 4 个关键要素;400Gb/s 传输所涉及的关键技术包括客户侧 400GE 接口技术、400GE 封装映射编码及调制技术、400Gb/s 线路传输技术和 400Gb/s 相干接收技术。

思考题与习题

9.1　简要叙述传输网的分层结构。

9.2　简要叙述传输网的技术演进。

9.3　简述 OTN 的概念及其技术优势。

9.4　画出 SDH 和 OTN 的分层结构并做简要说明。

9.5　简述全功能光传送模块(OTM-$n.m$)和简化功能光传送模块(OTM-0.m、OTM-$nr.m$)的区别,并说明 OTM-40.123 表示什么意思。

9.6　简述 100Gb/s OTN 的关键技术。

9.7　查阅文献,概述下一代光传送网技术演进策略及面临的挑战。

第 10 章

光接入网技术

　　信息网可分为三大部分,即核心网(Core Network,CN)、接入网(Access Network,AN)和用户驻地网(Customer Premises Network,CPN)。核心网包括传统意义上的长途网(长途局以上部分)和中继网(长途端局与市局或市局之间的部分)。接入网是电信网络的组成部分,负责将电信业务透明地传送到用户,或者说用户通过接入网能灵活地接入到不同的电信业务节点上。接入网有时称为本地环路(Local Loop),它主要用来完成用户接入核心网的任务。

　　目前,随着组网技术的不断发展和完善,核心网已具备承载各种宽带业务的能力。而作为"最后一公里"的接入网,其发展相对滞后,较低的接入速率已不能满足用户对带宽的需求,即接入网已成为核心网与用户之间大容量快速数据通信的瓶颈。因而,接入网正向更高速率、更大容量、更大规模、更低成本的方向发展。全数字化、宽带化、智能化已成为未来接入网技术的发展趋势。

10.1　宽带接入方式

10.1.1　数字用户线路

　　数字用户线路(Digital Subscriber Line,DSL)以铜质电话线为传输介质,采用点到点的拓扑结构,在铜质电话线上传输数据,且不需要拨号。DSL 技术是将 0～4kHz 的低频段留给传统电话使用,将原来未被利用的高频段留给用户上网使用。计算机借助 DSL 调制解调器连接到电话线上,通过 DSL 连接访问 Internet 或企业网络。

　　DSL 采用尖端数字调制技术,其实际速率取决于 DSL 业务类型和很多物理因素,如电话线长度、线径、串扰和噪声等。因而,DSL 技术有很多类型,如非对称数字用户线路(Asymmetric Digital Subscriber Line,ADSL)、对称数字用户线路(Symmetric Digital Subscriber Line,SDSL)、综合数字用户线路(Integrated Digital Subscriber Line,IDSL)、高速数字用户线路(High-speed Digital Subscriber Line,HDSL)和甚高速数字用户线路(Very high speed Digital Subscriber Line,VDSL)。

10.1.2　光纤/同轴电缆混合网

　　光纤/同轴电缆混合网(Hybird Fiber Coax,HFC)是以光纤为骨干网络、同轴电缆为分

材料

支网络的高带宽网络,传输速率可达到20Mb/s以上。HFC网络综合运用了模拟和数字传输技术、光纤和同轴电缆技术、射频技术以及高度分布式智能技术,采用频分复用方式实现图像等信号的有效传输,即在同一个网络上同时传输分配式的广播电视业务与交互式的电信业务。由于HFC技术兼顾了宽带业务和建立网络的低成本需求,所以有线电视公司和电信公司均对其给予了极大关注,并将其作为宽带接入网的优选方案。

HFC网络的拓扑结构和有线电视(Community Antenna Television,CATV)的拓扑结构相似,均以树状拓扑结构为基础。不同的是,HFC网络的前端和光纤节点之间采用光纤作为传输介质,在光纤节点和用户之间采用的是同轴电缆。

10.1.3　电力线宽带

电力线宽带(Broadband over Power Lines,BPL)俗称电力线上网,是指利用已有的电力线作为通信载体,传输数据、音频、视频信号的一种宽带接入方式。它一般由局端设备和用户端设备组成。局端设备安装在大厦的楼道内或配电间,通过以太网接口向上连接以太网设备,向下连接信号线,高速信号传输到用户室内表处的电源进线,然后通过磁环将信号注入到用户的电力线上,信号就传输到用户端的每一个插座上。而用户端设备一端与电源插座相连,另一端通过以太网接口或USB接口与计算机相连。这样,通过与计算机上的"电力猫"相连,再与电源插座相连,即可达到最高14Mb/s的上网速度。

电力线宽带作为一项网络技术,具有投资少、使用方便、资费便宜、能够组建家庭局域网等优点。然而,电力线宽带也面临着技术和商业上的挑战,如带宽不足、信号衰减严重以及网络传输速度会受到电磁兼容性问题的严重影响。

10.1.4　无线宽带接入

无线宽带接入(Broadband Wireless Access,BWA)是指从网络交换节点(与无线访问相连的网络交换机)到用户终端(可以是固定或移动的),以无线方式实现数据传输的宽带接入业务。根据覆盖范围的大小,可将无线宽带接入划分为无线个域网(Wireless Personal Area Network,WPAN)、无线局域网(Wireless Local Area Network,WLAN)、无线城域网(Wireless Metropolitan Area Network,WMAN)和无线广域网(Wireless Wide Area Network,WWAN)。

1. 无线个域网

从网络体系结构来看,无线个域网位于整个网络的底层,适用于覆盖范围很小的终端与终端之间的连接,即点到点的短距离连接,如蓝牙耳机与手机之间的无线连接。应用于无线个域网的通信技术很多,如蓝牙、红外、ZigBee等。

2. 无线局域网

无线局域网以2.4GHz或5GHz作为工作频段,采用无线或无线与有线相结合的方式,利用射频技术及简单的存取架构取代传统的电缆线,并提供传统有线局域网的功能,可非常便利地进行数据传输。其覆盖范围从几米到数百米,能够在一定范围内为用户提供共享无线接入服务。

在无线局域网中,无线保真(Wireless Fidelity,WiFi)技术凭借自身的优势受到广大厂商的青睐。目前,WiFi技术使用2.4GHz附近的频段,其最大的优点是传输速度快,可以达到 11Mb/s,同时有效传输距离长,并且可以和现有的各种 IEEE 802.11 直接序列扩频设备兼容。

3. 无线城域网

无线城域网可用于解决整个城市区域的接入问题,它以微波作为载波,以无线方式为主要接入手段,提供同城数据的高速传输,以及其他图像、视频等多媒体通信业务和 Internet 接入服务。

全球微波接入互操作性(World Interoperability for Microwave Access,WiMAX)是基于 IEEE 802.16 标准的无线城域网技术,可以提供固定、移动、便携式的无线宽带接入。作为一种无线城域网技术,WiMAX 信号传输距离可达到几十千米,基本上能够覆盖到城郊。正是由于具备这种远距离传输的特性,WiMAX 还能够作为有线网络接入的无线扩展,方便地实现边远郊区的网络连接。

4. 无线广域网

无线广域网主要是为了满足超出一个城市范围的信息交流和网际接入需求,让用户可以和遥远地方的公众或私人网络建立无线连接,其覆盖范围更广,常常是一个国家或一个洲。它可以支持全球范围内的广泛移动性,属于 3G 和 4G 范畴。在无线广域网中,运用较为广泛的是蜂窝移动通信技术。

10.1.5 光接入网

视频

光纤接入是指本地交换机或远端模块与用户之间全部或部分采用光纤作为传输介质,它是采用光纤传输技术的接入网,即光接入网(Optical Access Network,OAN)。相对于 DSL、HFC 和 BPL 等传统电缆接入网络,OAN 具有通信容量大、抗干扰能力强、安全性好等诸多优点,是有线接入方式中发展最迅速也是最具发展潜力的有线宽带接入网方案。随着 2012 年"宽带中国"战略开始实施,大范围的光纤宽带网络建设及近百兆的家庭宽带目标都为 OAN 的快速发展注入了强大动力。

从系统配置上,OAN 可以分为无源光网络(Passive Optical Network,PON)和有源光网络(Active Optical Network,AON),如图 10-1 所示。在光线路终端(Optical Line Terminal,OLT)和光网络单元(Optical Network Unit,ONU)之间没有任何有源电子设备的光接入网称为无源光网络(PON)。PON 对各种业务都是透明的,易于升级扩容,便于维护管理,其缺点是 OLT 和 ONU 之间的距离和容量受到限制。用有源设备或有源网络系统(如 SDH 环网)的光配线终端(Optical Distributing Terminal,ODT)代替无源光网络中的光分配网络(Optical Distribution Network,ODN),便构成了有源光网络(AON)。AON 的传输距离和容量大大增加,易于扩展带宽,运行和网络规划的灵活性大,其不足之处是有源设备需要供电设备、机房等。

按照 ONU 在用户接入网中所处的位置不同,可以将 OAN 分为光纤到路边(FTTC)、光纤到楼(FTTB)以及光纤到办公室(FTTO)或光纤到家(FTTH),统称为 FTTx(Fiber-To-The-x)。在 FTTC 结构中,ONU 设置在路边电线杆的分线盒(DP)处,有时也可能设置在交接箱(FP)处;FTTB 也可以看作是 FTTC 的一种变形,不同之处在于将 ONU 直接放到楼内(通常为居民住宅楼或小企业单位办公楼);在原来的 FTTC 结构中,如果将设置在路边的 ONU 换成无源光分路器,然后将 ONU 移到用户家中即为 FTTH 结构。如果将

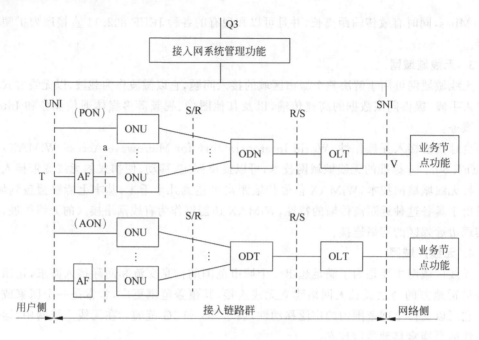

ONU：光网络单元；ODN：光分配网络；OLT：光线路终端；ODT：光配线终端
V：与业务节点间的参考点；T：与用户终端间的参考点；a：AF与ONU之间的参考点
AF：适配功能；S：光发送参考点；R：光接收参考点；Q3：网管接口

图 10-1 光接入网参考配置

ONU 放在大企业用户(公司、大学、研究所、政府机关等)的终端设备处并提供一定范围的灵活业务,则构成所谓的光纤到办公室(FTTO)结构。

10.2 无源光网络

PON 是一种点到多点结构的无源光网络,是一种纯介质网络,相对于传统接入技术,其优势具体体现在 3 方面:

(1) PON 可节省宝贵的铜资源,同时具有速率高、传输距离远、抗干扰能力强、安全性好等优点;

(2) PON 网络建设成本低,降低了线路和外部设备的故障率,网络可靠性更高,且维护简单,降低了网络运维成本;

(3) 作为一种点对多点技术,PON 扩容相对简单,不需要大规模的设备改造,通过软件方式即可实现设备升级换代,是实现光纤入户的最佳方案。

鉴于这些特点,PON 逐渐成为光接入网的主流技术方案,获得了业界的大力支持,得到快速发展并取得了广泛的应用部署。

10.2.1 PON 的基本构成

由 ITU-T G.983.1 定义的接入网功能模型可知,PON 由光线路终端(OLT)、光分配网络(ODN)和光网络单元(ONU)组成,如图 10-2 所示。

OLT 位于交换局端,通过业务节点接口与网络相连,并按照一定的帧格式实现多业务

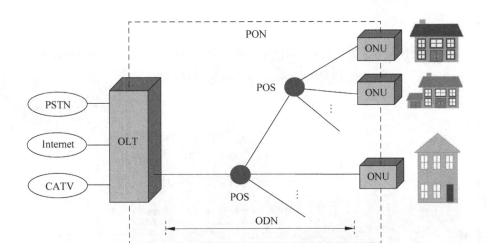

图 10-2　PON 构成示意图

接入。OLT 可以分离交换业务和非交换业务,为 ONU 提供维护业务和供给功能,并管理来自 ONU 的各种信令和信息。ONU 位于用户侧,主要完成业务复用/解复用和用户网络接口功能。ONU 的网络侧是光接口,用户侧是电接口,因此 ONU 需要有光/电转换功能,还要完成对语音信号的数/模和模/数转换、复用、信令处理和维护管理功能。ONU 的位置有很大灵活性,既可以设置在用户住宅处,也可以设置在分线盒(DP)甚至交接箱(FP)处。ODN 为 OLT 和 ONU 之间的物理连接提供光传输介质,它能够通过无源分光器(Passive Optical Splitter,POS)实现业务的透明传送。

10.2.2　PON 的发展

1. PON 的发展历程

基于时分复用的 PON(Time Division Multiplexing PON,TDM-PON)多年来一直是研究和应用的主流技术,包括 20 世纪 90 年代提出的基于 ATM 的无源光网络(ATM Passive Optical Network, APON)和宽带无源光网络(Broadband Passive Optical Network, BPON),还有包括随着 IP 崛起应运而生的基于以太网的无源光网络(Ethernet Passive Optical Network,EPON),也包括工作速率超过 1Gb/s,基于成帧协议的千兆以太网无源光网络(Gigabit-capable Passive Optical Network,GPON)。考虑到用户对带宽长期持续的增长需求,2009 年,全业务接入网联盟(Full Service Access Network,FSAN)启动了下一代无源光网络(Next Generation Passive Optical Network,NG-PON)的研究和标准化工作,并将其划分为 NG-PON1 和 NG-PON2 两个阶段。图 10-3 总结了 PON 的发展历程,从最初的 APON、BPON,逐渐发展到目前广泛应用的 EPON、GPON,再到目前正如火如荼展开研究的 NG-PON。

2. 下一代无源光网络

NG-PON1 是循序渐进的 PON 技术,支持与 GPON 共存于同一个 ODN 中,该特性使得个别用户能够平滑升级到 NG-PON,且不会中断其他用户的服务。NG-PON1 分为 10G-EPON 和 XG-PON,分别对应现有的 EPON 及 GPON 技术。其中,10G-EPON 由 IEEE 任务组负责研究,于 2009 年形成规范 IEEE 802.3av。XG-PON 即 10G-GPON,其标准由

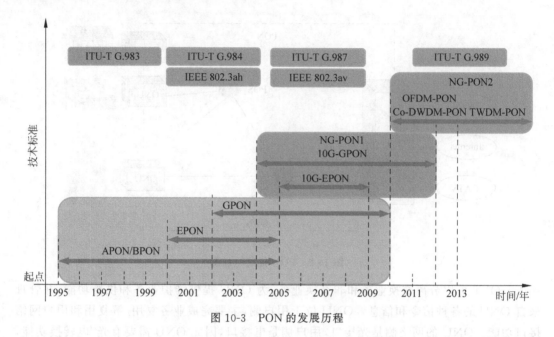

图 10-3　PON 的发展历程

ITU-T G. 987. x 系列组成,于 2012 年完成。然而,由于接入网带宽需求不断增长,NG-PON1 还是难以适应未来接入网的发展需要。

NG-PON2 又称为 40-Gbit-capable PON,能够提供 40Gb/s 及以上传输速率。NG-PON2 从技术上来讲是巨大的改变,已经完全脱离了原有 EPON、GPON 的限制,它被视为无源光网络长期演进的技术方案,可解决 NG-PON1 难以满足带宽高速增长的问题,且不受限于现有的 TDM-PON 标准。NG-PON2 主要包括基于波分复用的 PON(Wavelength Division Multiplexing PON, WDM-PON)、基于时分波分复用的 PON(Time and Wavelength Division Multiplexing PON, TWDM-PON)和基于正交频分复用的 PON (Orthogonal Frequency Division Multiplexing PON,OFDM-PON)。2012 年 4 月,TWDM-PON 在 FASN 峰会上被指定为 NG-PON2 的主要解决方案之一,极大地加快了 NG-PON2 的标准化进程。到目前为止,ITU-T 形成了以 ITU-T G.989 系列为代表的标准系列,它规范了 NG-PON2 系列规范中所用到的定义、术语和缩略词。

材料

10.3　基于 TDM 的无源光网络

20 世纪 90 年代,基于时分复用的无源光网络技术被提出,以通过较低的成本来为大量用户提供高速率的语音、数据、视频等业务接入服务。TDM-PON 技术包括 1Gb/s 速率以下的 APON/BPON、1Gb/s 速率为主的 EPON 和 GPON 以及 10Gb/s 速率为主的 10G-EPON 和 XG-PON。APON/BPON 由于技术复杂、设备昂贵等因素已淡出人们的视野。自 2004 年以来,EPON 和 GPON 有了相当完善的解决方案,逐渐进入成熟的商业运营阶段,先后在韩国、日本、美国、中国以及欧洲等国家和地区得到广泛部署。之后,10G PON 开始得到更多关注,10G-EPON、10G-GPON 即 XG-PON 的国际标准都陆续颁布,得到了学术界和工业界的鼎力支持,产业链迅速发展。

10.3.1　TDM-PON 工作原理

1. 基本结构

TDM-PON 主要由 OLT、ODN 和 ONU 三部分组成,其基本结构如图 10-4 所示。

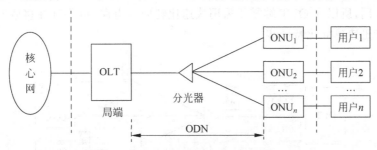

图 10-4　TDM-PON 系统基本结构示意图

OLT 是 TDM-PON 系统与核心网相连的最上层设备,其经过一个或多个 ODN 与位于用户侧的 ONU 进行通信。OLT 不必强制安置在远端,也可以直接安置在本地交换机接口处。作为 TDM-PON 系统的核心设备,OLT 具有较高的管控功能,能够通过发送下行控制信令完成 ONU 的调度管理以及测距功能。TDM-PON 中 OLT 通过时分复用的方式向下广播下行数据帧,支持多种业务传输。此外,TDM-PON 系统的带宽分配主要是通过 OLT 运行动态带宽分配(Dynamic Bandwidth Allocation,DBA)算法实现的。

ODN 是 OLT 和 ONU 之间光传输通道,其主要功能是转发下行数据和上行数据。与 OLT 和 ONU 不同,ODN 是全光的,通常是由无源光器件(如光纤、光纤连接器和分光器)组成,呈树状分支结构,具有光波长透明性、互换性和光纤兼容性等特性。从功能上分,ODN 从局端到用户端可分为干线光纤子系统、配线光纤子系统、“最后一公里”光纤子系统和光纤终端子系统。

ONU 是距离用户最近的设备,其主要功能是为多个小型企业和住宅区用户提供业务接口。ONU 的安装位置和 OLT 一样具有灵活性,既可以安置在住宅区内,也可以安置在分线盒甚至交接箱处。

2. 工作原理

对于下行数据传输,OLT 以广播方式将不同 ONU 的数据包通过时分复用的方式合成下行帧,下行至光纤干线,经过无源分光器进行功率分路,发送到每一个 ONU。ONU 收到下行帧后将本地时钟与下行比特流中的同步时钟进行对比,然后只接收属于自己的那部分数据。由于接收到的是连续信号,故在 ONU 的接收机部分需对检测出的电信号进行定时提取和判决,也就是定时再生。定时提取可以通过锁相环实现,系统根据下行帧的前置同步码来实现帧同步。

对于上行数据传输,ONU 以时分多址接入(Time Division Multiple Access,TDMA)的方式将数据包沿着上行方向发送。如图 10-5 所示,上行发送时间分为若干时隙,在每个时隙内只允许一个 ONU 向 OLT 发送数据,各 ONU 按照 OLT 指定的轮询顺序依次向上发送数据。各 ONU 向上发送的数据在 ODN 合路时可能发生碰撞,一旦碰撞数据将无法被识别。为了解决这个问题,需要 OLT 为每个 ONU 分配较为精确的上行时隙,而且需要加上一段保护时隙。然而,因为 OLT 和各 ONU 间的距离可能各不相同,各自传输的信号衰减可能也不一样,这将导致信号到达 OLT 时各个信号的幅度不相同,因此,在 OLT 端不能采用判决门限电平恒定的光接收机,只能采用具有突发模式的光接收机,这种光接收机能够通过信号开始几比特的幅值动态设定合理的判决门限电平。另外,由于 OLT 和各个 ONU 之间的距离各不相同,即使各个 ONU 在指定时隙内发送上行数据,数据同时到达 OLT 的相位差也可能不同,所以在 OLT 端需要采用快速比特同步电路,以保证在接收到信号的开始几比特时就能迅速建立比特同步。

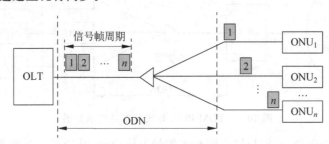

图 10-5　上行信道的时分多址技术

视频

10.3.2　TDM-PON 分类

1. APON/BPON

APON 最初于 1998 年在 ITU-T G.981 标准中提出,其利用异步传输模式(ATM)的统计复用特征,提供支持多业务、多速率的传输能力。其传输速率是对称的,上下行均为 155Mb/s,支持 20km 的最大传输距离,分光比为 1:32~1:64。随着网络业务种类和流量的迅速发展,APON 标准得到了加强,具有不对称传输特性的 BPON 被提出,其下行速率为 622.08Mb/s,上行速率为 155Mb/s,同时加上了动态带宽分配、保护等功能,能提供以太网接入、视频发送、高速租用线路等业务。与传统的有源光接入网和铜缆接入网相比,APON/BPON 结构相对简单、可靠且易于维护,能够提供较高的接入速率,在过去很长一段时间内得到运营商的支持和部署。但基于 ATM 的传输方式效率低、带宽窄,协议转换过程复杂且开销大,不能适应网络发展需求,目前 APON/BPON 已基本退出市场。

2. EPON

2004 年,IEEE 802.3 EFM(Ethernet in the First Mile)工作组发布了名为 IEEE 802.3ah 的 EPON 标准。EPON 是将信息封装成以太网帧进行传输的 PON 技术,与现今广泛部署的以太网兼容,无须进行协议和格式转换,传输速率达到 1.25Gb/s,且有进一步的提升空间。EPON 标准最大限度地继承了以太网技术的优势,分层简单,实现较容易。EPON 支持上下行对称的 1.25Gb/s 速率传输,典型的分光比为 1:32,可支持 FTTH、FTTB+LAN、FTTB+DSL 等多种接入方式,每个用户能够分配到的带宽为 10~20Mb/s。

3. GPON

ITU-T 在 ITU-T G.983 基础上重新考虑了对业务的支持、安全策略、传输速率等方面的问题,发布了 ITU-T G.984 协议标准,并提出了 GPON 技术。与 EPON 相比,GPON 是 BPON 技术的演进,其标准规定得更为详细,具有接口告警和性能监视能力强、传输速率高、分光比大等特点。GPON 标准更加强了对多种业务的支持能力,特别是加强了对传统 TDM 业务的支持,接口丰富,能提供时钟同步以及业务服务质量(Quality of Service,QoS)保证。GPON 支持非对称速率传输,如上行 1.25Gb/s,下行 2.5Gb/s,典型的分光比为 1∶64,主要支持 FTTH 等接入方式,每个用户能够分配到的带宽为 20~40Mb/s。

表 10-1 中列出了 GPON 和 EPON 在标准、传输速率、分光比等方面的异同。

表 10-1 GPON 和 EPON 的对比

项 目	GPON	EPON
标准	ITU-T G.984.x	IEEE 802.3ah
传输层协议	ATM/GEM	IP/Ethernet
下行线路速率/(Mb/s)	1244 或 2488	1250
上行线路速率/(Mb/s)	155、622、1244 或 2488	1250
数据封装格式(在数据链路层)	ATM 或 GFP 格式	以太帧格式
最大分光比(在传输汇聚层)	128	32
TC 层支持的最大逻辑传输距离/km	60	10、20
TDM 支持能力	原始的 TDM/基于 ATM 承载的 TDM/分组承载的 TDM	基于分组承载的 TDM
带宽效率	92%	72%
QoS	非常好(ATM、Ethernet、TDM)	好(Ethernet)

4. 10G EPON

随着网络的发展,EPON/GPON 已逐渐不能满足高带宽接入的需要,因此更高速率的 10G-EPON 应运而生。名为 IEEE 802.3av 的标准在 2006 年开始制定,并于 2009 年正式发布。IEEE 802.3av 主要定义了 10G-EPON 的物理层规范,对在对 MAC 层的多点控制协议(Multi-point Control Protocol,MPCP)进行了部分扩展的前提下,最大限度地沿用了 IEEE 802.3ah MPCP,其目的是满足 10G-EPON 对 EPON 的后向兼容性要求。10G-EPON 提供两种应用模式,第一种为 10Gb/s 下行/1Gb/s 上行的非对称模式,另一种为 10Gb/s 下行/10Gb/s 上行的对称模式。在业务互通、管理和控制方面,为了与 1G-EPON 相兼容,下行采用双波长分配技术,上行则采用双速率突发模式接收技术,通过 TDMA 机制,10G-EPON ONU 与 1G-EPON ONU 实现了和谐共存,因此运营商不必为了升级网络放弃原有的 1G-EPON ONU,有效地避免了投资浪费。

5. XG(S)-PON

XG(S)-PON 即 10G-PON,它是在 GPON 技术标准上演进的增强下一代 GPON 技术,其与 GPON 的主要技术规格差异如表 10-2 所示。其中,XG-PON 是非对称 10G-PON(下行线路速率 9.953Gb/s,上行线路速率 2.488Gb/s),而 XGS-PON(10-Gigabit-capable Symmetric PON)是对称 10G-PON(上下行线路速率均为 9.953Gb/s),其规范 ITU-T G.9807.1 是在 2016 年定义发布的。

表 10-2 GPON 和 XG(S)-PON 的主要技术规格差异

项 目	GPON	XG(S)-PON	
		XG-PON	XGS-PON
波长范围	下行:1480~1500nm 上行:1290~1330nm	下行:1575~1580nm 上行:1260~1280nm	下行:1575~1580nm 上行:1260~1280nm

续表

项　　目	GPON	XG(S)-PON	
		XG-PON	XGS-PON
中心波长	下行：1490nm 上行：1310nm	下行：1577nm 上行：1270nm	下行：1577nm 上行：1270nm
最大线路速率	下行：2.488Gb/s 上行：1.244Gb/s	下行：9.953Gb/s 上行：2.488Gb/s	下行：9.953Gb/s 上行：9.953Gb/s
帧结构	GEM	XGEM	XGEM

　　XG(S)-PON 与现有 GPON 兼容，与 GPON 相比具有更高的链路速率、更大的光功率预算、更广的覆盖范围，其不仅能够覆盖城市地区，还能够覆盖较偏远的农村地区，因此可以通过设置在农村地区的中心局，对散布范围较广的稀疏用户进行管理，以实现成本效益的最大化。XG(S)-PON 具有保证业务服务质量的全业务接入能力，对于时下伴随"三网融合"产生的语音、数据、视频类型混合业务，可以提供高质量的用户体验。作为 GPON 的升级技术，XG(S)-PON 的平滑升级，可以最大化地减少运营商的投资浪费。

10.3.3　TDM-PON 关键技术

1. 时分复用和时分多址技术

　　在 TDM-PON 系统中，通常一个 OLT 连接几十个 ONU，故需要保证上下行数据的可靠及准确收发。对于下行方向而言，数据发送采用的是广播方式，每个 ONU 根据下行帧中的识别信息接收自己的数据，其他 ONU 的数据则被直接丢弃。以 EPON 为例，EPON 的标识信息就是逻辑链路标识(Logical Link IDentifier，LLID)。每个 ONU 必须支持至少一个 LLID，当 ONU 从 OLT 注册过后，就会分配到唯一的专属 LLID，OLT 以及 ONU 通过 LLID 就可以判断收到的是哪个 ONU 的数据包，其原理如图 10-6 所示。

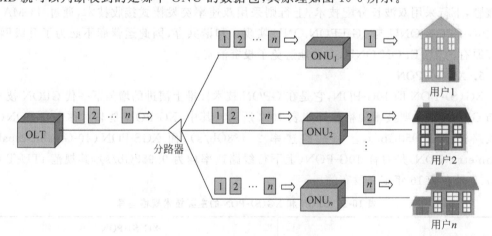

图 10-6　PON 系统下行数据发送

　　此外，部分 EPON 还具有支持多 LLID 的技术，OLT 为每个 ONU 分配一个以上 LLID，其目的是将物理 ONU 划分为多个逻辑 ONU，以实现基于端口甚至基于业务区分服务的目的。由于 OLT 对业务的调度和 ONU 的管理都是建立在识别 LLID 基础上的，并不能识别和处理其他标识(如802.1p标签),因此多LLID还是具有实际意义的。对于只单纯提供某一种业务的TDM-PON系统,多LLID的确没特别显著的作用,然而对于需要提供包括音频、视频等多种业务的TDM-PON系统中,多LLID将会显现出其卓越的技术优势。多LLID并不会对互通性造成太大的影响。

OLT作为EPON的上层管控设备,其主要功能包括:

(1) 发起并通知测距过程,记录测距信息;

(2) 根据测距信息,利用带宽分配算法为ONU分配带宽,即控制ONU发送数据的起始时间和发送窗口大小。

对于上行方向而言,TDM-PON系统采用时分多址接入技术(TDMA)。其基本原则是避免多个ONU发送的数据在同一时刻到达OLT而导致冲突。因此,当ONU完成注册后,OLT会根据系统当前的带宽资源使用情况给所有的ONU分配带宽(分配时隙)。如图10-7所示,OLT与其连接的所有ONU之间的时钟是完全同步的,通过时隙分配,所有ONU发送的上行数据包通过一个光纤耦合发送至OLT,将不会出现重叠冲突的情形。由于无源光合路器/分路器的定向性,所以各个ONU的数据帧只能到达OLT,而不是到达其他的ONU。

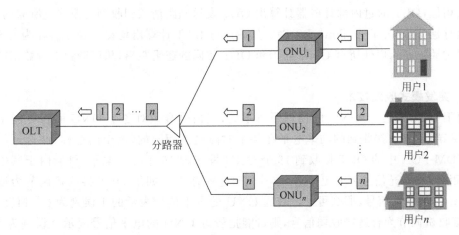

图10-7　PON系统上行数据发送

2. 测距技术

在TDM-PON系统中,上行传输方向上OLT与各个ONU之间的物理距离不相等。这种距离差将会导致不同ONU数据包达到OLT的时延各不相同。由于时延不同,所以数据包可能无法在预定分配的时隙内到达OLT,这会导致数据包在OLT的接收端发送时延上的部分甚至全部重叠,从而导致上行信号冲突。此外,环境温度变化以及器件老化等原因可能导致数据包在光纤上的传输时延发生变化,如果这种变化得不到及时修正,那么大量的时延误差积累将会引起上行冲突。

对于发生冲突的数据,OLT是不可能进行提取和判断的,这可能导致误码率升高以及同步丢失等,系统将不能正常工作。为了确保TDMA功能以及整个系统的正常运转,TDM-PON必须极力避免上述冲突的发生。为此,OLT可以在为ONU分配的时隙之间留出一部分空闲的时隙,一般称为保护时隙。这虽然能在一定程度上降低上行数据发生冲突的可能性,但会降低带宽的有效利用率。为了解决以上问题,需要利用测距这项关键技术,即 OLT 通过将不同物理距离的 ONU 调整到和 OLT 具有相同的逻辑距离再进行 TDMA 传输,以此来避免数据冲突的发生。

TDM-PON 的测距方法一般有扩频测距法、带外测距法以及带内开窗测距法等几种。其中,带内开窗测距法是一种较优的测距方法,其技术复杂性相对较低且精度高,目前为国内外大多数厂家采用。测距程序分为两步:第一步,通过打开测距窗口为新注册的 ONU 进行静态粗测,对物理距离差异进行时延补偿;第二步,根据系统状况进行实时的动态精测,校正由环境温度变化和器件老化等因素导致的时延漂移。静态测距由人工或 OLT 进行,动态测距通常由 OLT 自动进行。

EPON 测距利用 MPCP MAC 控制帧中的时间标签,在 OLT 收到 ONU 反馈的测距信号中检测出时间标签来计算传输时延,这种方法称为时间标签测距法。时间标签测距法解决上行冲突的基本思想是:首先 OLT 通过 ONU 反馈的时间标签计算得到 ONU 的传输时延,然后为了使每个 ONU 的传输时延相同,OLT 为每个 ONU 插入对应的均衡时延 T_d,如此每个物理距离不同的 ONU 都具有了相同的逻辑距离,最后通过 TDMA 技术,所有 ONU 就可以正常发送数据而不会发生冲突。

GPON 系统中数据流采用 GEM 帧封装。GPON 测距法的思想与 EPON 的时间标签测距法相似,OLT 通过内部计时器计算出 OLT 发送测距请求到收到测距答复所需的时间,即往返时延(Round-Trip Time,RTT)。然后通过 RTT 计算出均衡时延 T_d,在为 ONU 分配带宽时插入 T_d,以使所有 ONU 处于和 OLT 相同的逻辑距离,从而避免上行数据冲突的发生。

3. 突发模式收发技术

由于 OLT 与各个 ONU 的物理距离不同,光信号衰减对各个 ONU 而言可能是不同的,这将导致 OLT 接收到的功率电平在各个时隙是不相同的,这个问题称为"远近问题"。假设 TDM-PON 中的 OLT 接收到 16 个 ONU 发来的 16 个时隙电平,可能由于其中一个 ONU 距离较远,光信号衰减更严重,故其信号电平较低。如果 OLT 接收机调节为适合较近 ONU 的高电平信号,那么可能把较远 ONU 的电平信号表示的 1 误判为 0。相反,如果 OLT 接收机调节为合适接收弱信号,则可能把较近 ONU 的电平信号表示 0 误判为 1。为了解决这个问题,TDM-PON 采用突发模式接收技术。

1) 突发接收和同步技术

为了正确接收比特流,降低因"远近问题"导致的误码,OLT 接收机必须在每次突发时隙的开头调整判决电平,这种机制称为自动增益控制(Automatic Gain Control,AGC),接收突发时隙功率电平变化的技术称为突发模式接收技术。值得注意的是,通过调整 ONU 的发送功率,使得 OLT 接收的各个 ONU 时隙功率电平近似相等的方法可以放宽对 OLT 接收机 AGC 动态范围的要求。但这会导致 ONU 硬件更复杂,且需要相关 OLT 与 ONU 之间的控制协议,使所有的 ONU 电平都"降级"到与最远的 ONU 一致。因此,设备制造商并不考虑这种方法。除 AGC 外,突发模式接收技术还要对接收到的信号进行相位和频率同步处理,即时钟和数据恢复(CDR)。快速完成 AGC 和 CDR 是突发模式接收技术的核心功能。此外,突发模式接收技术只在 OLT 的接收机中使用,这是由于 ONU 接收的是连续比特流,不需要快速调整判决电平。

采用突发模式接收技术的接收机一般有前馈式与高速自适应式两种。前馈式通过在线路码中加入前置码来决定判决门限电平,而高速自适应式则由输入信号动态决定判决门限电平。

　　虽然 TDM-PON 系统有测距功能,但 OLT 接收到的只是近似连续的码流,各个信号间不可避免地有相位抖动,因此每个信号都需要进行比特同步,且同步必须在几个比特的时隙内完成。具体方法有锁相环法、门振荡法以及关键字检测法(基于多相时钟或基于数据时延)。相比较而言,关键字检测法较为成熟,对帧头中出现的尖峰噪声不敏感,并可以在一定程度上容忍脉冲变形,算得上是首选方案。

　　2) 突发模式发送技术

　　在 TDM-PON 中,ONU 在未分配到的带宽中即使保持不发送数据的状态也会对 OLT 接收到的信号产生影响。这是由于即使 ONU 不发送数据,激光器仍会产生自发辐射噪声。因此,距离 OLT 较近的 ONU 产生的自发辐射噪声对较远 ONU 信号的接收会产生较大的影响。为了解决这个问题,TDM-PON 采用了突发模式发送技术。这种技术可以使 ONU 激光器在未分配到的带宽里保持彻底关闭的状态,以保证不会产生自发辐射噪声。

　　由于激光在关闭器件时"冷却"下来了,所以在刚开启激光器时输出光信号会有波动。突发模式发送技术通过使 ONU 发送机减少和补偿突发发送的时延,可以很好地消除这种波动。具体做法是将分配给 ONU 带宽的保护时隙中最后 2 比特用于激光预偏置,这样所有的数据比特的调制电流都处于阈值电流和发送电流之间。

　　4. 安全技术

　　TDM-PON 系统采用点到多点结构,以广播方式发送下行业务,所有 ONU 可以接收其他 ONU 的下行数据。而恶意用户可以通过修改本地 ONU 参数来获取其他 ONU 的信息,故这种数据传输方式将会对 TDM-PON 系统的安全性造成严重的威胁。为了解决这种系统安全问题,设计 TDM-PON 系统的安全机制时需考虑两方面:

　　(1) 防止恶意用户伪装成其他用户;

　　(2) 防止恶意用户对下行用户的数据进行解码。

　　ITU-T G.984.3 建议规定 GPON 采用高级加密标准(Advanced Encryption Standard,AES)。我国制定的 EPON 相关标准 YD/T 1771—2008《接入网技术要求——EPON 系统互通性》规定 EPON 采用三重搅动加密算法。

10.4　基于 WDM 的无源光网络

　　随着如高清电视、实时互动游戏、电子医疗等应用的出现,对接入网带宽要求越来越严格,TDM-PON 由于受到所有用户只能共享一个波长的限制,已越来越难以满足高带宽的需求。因此,下一代无源光网络近年来成为光接入网研究的热点,WDM 被应用于光接入网中,也就是 WDM-PON 解决方案。WDM-PON 因其具有大容量、透明性传输、高业务质量和高安全性等特性,被认为是下一代无源光网络的可选方案之一。

10.4.1　WDM-PON 的工作原理

　　WDM 技术和 PON 体系相结合,就形成了 WDM-PON 接入网方案,其标准的系统结构如图 10-8 所示。WDM-PON 由 OLT、ODN/RN 和 ONU 三部分构成。OLT 的功能主要是负责接入网与城域网之间的连接,并把中心局中的下行信号发送至各个 ONU 中,同时接收所有 ONU 发送的上行信号,经过业务汇聚后再发送至不同的业务网络中。系统中的 ODN 的主要功能是复用/解复用上下行光信号,即将光纤送来的下行信号解复用后再发送给每个 ONU,同时复用 ONU 传送来的不同波长的光信号,再通过光环路器经光纤传输至 OLT 端。根据 PON 体系结构的要求,ODN 一定是无源式的。ONU 用来接收下行光信号并进行解调恢复,同时还要设置一个特定波长的光发射机,用来发送用户的上行信号。

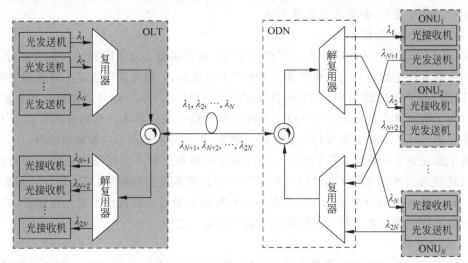

图 10-8　WDM-PON 的标准系统结构

1. 下行传输

在下行方向上,OLT 中的下行电信号经过光发射机被调制到不同光载波 $\lambda_1,\lambda_2,\cdots,\lambda_N$ 上,之后由波分复用器复用后传送至光环形器中,利用光环形器隔离 OLT 中的上下行光信号,并把下行复用后的光信号传送至光纤中。复用后的光信号通过光纤传输到 ODN 中的光环形器后再发送到光分配网中的解复用器,解复用器将光纤传来的复用下行信号进行解复用后再发送到各个 ONU,由 ONU 自行处理后发送给各个用户。

2. 上行传输

在上行方向上,不同 ONU 的上行电信号以不同的光载波 $\lambda_{N+1},\lambda_{N+2},\cdots,\lambda_{2N}$ 承载,光信号从各自的光发射机发出后通过 ODN 中的复用器复用,复用后的信号通过 ODN 中的光环形器以及连接 OLT 的光纤传送到 OLT 中的光环形器。复用信号经光环形器后传送到 OLT 中的解复用器,经过解复用器解复用出对应各个 ONU 的波长信号,然后各个 ONU 的上行信号传送到 OLT 的光接收机中进行处理,再发送到核心网中。

如图 10-8 所示的是单纤双向传输系统,此方案只需铺设一根光纤,因此降低了建设成本。在实际网络建设中,也可以采用双纤单向传输方案,该方案能有效地降低光纤中的各种反射噪声。

10.4.2　WDM-PON 的关键技术

WDM-PON 虽然具有传输带宽大、安全性能好、支持多种业务等固有优点,但其实现还面临接入网光源选择、ONU 的低成本无色化、相关光器件的设计、介质接入控制协议的完善等关键技术的突破。

1. OLT 光源的选择

在 WDM-PON 中，OLT 需要配置多波长光源才能为每个 ONU 用户分配专有的波长，而多个固定波长光源的使用无疑会增加系统成本，并使结构更烦琐。为此，在 WDM-PON 系统中，OLT 光源一般都是选择性能稳定且可调谐产生多种波长的光源。目前，多波长光源的解决方案主要有以下 3 种。

（1）部署一组波长接近的 DFB 激光器。DFB 激光器通过调谐温度变化产生多个波长信号用于下行传输，由于每个波长之间独立进行温度调谐，所以需要对不同波长进行监控，使得系统较为复杂。此外，DFB 激光器输出的光波长会随波导的有效折射率的变化而改变，输出光谱和波长路由器信道精确匹配较为困难。

（2）采用多频激光器（Multi-Frequency Laser，MFL）。MFL 是基于集成半导体放大器和波导光栅路由器技术的一种激光器，它包括了一个 AWG 和多个光放大器，AWG 的每一个输入端集成了一个半导体光放大器，如图 10-9 所示。AWG 输出端和每个光放大器之间形成一个光学谐振腔，当光放大器的增益高于损耗时就能产生激光输出，其输出光波长由 AWG 信道的滤波特性决定。MFL 的波长间隔是由 AWG 的阵列波导与光栅波导长度差决定的，而且波长可以通过改变温度进行调节。

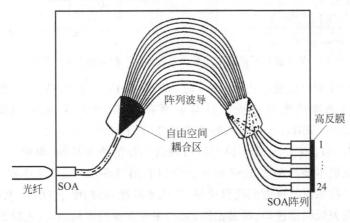

图 10-9　多频激光器芯片结构图

（3）采用宽谱光源分割技术。宽谱光源分割的原理是采用 LED 等宽谱光源发射非相干宽带光谱，然后利用窄带滤波对光谱进行频谱切割，从而得到不同波段的子光源。这种方案结构简单、成本较低，很适合应用于对光源需求量大的 WDM-PON 中。

2. ONU"无色化"技术

由于 WDM-PON 系统中存在多个波长信道，相应地就需要多个不同波长的 ONU，这无疑带来了严重的 ONU 仓储问题。因此，人们希望 ONU 采用的光发射机与波长无关，可以直接调制要传送的信号，能够实现波长的灵活配置，即 ONU 的"无色化"。使用无色 ONU 已基本成为当前 WDM-PON 相关研究的共识，基于无色 ONU 的技术方案是 WDM-PON 系统的主流。根据使用的器件不同，无色 ONU 的解决方案主要有以下 4 种。

1）基于波长可调激光器的无色 ONU

波长可调谐的激光器能够支持较多波长通道数，也就是可以增大终端的用户数量，而不用在 ONU 端配置不同的激光器,它唯一的缺点是成本比较高。图 10-10 为一种 ONU 波长可调谐 WDM-PON 系统的信号上行部分结构原理图。在这种方案中,ONU 需要配置一个用于控制信道的固定发射机和一个用于发送数据的波长可调谐发射机。上行数据时,ONU 先使用控制信道向中心局(Center Office,CO)端的 OLT 发送传输申请,OLT 调度为 ONU 分配波长和时隙,并在下行帧中通知 ONU,ONU 收到分配信息后,调谐到分配给的波长上,在给定的时隙发送数据。这种无色 ONU 方案具有结构简单、对传输带宽没有限制、波长自适应性强等优点,是最早被采用的无色 ONU 结构。但这种方案的不足之处是系统比较复杂,造价昂贵,其原因是在介质接入控制层中需要设计专门的网络控制和波长管理单元。

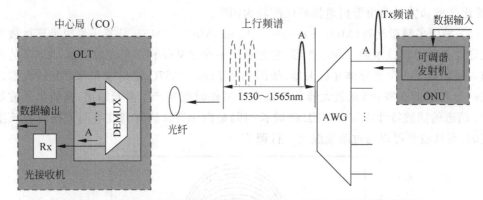

图 10-10　基于波长可调谐激光器的无色 ONU 系统上行部分结构原理图

当 WDM-PON 中单波速率达 10Gb/s 时,WDM-PON 无色 ONU 的主流技术是可调技术。目前,商用可调谐激光器的技术方案主要有 DBR 激光器、数字超模 DBR 激光器(Digital Super-mode DBR,DS-DBR)、外腔激光器(External Cavity Laser,ECL)、V 形腔激光器(V-Cavity Laser,VCL)。这 4 种商用可调激光器的调谐机制、集成方式、波长调谐范围、调谐速率以及成本差异如表 10-3 所示。可以看出,DS-DBR＋MZM 在调谐范围、集成度、调制速率以及技术成熟度方面优势明显,但成本较高,而相比于 DS-DBR,其他技术方案更具成本优势,在突破调谐速率、调谐范围、光功率等方面的限制后,应用前景更加广阔。

表 10-3　可调激光器技术对比分析

类　　型	调 谐 机 制	集 成 方 式	调 谐 范 围	调谐速率/(Gb/s)	成　　本
DBR	电流、温度	单片集成 DML/EA	>10nm	2.5/10	低
DS-DBR	电流	单片集成 MZ	>40nm	10(25)	较高
ECL	温度/微机械	混合集成 DML	>30nm	2.5	较低
VCL	电流、温度	单片集成 DML/EA	>30nm	2.5/10	较低

2) 基于宽带光谱分割技术的无色 ONU

在基于宽带光谱分割技术的无色 ONU 方案中,在 ONU 端配置一个宽谱光源,ONU 后再接一个 WDM 设备(如薄膜滤波器或 AWG)。如图 10-11 所示,AWG 对宽谱光源发出的信号进行谱分割,只允许特定的波长部分通过并传输到位于中心局的 OLT。这样各个 ONU 具有相同的光源,但由于它们接在 WDM 合波器的不同端口上,从而可为每个通道生成单独的波长信号。

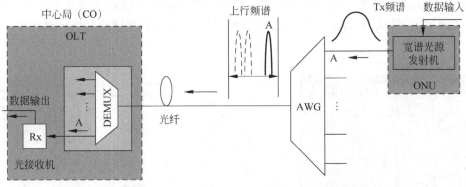

图 10-11 基于宽带光源的无色 ONU 系统上行部分结构原理图

基于宽带光谱分割无色 ONU 方案的不足之处是宽谱光源发出的光中只有很窄的一部分谱线被用于承载上行信号,系统的传输距离和速率都会受到光谱分割损耗的限制。通过扩大光谱的分割宽度能够在一定程度上提高上行传输的光功率,但需要付出更高的光纤色散代价。因此,如果系统要达到较高的传输速率,则要求光源提供足够的光功率,需要配置大功率 LED 或者在 ONU 中使用光放大技术,如采用 SLED、ASE-EDFA 或 ASE-RSOA等。此外,频谱分割会引起较大的线性串扰,限制了系统的动态范围,需要适当地选择复用器和解复用器的通带谱宽以及信道间隔。

3）基于注入锁定激光器的无色 ONU

图 10-12 是基于注入锁定激光器的无色 ONU 的方案原理图。在这种方案中,OLT 端配置宽谱光源,其发射光通过 AWG 进行光谱分割,然后向 ONU 提供特定波长的光信号,宽谱光源称为种子光源。ONU 端的 FP-LD 在自由运行时为多纵模输出,当有适当的外部种子光注入时,被激发锁模输出与种子光波长一致的光信号,即 FP-LD 锁定输出的工作波长与种子光源和波分复用/解复用的通道波长相对应。通过这种方式可以将上行信号直接调制到锁定激光器产生的波长上,再通过 ODN 回传到 OLT 端。

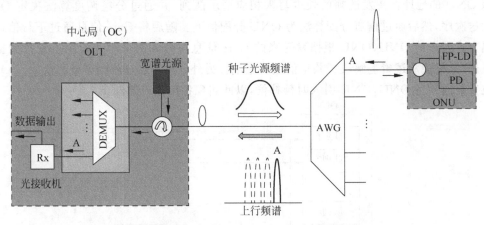

图 10-12 基于注入锁定激光器的无色 ONU 系统结构图

4）基于波长重用的光环回无色 ONU

图 10-13 为基于波长重用的光环回 ONU 方案的原理图。在这种方案中,在 ONU 端部署一个具备反射功能和调制功能的光无源器件,使下行的光信号能够被反射回来再被用来

调制承载上行信号,从而实现了 ONU 的无色化。该方案与前面提高的无色化 ONU 方案相比,实现了上下行信号共享一个波长,既节约了光源,又简化了网络的维护和管理。

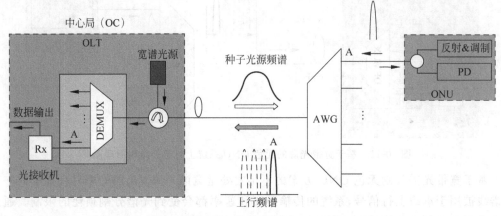

图 10-13 基于波长重用的光环回无色 ONU 系统结构图

3. 介质接入控制协议

纯粹的 WDM-PON 实际上只是一种物理层技术,而数据通信网络的重要组成部分是数据链路层,用于连接控制和带宽调度,这种控制和调度对于光接入网是必需的功能,且由介质接入控制(Media Access Control,MAC)协议来完成。原有的 EPON 和 GPON 中的多址接入的 MAC 协议主要采用时分多址方式,无法直接应用于纯粹的 WDM-PON 中,因此需要一种适应于 WDM-PON 的 MAC 协议,通过调控波长来完成连接控制和带宽调度。

WDM-PON 系统 MAC 协议的分析模型如图 10-14 所示。其中 ONU 位于系统的用户侧,负责提供接入网和用户网的线路终端功能。OLT 位于网络侧,负责波长信道分配和上行数据帧的调度,并提供与宽带公用网的接口。ONU 通过控制信道 λ_c 向 OLT 发送 Report 请求,请求内容包括该 ONU 的地址和待发帧的长度。OLT 收到 Report 请求后,根据该 ONU 的地址将待发送帧的长度写入相应请求队列,并通过分组调度算法决定 ONU 的发送次序,然后通过信道分配算法为 ONU 分配信道。随后将 Gate 信息通过下行信道以广播方式发送给 ONU,ONU 根据发送来的 Gate 信息在分配的信道和时隙上安排数据帧的发送,这样便从逻辑上解决了共享信道的难题。另外,OLT 通过测距系统测量所有 ONU 的位置并通知各 ONU,ONU 引入时延补偿,以此实现各信道时隙同步。

图 10-14 WDM-PON 系统 MAC 协议的分析模型

本章小结

无源光网络(PON)已成为光接入网的主流技术方案,它由光线路终端 OLT、光分配网络 ODN 和光网络单元 ONU 组成。

在 TDM-PON 中,下行数据传输采用时分复用技术,上行数据传输采用时分多址接入技术。TDM-PON 主要包括以 1Gb/s 速率为主的 EPON 和 GPON 以及以 10Gb/s 速率为主的 10G-EPON 和 XG-PON,其关键技术主要有时分复用和时分多址技术、测距技术、突发模式收发技术和安全技术等。

WDM 技术和 PON 体系相结合,就形成了 WDM-PON 接入网方案,其具有传输带宽大、安全性能好、支持多种业务等优点,关键技术包括 OLT 光源选择、ONU"无色化"技术、介质接入控制协议等。

思考题与习题

10.1 列举常用的宽带接入方式及其优缺点。

10.2 简述 PON 的构成和工作原理,并说明其相对于传统接入方式所具有的优点。

10.3 简述 PON 的发展历程及下一代 PON。

10.4 EPON 的工作原理和特点是什么? 描述 EPON 的上下行帧结构。简述 GPON 和 EPON 的异同。

10.5 简述 GPON 和 XG(S)-PON 的主要技术规格差异。

10.6 简述 TDM-PON 的关键技术。

10.7 简述 WDM-PON 的基本结构及其技术特点。

10.8 简述 WDM-PON 的关键技术。

10.9 列举两种无色 ONU 的解决方案并做简要说明。

10.10 简述 TWDM-PON 的工作原理。

参 考 文 献

请扫描下方二维码，获取参考文献。

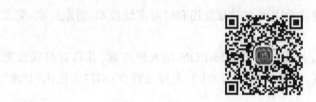